과학과 물 관리

한림SA 10

SCIENTIFIC AMERICAN™

지구의 물 부족을
어떻게 해결해야 할까?

과학과 물 관리

사이언티픽 아메리칸 편집부 엮음
강윤재 옮김

The Science of Water Management
Battling Drought

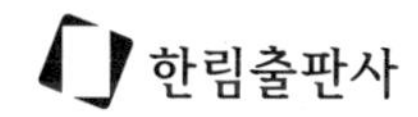

들어가며

물을 말에게 끌고 가기

대부분의 미국인들은 서부에 살지 않거나 물 이용에 특별한 관심이 없기 때문에 포웰호가 누구의 이름을 딴 것인지 알아보지 않았다면 존 포웰(John W. Powell)이 누군지 잘 모를 것이다.

물 이용과 기후 변화가 문제로 등장할 때마다 우리의 정책은 주로 불확실한 지식에 의존해왔다. 포웰은 그랜드캐니언을 오랫동안 탐사한 뒤 이렇게 권고했다. 서부의 광대한 지역 대부분에서는 방목이 불가능하니 분수령을 중심으로 주경계선을 그을 필요가 있다. 물이 충분치 않으면 농사가 불가능하기 때문이다.

정치인들은 그의 권고를 무시했는데, 우리는 포웰이 죽은 지 1세기 이상 지난 오늘날에도 여전히 그 대가를 치른다. 현재 물 논쟁은 주정부, 도시 거주자, 농민, 환경운동가 간의 관계를 규정한다.

물론, 포웰은 기후 변화라는 도전은 상상도 하지 못했을 것이다. 기후 변화는 전 세계 강우 패턴에 큰 변화를 가져오고 있다. 수자원 관리는 훨씬 더 힘든 과제를 부과하는데, 이는 개발에 대한 우리의 태도에도 변화를 가져다준다.

이 책에는 그런 변화의 일부가 담겨 있다. 1부에서는 거대한 엔지니어링 사업과 계획들을 개괄한다. 이런 사업과 계획들은 인간의 사고력으로 강을 길들이고, 서부에서 농업을 예측 가능한(경제적으로도 생존력을 갖춘) 전망 있는 사업이 되도록 해주었다. 후버댐과 그랜드쿨리댐을 세운 사람들의 대담무쌍함과 천재성에도 감탄하지 않을 수 없을 것이다.

1950년대 이후, 사람들의 태도는 급변했다. 비가 더 많이 온다고 해도 미국 서부의 물 문제를 해결할 수 없으며, 가까운 장래에 비가 더 올 것 같지도 않았다. 이는 점차 분명한 사실로 드러나고 있다. 따라서 물 관리 정책에 변화가 필요했는데 북미 수력 사업은 그 대표적 사례다. 1981년까지만 해도 필자 아서 필스버리(Arthur Pillsbury)는 이 사업을 진지한 제안으로 여겼다. 이는 캐나다에서 소노란 사막에 이르는 유콘 강의 강줄기 전체를 되돌리고 우회시켜서 이용하려고 한 사업이다. 10년만 더 지난 시기였어도 그런 사업은 단칼에 기각되었을 것이고, 최악의 경우에는 공포 어린 시선과 마주해야 했을 것이다.

이런 태도 변화 속에서도, 줄어드는 물 공급에 대응하기 위한 신기술과 방법, 곡물 개발이 여전히 요구된다. 예를 들면 하수의 재순환은 지난 몇 년 동안 현실성을 인정받은 제안이었다.

이런 현실은 왜 환경 복원 노력이 중요한지, 전 세계에서 이뤄지는 다양한 변화 노력을 살펴봐야 할 이유가 무엇인지 잘 드러낸다. 아랄 해 복원 노력을 보며 우리는 캘리포니아 솔턴 해에 적용 가능한 몇 가지 교훈을 얻을 수 있을 것이다. 그리고 우리가 모든 것을 다 잃어버리지는 않았음을 느낄 것이다. 심지어 힘바족 이야기에서도 그런 기운을 느낄 수 있다. 힘바족은 인근 강에 건설될 예정인 댐을 아직까지는 성공적으로 막아냈지만, 오늘날까지도 사람들 태도를 변화시키기가 얼마나 힘든지 잘 보여준다.

"돈을 물처럼 쓴다"는 말이 있다. 지난 세기 동안, 우리는 물이 돈보다 더 귀하다는 사실을 배웠다.

–제시 엠스팍(Jesse Emspak), 편집자

CONTENTS

1

엔지니어링의 업적들

1-1 그랜드쿨리 사업

스커렛

워싱턴 주에 있는 그랜드쿨리댐은 컬럼비아 강 협곡 깊숙한 곳에서 서서히 치솟도록 설계되었는데, 최고 높이가 553피트(약 166미터)에 달한다. 이 엄청난 하중을 떠받치는 작업을 위해 두 가지 핵심적 계약이 체결되었다. 하나는 소위 '로댐(low dam)'을 건설하는 건인데, 이 댐도 강의 최고 수면을 넘어선다. 또 다른 건은 전체의 완성도를 위해 요청되었지만 압도적 영역이다. 이 영역을 통해 댐은 예정된 최고조 선까지 위로 연결된다. 로댐은 1938년 1월에 완성되었고, 나머지 거대한 콘크리트 장벽에 대한 작업은 그로부터 반년 뒤에야 시작되었다.

로댐은 1934년에 건설 승인을 받았다. 그 댐이 실업자들에게 구원의 손길을 뻗어줄 뿐 아니라 완성되면 댐에 설치된 발전소에서 엄청난 양의 전기를 시장에 내다 팔 것을 기대했기 때문이다. 현재 진행 중인 '하이댐(high dam)' 건설이 기여하는 분야는 훨씬 광범위할 것이다. 엄청난 전력 생산이 가능해지고, 지금은 버려지다시피 한 120만 에이커에 달하는 컬럼비아 강 유역의 기름진 땅에 효과적으로 관개를 제공하게 될 것이다. 실제로, 컬럼비아 강 유역 사업의 근본 목적은 지역의 농업 발전에 있다. 이 사업에서 그랜드쿨리댐이 핵심 요소로 자리 잡고 있다. 남는 전기는 댐에서 반경 30마일 이내에 거주하는 소비자들에게 분배될 예정이다. 강에서 퍼 올린 물은 15만 명의 새로운 거주지에 물을 제공할 것이고, 사업 과정에서 15만 명의 도시민들이 추가로 지원받게 될 것이다. 지역에서 생산된 과일들은 훨씬 넓은 시장에서 팔려 나갈 것이고, 수많은 시민들의 생계와 복지에 기여할 것이다.

1935년 컬럼비아 강 유역 사업이 언론에서 다뤄진 초기에는 깊고, 넓고, 긴 그랜드쿨리의 침식을 야기했던 지질학적 사건들에 일정 부분 초점을 맞추었다. 25.2마일에 걸친 침식 덕분에 갑작스런 수위 저하 방지용으로 물 32만 9,000에이커-피트(1에이커-피트는 약 123만 3,481리터)를 저장할 수 있는 둔덕을 얻게 되었다. 이렇게 저장된 물은 필요할 때마다 관개용으로 제공될 수 있다. 그러나 초기 언론의 어떤 기사에서도 동일한 엄청난 힘이 2만 5,000년 전에도 그랜드쿨리댐이 건설되는 이 컬럼비아 계곡에서 작용한 바 있다는 사실이 언급되지 않았다. 침투하는 빙하가 현재 댐 위치의 하류에서 계곡을 막자 강 수위가 약 1,500피트까지 상승했다. 그러자 강물의 흐름이 서쪽으로 바뀌면서 그랜드쿨리를 침식했다. 그리고 컬럼비아 강바닥에 빙하에 실려온 퇴적물(또는 빙력토)이 쌓였는데, 그 높이가 약 500피트에 달했다. 강이 쉼 없는 재조정을 통해 과거의 수위로 되돌아가려 애쓰는 과정은 현재 댐 건설자들이 댐을 건설하면서 어떤 핵심 과제를 해결해야 할지 반영한다.

코르디예라 빙상이 후퇴하면서 컬럼비아 강이 자유를 되찾고 예전 과정으로 되돌아갔을 때, 강은 빙하 퇴적물을 파고들어 새로운 강바닥을 형성하면서 전진했고, 현재의 물길이 형성될 때까지 쉬지 않고 계속 변화하는 수로를 문질러댔다. 중류에 자리 잡은 댐의 위치에서, 현재 강바닥은 깊게 뿌리내린 기저 화강암 위로 40~50피트 두께로 쌓인 퇴적물로 이루어져 있다. 강의 중심에서부터, 댐의 전체를 통틀어 바깥쪽으로 그리고 위쪽으로 빙하에 기원하는 과도한 부담은 깊이에 따라 증가하여 최대 200피트에 달하지만, 그 범위를 넘어서면 깊이는 더 커진다. 계곡 경사면에는 코르디예라 빙상에 의해 퇴적되어 강바닥의 일부를 이루게 된 것과 같은 물질이 500피트 높이로 쌓여 있다. 강이 하류로 자신의 길을 개척함에 따라, 강둑은 연속적으로 토대를 침식당했고, 흔들린 침니(모래보다 곱고 진흙보다 거친 침적토)와 표적물(漂積物)은* 경사면을 따라 무너져 내렸으며, 재조정 과정을 거쳐서 안정화 단계로 접어들었다. 일부 지역은 결국 상당한 정도의 안정성을 확보할 수 있었던 반면, 오늘날까지 그렇지 못한 지역도 있다. 댐 건설 지역의 굴착 과정에서 반복적으로 산사태가 발생한 것은 여러 세기에 걸쳐 형성된 이러한 유산 때문이다. 댐 건설 작업 초기 단계에서, 댐의 서쪽 받침대를 세울 곳을 굴착하는 동안에, 200만 제곱야드의 산사태가 일어나서 진입 도로 옆구리를 덮쳤다. 계약자가 작업 지역에 접근할 목적으로 건설한 도로였는데 산사태로 손상된 도로를 안정화하고 재건설하는 데 추가로 시간과 돈을 들여야 했다. 또한 이 사건은 약한 산사태가 몇 차례 더 일어나면서 정부가 로댐 계획을 포기하는 데 적지 않은 영향력을 미쳤다. 로댐을 포기하고 하이댐 건설로 곧장 나아가자는 것이 정부의 안(案)이었다.

*홍적세의 빙하기 물질.

로댐은 부분적으로 장차 지을 하이댐의 토대로 기능하도록 설계되었으며, 하이댐 구조에는 필수적인 토대 기반암과의 광범위한 접촉이 가능하도록 추가적이고 다소 광범위한 굴착 작업이 필요했다. 미국 국토개발국 엔지니어들은 후속 작업이 위협적이진 않다고 해도 엄청난 비용을 요구하는 반복적 산사태를 불러올 수 있다는 사실을 깨달았다. 따라서 하이댐을 먼저 건설하는 것이 낫다는 결론에 도달했다. 더욱이, 완성된 로댐의 지지대 표면과 하이댐의 몸통이라 할 수 있는 덧씌워지는 거대한 콘크리트 사이에 형성되는 접촉면을 두고 불확실성 문제가 제기되었다. 물의 수위가 최고조에 달하면 밑바닥에 진동이 생기는데, 그 진동이 강력한 힘으로 작용하여 (로댐의) 옛 콘크리트와 (하이댐의) 새 콘크리트의 결합 부위를 약화시킬 수 있다는 것이다. 그에 따라 1935년, 연방정부 기관들은 계획 변경을 지시했다. 워싱턴 주의 컬럼비아 유역위원회가 계속해서 재촉한 바 있으며 더 나은 선택으로 보였던 하이댐 건설이 시작되었다. 당시 예비 정밀 검사를 통해 계획 변경이 합리화될 수 있었다.

최초의 로댐 계약은 1934년 메이슨-월시-앳킨슨-키어와 맺었는데, 이 계약은 콘크리트 360만 제곱야드를 써서 구조물을 만들려는 목적에서 이뤄졌다. 계약 금액은 2,933만 9,301달러로, 계약자는 기반암 위에 홍수 수위보다 꽤 높은 177피트의 하부 구조물을 세울 준비를 해야 했다. 그 하부 구조물은 훨씬 더 높게 계획된 이후 댐의 토대로 쓰일 예정이었다. 로댐 부분이 완료된 것은 1938년 1월이었는데, 콘크리트 360만 제곱야드가 소비되었다. 그러나 하이댐은 그 부속 구조물들에 들어간 것에 더해 콘크리트 양이 1,025만 제곱야드에 달할 것으로 예상된다. 이는 볼더댐과* 다양한 부속물 건설에 들어간 콘크리트 총량의

*지금은 후버댐으로 알려져 있다.

2.3배에 해당하는 양이다.

가장 낮은 기반암과의 접촉면에서부터 가장 높은 상층부까지 그랜드쿨리댐 높이는 553피트에 달할 것이다. 계곡을 가로지르는 댐의 길이는 최대 4,200피트가 될 것이다. 댐의 토대는 지속성을 지닌 화강암에 기반하는데, 그 폭이 500피트에 달한다. 그리고 상층부에서 댐의 두께는 30피트가 될 것이다. 26피트 폭의 도로가 만들어져서 계곡 양안의 고속도로와 연결이 될 것이다. 댐 중심부에 위치한 물 배출구는 댐 상층부에서 밑으로 47.6피트 아래쪽에 길이 1,650피트로 건설될 것이다. 이 배출구에는 11개의 철 드럼 수문이 장착되어 있는데, 각 수문의 길이는 135피트다. 그 문들이 최고 높이 28피트를 지탱해내면, 채워진 물은 저수위의 컬럼비아 강을 기준점으로 삼았을 때 수위가 357피트에 달할 것이다. 정해진 용량이 모두 채워지면 댐 유역의 저수량은 1,000만 에이커-피트에 달할 것이고, 그 영향으로 물줄기는 상류로 151마일을 거슬러 올라가 캐나다 국경까지 물이 채워질 것이다. 배수구 수문이 상층부에 못 미칠 정도로 낮아지면, 11개 수문은 초당 100만 세제곱피트의 속도로 물을 배출한다. 이 정도 수량은 댐 유역에서 홍수 때 방출되는 방류량으로 기록된 수치를 두 배 능가한다. 댐 위 저수지에는 520만 에이커-피트의 물이 저장될 터인데, 필요한 경우에는 컬럼비아 강 유역 사업의 농지들에 관개용으로 제공될 수 있다.

배수구의 최고 수면 밑에 있는 댐 배수구의 몸통에는 수직으로 100피트씩 거리를 떨어뜨려 세 가지 수위로, 지름이 8.5피트인 문 형태의 출구들이 총 60개 뚫려 있다. 이 출구들을 통해 전력 생산과 선박 운행을 목적으로 계속해서 일정한 양의 물을 댐 하류로 방류할 수 있다. 댐 하류 쪽에 면한 강의 양쪽 기슭에는 각각 아홉 개의 최고급 터빈이 설치된 발전소가 자리 잡을 것이다. 터빈 한 개당 15만 마력의 전기를 생산할 텐데, 서쪽 발전소에는 소규모 장치 세 개가 추가될 것이다. 이를 모두 감안하면, 두 발전소의 발전 총용량은 218만 2,500킬로볼트암페어(kva)에 달할 것이다. 그랜드쿨리댐의 발전 용량은 볼더댐보다 50퍼센트 더 클 것으로 예상된다.

댐 유역에서 컬럼비아 강의 연간 평균 유수량은 초당 10만 9,000세제곱피트다. 한편, 콜로라도 강의 유수량은 컬럼비아 강의 5분의 1에 채 못 미친다. 그랜드쿨리댐은 새로운 구조물과 스네이크 강이 컬럼비아 강에 합류하는 지점 사이에서 상업 발전량을 100퍼센트 증가시키는 수단이 될 것이고, 하류에서도 잠재적 발전량이 50퍼센트 추가될 것이다.

그랜드쿨리댐 상류의 서쪽 받침대에는 대형 전기 펌프 12개를 설치한 펌프 시설이 건설될 것이다. 이 펌프는 초당 1만 9,200세제곱피트의 물을 퍼 올릴 수 있다. 각 펌프는 지름 10피트의 파이프를 통해 계곡 서쪽 상층부에 있는 언덕까지 물을 끌어올릴 것이다. 저수지 수위에 따라 펌프는 물을 295피트에서 367피트까지 끌어올려서 그랜드쿨리 저수지 북쪽 끝으로 이어진 17마일 길이의 운하에 공급할 것이다. 모든 터빈과 발전기를 갖추고 공사를 마칠 때까지, 그랜드쿨리댐에 투입되는 비용은 총 1억 7,879만 달러에 달할 것으로 예측된다. 펌프 시설과 컬럼비아 강 유역 사업의 관개 시설에 필요한

1-1

보조 시설들에 추가로 1억 9,784만 1,000달러가 소요될 것이다. 따라서 국토개발국 추산에 따르면, 총 소요 경비는 3억 7,663만 1,000달러가 될 것이다. 국토개발국은 전체 사업에서 댐과 여타 시설들을 설계했고, 현재의 작업을 감독하고 있다.

계약자들이 직면한 첫 번째 난관은 대략 1,500만 제곱야드에 달하는 흙과 돌의 처리 문제였다. 댐을 본격적으로 건설하기 전에 해당 유역을 정리하면서 나온 것들이었다. 후에 정부는 길이 32마일에 달하는 철도 지선을 건설함으로써 해당 지역에 접근할 길을 열어주었다. 댐 현장에 인접한 계곡 강변에는 몇 마일에 걸쳐 흙과 돌을 퍼낼 만한 저지대가 없었다. 또한 도로를 건설해서 트럭을 이용해 흙을 운반하려면 비용 부담을 감당하기 어려울 수도 있었다. 따라서 계약자는 유연하고 효율적인 벨트 컨베이어 시스템을 개발했다. 이 벨트를 이용하면 폐기물을 최초 작업장에서 강의 서쪽 측면으로 운반할 수 있었다. 벨트는 총길이 1.5마일에 달하는 계곡의 가파르고 변화무쌍한 윤곽을 따라 이동하도록 설치되었고, 약 500피트 올라간 다음 래틀스네이크 계곡의 거대한 골짜기로 폐기물을 쏟아부을 수 있었다. 벨트 컨베이어는 작업 기간 동안 흙을 거의 5만 1,000제곱야드 실어 날랐다. 메인 벨트로 인도되는 간선 벨트들이 채굴 현장 지점까지 뻗어 있었던 관계로 모터 트럭과 트랙터는 동력삽에서 지선 시설의 짧은 이동 거리만 운행하면 됐다. 벨트 컨베이어 시스템은 처음에는 서쪽 코퍼댐 내부의 채굴에 도움을 주었고, 그런 다음 서쪽 코퍼댐의 벽을 이루는 격실들을 안정화하기 위해 채굴된 흙과 돌을 운반했다.

나중에는 동쪽 코퍼댐까지 시설을 확장했다. 동쪽 코퍼댐에서 퍼올린 흙과 돌을 벨트에 실어 강을 가로지르게 한 다음 메인 덤프까지 끌어올린 후에 리틀 스네이크 계곡에 버렸다. 설비는 밤낮을 가리지 않고 운행되었고, 좋은 날과 궂은날 모두 작동이 가능했으며, 덕분에 몇 개월의 시간과 엄청난 돈을 절약할 수 있었다. 이는 1932년, 보스턴의 자동차 터널 중에서 도시의 항구 밑을 통과하는 구간에 적용했던 기법을 재적용한 것이다.

댐의 서쪽 받침대 건설을 위한 채굴은 3,000피트 길이로 된 격실 형태의 코퍼댐에서 행해졌다. 그 대부분이 강과 평행을 이뤘지만 구조물 끝부분은 다소 강변 쪽으로 치우쳐 있었다. 종합하면 1만 3,000톤의 시트파일이 코퍼댐을 건설하는 데 사용되었다. 그리고 파일의 길이는 35~80피트에 이르렀다. 격실을 이루는 파일들은 땅 위에서 탑의 벽처럼 조립된 다음 땅속으로 박히는데, 점차 저항이 커지는 관계로 증기 망치 넉 대의 도움을 받는다. 각각의 증기 망치는 동시에 두 개의 파일을 박을 수 있는 성능을 지녔다. 망치는 이동 기중기 받침대에 매달려 쉽게 이동할 수 있었고 덕분에 격실을 이루는 파일을 연속적으로 박을 수 있다. 받침대를 새로이 조립함으로써 계약자는 일의 속도를 높일 수 있었고, 온도가 영하 20도로 떨어지는 겨울 3개월 동안에 구조물을 완성할 수 있었다. 강의 수위가 낮을 때의 이점을 취하려면 빠른 일처리가 중요했는데, 그렇게 해야 고수위 지속 구간이 다가오기 전에 코퍼댐을 준비해둘 수 있었다. 홍수 시기에는 강의 수위가 겨울 또는 낮은 수위에 비해 40~62피트 정도 상승한다.

1-1

내부에 댐의 배수구 대부분과 동쪽 받침대가 건설될 예정인 동쪽 코퍼댐은 이전에는 서쪽 코퍼댐이 있었던 강 본류 구간의 대부분을 활용했다. 서쪽 코퍼댐이 있던 지역에는 동쪽 코퍼댐이 활용되는 동안 우회하는 강물이 흘렀다.

동쪽 지역 채굴이 해수면 아래로 내려갔을 때, 그리고 서쪽 코퍼댐에 사용되었던 두 개의 주요 격실 집단들 근처 한 군데의 채굴이 이루어질 때 누수가 발생했다. 깊게 박힌 말뚝 중 일부가 거친 모래층을 관통했고, 그런 격실들을 둘러싼 제방의 제거 작업이 요구되는 순간 압력을 받은 물이 말뚝을 따라 위로 올라왔다. 침투하는 물은 분당 3만 5,000갤런에 이를 때까지 부피가 증가했다. 그런 단계에 이르기 전에, 코퍼댐 주변을 감싸는 둑을 만들어 범람을 일정 범위에 가둬두려 했다. 그런 다음 남은 과제는 누수를 봉하는 것이었다. 흙, 잡석, 여타 물질을 닥치는 대로 강변에 있는 격실의 토대에 퍼부어 물의 유입을 막고자 필사적으로 노력했음에도 엄청난 양의 물 유입을 막을 수 없었다. 그러자 엔지니어들은 코퍼댐 내부에서 물을 차단해 물을 막으려는 비상한 시도를 결행했다. 첫 번째는 강물이 물길을 만들어가는 모래 지층에 수로들을 위치시키는 것이었다. 작업의 성공 여부는 몇 차례의 탐사 드릴 공을 통해 확인되었다. 다음 단계로, 부서진 암석으로 이루어진 여과층을 누수 지역에 퍼부었다. 그런 다음, 여과층 위에 자갈층을 두텁게 깔았다. 늘어나고 더 높아지는 강물의 압력으로 인한 자리 이동을 견뎌낼 수 있을 정도로 충분히 무겁게 깐 것이다. 마지막으로, 압력을 가한 상태로 모래 틈새와 부서진 돌 사이로 회삼물(灰三物)을 쏟아 부음으로써 여과층을 완전히 봉쇄해서 누수를 차단했다. 이때, 회삼물의 주요 원료는 시멘트, 톱밥, 부스러기, 벤토나이트 등이다. 벤토나이트는 흙의 일종으로, 물에 젖으면 본래 부피의 10~30배로 불어나고 젤라틴 모양의 덩어리가 된다. 회삼물의 다른 성분과 결합된 벤토나이트는 여과층의 자갈과 돌을 차례대로 채우면서 코퍼댐에 이르는 수로를 열었던 모래층을 완전히 메꾸게 된다. 이런 임시변통을 위해서 시멘트 1만 2,500포대, 벤토나이트(덩어리와 가루 모두 합쳐서) 12만 5,000파운드, 톱밥 부스러기 4,600세제곱피트가 쓰였다. 3일 만에 분당 8,000갤런의 유입량은 분당 1,000갤런 이하로 떨어졌고, 분당 200갤런 이하로 떨어뜨리는 데도 많은 시간이 걸리지 않았다. 이 정도 양이면 관리해내기 어렵지 않았다.

동쪽 코퍼댐 중간 지점에 댐의 축과 비스듬하게 좁은 협곡이 노출되어 있다. 이 협곡부터 밑에 있는 기저암 표면까지는 120피트의 급격한 하강곡선을 이룬다. 이 협곡은 채굴되어야만 했지만, 작업이 가능해지기 전에 주변 지역에서 산사태가 발생했다. 계약자는 협곡 바닥에 아치형 콘크리트 댐을 곧추세우고, 무거운 잡석과 함께 압력을 받는 측면을 뒷받침할 수 있도록 (나중에 콘크리트를 부을 수 있는 기초 공사를 위한) 돌을 채운 목재 틀을 그 위에 세웠다. 작업이 진행됨에 따라 산사태가 재발해 인공 장벽을 파묻어버렸고, 너무 빠르게 협곡으로 쏟아져 내리는 바람에 웬만큼 성능 좋은 동력삽으로는 극복하기 힘들었다. 젖은 흙 3,000제곱야드를 얼린 다음 협곡 이쪽에서 저쪽으로 댐을 만들어냄으로써 비로소 산사태를 효과적으로 막을 수 있었고 암모니아 압축기 두 대에서 소금물을 퍼 올림으로써 동결이 가능해졌다. 압축기의 총용량은 하루에 얼음 80톤이었고, 동결 포인트 파이프 377개를 통해 축축한 땅속으로 투입된다.

계약자는 이전의 볼더댐에서 사용했던 시멘트를 재사용함으로써 일정 부분 득을 보았다. 시멘트는 지선 철도를 통해 계곡 서쪽 경사면에 도착했고, 넓은 사일로에* 저장되었다. 사일로에서, 시멘트는 압축 공기로 배송되는 방식으로 11인치의 파이프 두 개를 통해 운반되었다. 둘 중 하나는 길이가 2,000피트로서 서쪽 강변의 콘크리트 혼합 시설까지 마른 시멘트를 운반했고, 마찬가지로 나머지 파이프라인에서는 마른 시멘트가 동쪽 강변의 혼합 시설까지 약 6,000피트 운반되었다. 각각의 혼합 시설은 몇 개 층 높이였는데 자체적으로 위로 퍼올려진 다음, 콘크리트와 부가물이 자연스럽게 섞이도록 혼합기로 함께 투입되었다. 이렇게 준비된 콘크리트를 밑 열림 통에 담아 무개화차에 실은 후 정해진 장소로 운반한다. 각각의 덤프 통은 용량이 8톤에 이르고, 거의 자동으로 혼합과 방출이 이루어진다. 이 작업은 중앙에 위치한 통제원의 통제하에 이루어지는데, 통제원은 널리 퍼져 있는 다양한 지점의 서로 다른 시멘트 투입 현장 책임자들과 전화로 연결되어 있었다. 고도로 기계화된 장비들은 한 달 동안 40만 제곱야드 이상의 콘크리트를 처리하게 해주었다. 하부 영역을 건설하는 작업을 계약보다 여러 달 앞서 마쳤던 것도 결코

*시멘트, 자갈, 광석 등의 입체물을 포장하지 않고 저장하는 세로형 건조물.

놀라운 일이 아니다.

기저암에서 위로 뻗은 그랜드쿨리댐의 몸체는 맞물린 거대한 콘크리트 블록으로 이루어졌다. 연결 부위를 단단히 해서 구조물을 일체화하고자 연속해서 회삼물을 채웠다. 배수구에 있는 블록들은 계획상 50제곱피트로 설계했지만 다른 곳의 블록들은 서로 다른 구조적 요구 조건들을 충족시키고자 더 작은 단위로 만들었다. 블록들은 주어진 72시간 주기 동안 높이에서 5피트 이하의 속도로 일정하게 채워졌다. 그리고 완성된 각각의 블록 꼭대기에는 덮개용으로 콘크리트를 퍼붓기에 앞서 1인치 파이프를 평행하게 설치했다. 이 파이프들은 본래의 목적을 다하고 나면 회삼물로 채울 예정이었는데, 콘크리트가 굳는 동안 화학 반응으로 생기는 열을 흡수시킬 목적으로 펌프를 이용해서 강물이 통과하도록 할 계획이었다. 그런 냉각 효과를 통해 콘크리트가 팽창하는 것을 막을 수 있다. 즉 그런 조치를 하지 않았을 때 종종 발생하는 갈라짐과 심각한 훼손을 초래하는 파괴력을 사전에 막을 수 있다.

올해 1월, 경험이 쌓인 계약자 연합은 하이댐 상층부를 완성해냄으로써 그 일에 대한 보상을 받았다. 그 작업은 현재 보상금이 3,444만 3,240달러인 인테리어 컨스트럭션사 손에 넘어가 있다. 계약 조건에는 콘크리트 작업 525만 제곱야드가 포함되는데, 그 속에는 강화 스틸 1억 6,000만 파운드, 파이프 작업 1,000만 파운드, 수문과 작동 장치 5,000만 파운드, 쓰레기 차단망 금속 2,400만 파운드, 합치면 무게가 1,600만 파운드에 이르는 수압관 설치 등이 들어가 있다. 정부는 두 발전소에서 생산된 전기를 제공할 것이다. 발전기들의 총용량은 270만 마력에 달한다. 정부는 계곡 서쪽 편에 거대한 펌프 시설도 갖춰놓을 계획인데, 그렇게 되면 강에서 물을 끌어올려 컬럼비아 강 유역 사업의 토지로 물을 제공할 것이다. 분배 수로는 길이가 약 100마일, 폭은 약 60마일에 달할 예정이고, 모든 지역으로 퍼져나갈 것이다. 물이 출발하는 저수지에서 수위가 가장 낮은 농경지까지 계속해서 물이 떨어지기 때문에 수차를 이용해 펌프를 가동할 만큼 충분한 전기를 생산해낼 수 있다. 따라서 물을 최대 100피트까지 끌어올려 불모지 약 20만 에이커에 물을 대줄 수 있을 것이다.

실제로, 컬럼비아 강 유역 사업은 중요성이 매우 큰 엄청난 규모의 엔지니어링 사업이다. 사업이 최종적으로 완료되었을 때 사업비를 충분히 정당화해줄 사업이라는 데는 의심의 여지가 없다. 현재 추산에 따르면, 사업비는 총 3억 7,700만 달러다. 댐과 발전소에 1억 7,900만 달러, 관개 시설에 1억 9,800만 달러가 들어갈 예정이다. 그랜드쿨리 사업은 미국 국토개발국의 존 페이지(John C. Page) 국장의 책임하에 이뤄진다.

1-2 전미 수로의 완성

스카렛

전미 수로에 대한 작업이 매우 빠르게 진척되어, 1938년 상반기에는 80마일에 걸친 대수로와 부속물들이 캘리포니아 남동부에 있는 임페리얼 계곡으로 관개수를 흘려보내게 될 것이다. 수로는 사막 지대를 관통할 것이다. 과거 한때, 이 지역에서는 선사 시대에 캘리포니아 만이 북쪽으로 확장하면서 물이 풍부한 지층을 형성한 바 있었다. 역설적이게도, 일반적으로 만에서 멀리 뻗어나간 지역은 바로 그 강에 의해 메마르고 건조한 지역으로 탈바꿈하고 만다. 그런 지역을 관개를 통해 놀라운 생산성을 유지할 수 있는 농토로 계속 유지하려면 강물을 계속적으로 공급해줘야만 하기 때문이다.

전미 수로를 만들려는 이유를 이해하려면, 임페리얼 관개 구역이 위치한 분지의 물리적 속성에 대해, 그리고 그 지역이 어떻게 바다의 지류에서 버려진 반열대성 땅으로 변했다가 결국에는 사람들에 의해 꽃을 피워 연간 5,000만 달러 이상 곡물을 생산하게 되었는지에 대해 얼마간 알아야 한다. 임페리얼 계곡이 자리한 솔턴 분지는 멕시코와 미국에 각각 걸쳐 있다. 이 분지가 캘리포니아 만 위쪽에 연해 있었을 때 해수면의 면적은 2,000제곱마일에 달했는데, 그 해수면의 최북단은 현재 캘리포니아 만 최북단에서 거의 150마일 북쪽으로 더 가야 했다. 아마도 500년이 채 지나지 않은 과거에, 콜로라도 강은 애리조나 주 유마 근처에서, 따라서 미국과 멕시코 국경에서 가까운 곳에서 과

거의 만으로 흘러들어갔을 것이다. 오늘날 콜로라도 강은 남쪽으로 약 60마일 더 간 다음 캘리포니아 만으로 흘러들어간다. 지금도 그런 것처럼 과거에 콜로라도 강의 유역에서는 해마다 엄청난 양의 흙이 생성되었고, 그 대부분이 강의 입구로 옮겨지면서 길고 넓은 삼각주가 형성되었다. 지금도 삼각주에는 해마다 평균적으로 진흙 1억 7,000만 세제곱야드가 침전되는데, 그 양은 파나마 운하를 건설할 때 파냈던 흙의 양과 같다. 삼각주의 꼭짓점은 유마 근처에 있는데, 그곳에서 남쪽을 향해 퍼져나가는 모양새다. 삼각주는 부채꼴이며 강물은 홍수 때만 되면 삼각주 꼭짓점 인근에서 술 취한 사람처럼 갈지자로 흐르면서 수시로 방향을 바꾼다. 이러한 경로의 변경은 미국 본토에 대한 백인의 기억에 뚜렷하게 남아 있을 정도다. 이 사실을 통해 삼각주의 토양은 부드러운데 홍수 때만 되면 강이 난폭해지는 이유를 이해할 수 있다.

이렇듯 반복되는 변덕스런 분위기 속에서, 콜로라도 강은 그 당시에는 만의 동쪽 해변이었던 곳에서 곧장 외부로 삼각주의 분기점을 만들기 시작했고, 강은 그 장벽을 계속 전진시켜 마침내 반대편 해변에 도달했다. 이렇게 해서 캘리포니아 만은 양분되었고, 북쪽 지역은 고립되어 땅으로 둘러싸인 광대한 호수가 되었다. 그 지역의 특징인 강력한 햇빛과 매우 부족한 연간 강수량 때문에 그 유역에 있었던 물의 대부분은 흐르는 시간 속에 증발해버렸다. 그런 과정을 거쳐서 남게 된 물은 18세기경부터 솔턴 해 혹은 솔턴 소택지를 이루었다. 솔턴 해는 분지의 가장 낮은 곳을 차지하고 있었는데, 해저의 가장 낮은 지점은 태평양의 평균 수면보다 320피트(약 97미터) 낮은 것으로 알려져 있다.

더욱이, 콜로라도 강바닥은 삼각주 북쪽 경계선 해수면에서 약 100피트 올라와 있다. 따라서, 삼각주 서쪽 제방을 넘어서는 홍수는 솔턴 소택지로 치닫도록 약 400피트의 경사로를 확보한 셈이다. 인디언 전설에 따르면, 콜로라도 강은 몇 차례 솔턴 소택지를 침범한 바 있다. 1900년 이래, 강은 몇 차례 제방을 찢어서 파괴하고 분지로 치고 들어왔다. 그런 흐름은 일단 발생하면 거의 1년이나 지속되었다. 그런 일이 벌어지면, 폭주하는 홍수는 솔턴 해로 몰려들면서 폭 1,000피트(약 300미터), 깊이 80피트(약 2.4미터)에 이르는 거대한 수로를 형성했다. 그러면 솔턴 해의 수면은 73피트 정도 상승했다.

이런 위협은 1901년 초반, 남부 캘리포니아의 비옥하지만 메마른 땅에 물을 대려는 목적에서 의도적으로 임페리얼 계곡으로 물을 보낸 후부터 상시적인 것으로 변했다. 그사이, 지역 사회는 아메리칸 지역을 개발했는데, 그곳에서는 현재 주민 약 7만 5,000명이 살고 있고, 임페리얼 관개 구역에는 재배 가능한 토지가 모두 58만 6,000에이커 있다. 이는 실제로 농사를 짓는 45만 에이커를 다소 능가한다. 아메리칸 지역은 자연적으로 혹은 펌프질을 통해 관개가 가능하고, 능숙한 관리를 통해 풍부한 수확량을 거둘 수 있는 대지 100만 에이커 정도를 유역 전역으로 확대했다. 이런 확대 지역에는 코첼라 계곡과 잠재적으로 생산적인 메사(우뚝 솟은 대지) 두 곳이 포함되어 있다. 사실상 1년 내내 곡물의 생장 시기다.

1901년 이후, 멕시코 영토에 속하는 분지 약 20만 에이커가 미국 농부들에게 도움을 줄 목적으로 건설된 옛 운하에서 물을 끌어와 개간되었다. 돈을 절약하고 강 근처 미국 토지에 자연스럽게 형성된 장애물을 피하기 위해 최초의 취수구가 마련된 곳은 국경선 위쪽 1.5마일이었다. 운하는 그 지점부터 남쪽으로 달렸고, 콜로라도 강과 평행선을 이루다가 곧 앨라모 강의 오래되고 마른 수로와 만났다. 이 수로는 한때 콜로라도 강이 분지를 관통할 때 만든 수로였다. 오래된 강바닥을 이용함으로써 엄청난 채굴 비용은 피할 수 있었지만 수로가 꾸불꾸불해서 길이가 50마일에 달하는 것은 감수해야 했다. 그리고 미국 영토로 재진입하기 전에 멕시코 영토를 거쳐야 했다. 이 계획의 주창자들은 그 밖에도 물의 절반이 수로가 횡단하는 지역에 거주하는 멕시코 농민들에게 그들이 원할 때마다 물을 공급해주기로 약속해야 했다. 이런 계획이 처음에는 별다른 저항을 받지 않았지만, 삼각주의 멕시코 지역에서 농업 개발이 이루어지면서 수량을 더 많이 확보해야 할 필요성이 커졌고, 강물의 수위가 낮아지는 결과는 미국 농부들에게도 위협으로 다가왔다.

현재 세 개인 수로 취입구에서 콜로라도 강물은 평균 최대 20만 초-피트(초당 세제곱피트)에서 일상적 저준위일 때 최소 3,000초-피트 범위에 달한다. 때때로 최소 수량은 꽤나 적었고, 최대로 기록된 홍수는 훨씬 더 많은 양이었다. 임페리얼 관개 구역에 있는 농장에 공급되는 물이 줄어든 까닭에 한 해 500만 달러 이상 곡물 손실이 발생하기도 한다. 이런 상황이 전미 수로 건설을 일부 설명해준다. 전미 수로는 임페리얼 운하를 통해 그 지역에 도달할 수 있는 것보다 더 많은 물을 남부 캘리포니아로 전달하도록 설계되었다. 그리고 새 수로는 이웃한 유마 프로젝트를 위해 몇만 에이커에 물을 댈 수 있는 충분한 물을 추가로 공급할 수 있을 것이다. 수로는 콜로라도 강 저지대 유역에 있는 넓은 농업 지대에 충분한 양의 생명수를 분배할 테고, 그 물은 지금보다 더 농부를 돕는 데 적합하게 사용될 것이다. 달리 말해 볼더댐, 콜로라도 강 수로의 파커댐, 임페리얼댐에 있는 거대한 준설 시설은 모두 합쳐져서 임페리얼 수로로 들어오는 강물에서 진흙 20퍼센트를 제거해준다. 진흙은 측면과 관개 도랑을 막히게 하므로 준설이 필요하다. 이를 위해, 최근에는 연간 비용이 약 150만 달러 지출된다. 더욱이, 관입하는 진흙은 근처 대지로 흘러넘친다. 그로 인해 작물이 손상되고, 토양의 농업적 가치가 훼손될 수 있다.

전미 수로의 두드러진 특징은 세 가지다. 첫째, 콜로라도 강을 가로막아 만든 우회 댐이다. 이 댐으로 강물을 가두고, 강물은 캘리포니아 쪽으로 물길을 돌린다. 둘째, 거대한 준설 시설이다. 그 시설은 물에 떠 있는 고체 물질 70퍼센트를 제거해줄 것이다. 마지막으로, 수로 그 자체다. 수로는 초입의 길이가 80마일이나 될 것이고, 솔턴 소택지 남동쪽에 위치한 그 유명한 임페리얼 관개 구역 내부에 자리한 토지에 필요한 물 대부분을 운반하게 될 것이다. 그 후 물은 코첼라 지류 수로로 배달될 것이다. 처음부터 그 수로는 물 2,000초-피트를 유마 프로젝트에 공급할 것이다. 코첼라 지류 수로는 길이 130마일 정도일 것이며, 지금은 건설 중인 본류 수로에서 2,300초-피트의 물을 끌어올 것이다. 본류 수로는 강의 우회 작업과 관련된 부분에서 가장 넓어지는데, 수로의 측면은 경사가 진 관계로 수로 바닥에서의 폭은 160피트, 수면에서의 폭은 232피트이며, 깊이는 21피트다.

그 깊이에서, 수로는 매초 물 1만 5,000세제곱피트를 주고받게 될 것이다. 이 양은 최소 수위 단계에서 유마를 지나는 콜로라도 강 평균 수량의 다섯 배에 해당한다. 이 수량은 미드 호의 용량과 볼더댐의 통제 시설 때문에 유지될 수 있다. 전미 수로의 횡단면은 수로가 길어지면서, 국경선과 가깝고 솔턴 분지 외곽에 위치한 시그널 산 근처 최서단에 다가가게 되면 줄어들 것이다. 지금 건설되는 수로의 취수구는 유마에서 상류 약 15마일 지점에, 물을 유마 프로젝트로 전환해주는 라구나댐 위 5마일 지점에 위치한다. 라구나댐 서쪽 밑에서 가까운 거리에 있는 임페리얼댐에서 수로의 경로는 콜로라도 강을 근거리에서 따라가고, 그런 다음 남서쪽으로 방향을 틀어 파일럿 놉에 있는 콜로라도 강에 다시 가까워진다. 그곳에서 서쪽으로 긴 여정에 들어가 국경선 북쪽으로 조금 떨어진 곳에서 국경선과 평행하게 달린다. 유마 프로젝트의 보존 구역인 사이펀 드랍에서, 전미 수로는 유마 수로로 물을 전달한다. 파일럿 놉 서쪽에서 새 수로는 모래언덕 지대를 10.5마일 가로지른다. 옛 임페리얼 수로의 건설자들이 동쪽으로 계속 간 다음 남쪽으로 가서 멕시코로 들어갔던 것은 바로 이 난구간 때문이다.

모래언덕 지대를 가로지르면서 몇 개의 언덕을 관통한 까닭에 큰 폭의 절단지가 생겼는데, 그 깊이는 115피트에 달했다. 이런 언덕들을 관통하는 수로의 측면을 단단하게 다질 수는 있겠지만 일직선을 만들 수는 없을 것이다. 그리고 수로 안 모래 유입을 점검할 수단이 있어야 한다. 다양한 형태의 수단이 있을 것이다. 가령, 수로에서 물을 대어 수로 양쪽 측면 넓은 지대에 식물을 심거나, 모래 위에 석유를 뿌리거나, 캐널 프리즘(canal prism, 수로 공사 장치)에서 채굴한 성긴 물질(너무 무거워서 바람에 날리지 않는다)을 이웃한 모래언덕의 가벼운 모래 위에 덮는 것 등이다. 전체 사업에서 대략 6,500만 제곱야드의 물질이 채굴될 텐데, 돌은 4퍼센트도 채 되지 않을 예정이다. 방대한 양의 채굴은 거대한 동력삽과 모래 작업용 굴착기를 사용해 이루어질 것이다. 이 장비들의 버킷 용량은 12~16제곱야드에 이른다. 가공할 만한 힘의 불도저와 쟁기, 스크레이퍼는 부서진 흙을 평평하게 고르고, 특별한 형태와 표면을 만들고, 그 흙을 분산시키느라 전투를 벌였다. 정리하면, 이 모든 작업은 전례가 없는 규모로 진행되었고, 운하를 파면서, 바닥과 경사로를 작업하면서, 표류하는 모래를 막는 보루인 제방의 벼랑길을 만들면서 엄청난 양의 물질이 생겨나 쌓이게 되었다.

무엇보다도, 미국 대지 위에 만들어진 새 수로는 이전에는 옛 임페리얼 수로에서 물을 공급받았던 기존의 지류 수로와 지선에 물을 대어줄 것이다. 현재의 시스템은 확대될 것이고, 결국에는 다른 지선들에 대한 공사가 이루어져 아직 농사를 짓지 않지만 관개를 통해 옥토로 바뀔 지역에 물을 공급할 것이다.

전미 수로를 흐르는 어떤 물도 멕시코에서 이용되는 것을 고려하지 않았다. 수로를 따라 필요한 지점에서 24피트, 26피트, 51피트의 배수구가 만들어질 것이다. 이 배수구를 통해 흘러나온 물은 수력 발전에 이용될 예정이며, 그 용량은 6,200~2만 4,000킬로볼트암페어에 이를 것이다. 이 발전소들은 모래

언덕 서쪽 강변에 세워질 것이다. 25.1마일 거리에 서로 떨어져 있는 발전소는 다양한 용도로 이용될 예정이다.

강물의 방향을 첫 번째로 바꾸는 시설인 임페리얼댐이 지금 건설 중이다. 댐 총길이는 약 2,990피트에 달하고, 전적으로 돌로 만들어질 예정인 제방은 길이 470피트에 달할 것이다. 위치는 댐의 애리조나 쪽 끝이 될 것이다. 댐 중심부는 수중보로 기능하게 될 텐데 길이 1,200피트, 최대 깊이 31피트에 이를 것이다. 이 수중보는 속이 빈 콘크리트 '부유형'인데, 진흙이나 모래 토대 위에 세울 것이다. 그리고 그 일부는 물이 수중보를 둘러쌓을 때 가해지는 추진력에 맞서 안정감 보장을 위한 중량을 추가할 목적으로 모래나 자갈로 채울 것이다.

머리에 해당하는 전환부의 가장 두드러진 특징은 침전지 여섯 개로 구성된 거대한 준설 시설을 들 수 있다. 침전지는 쌍으로 정렬되었는데, 각각은 폭 269피트, 길이 769피트에 달했다. 진흙을 운반하는 물은 72도어(Door) 농축 장치가 다룰 것이다. 이 장치는 넓이가 125피트에 달하는데, 느린 회전을 통해 부유하는 고체 물질을 농축하여 가라앉힌다. 설명에 따르면, 준설 시설에서는 날마다 물에서 5만~7만 톤의 부유 물질을 제거할 것이다. 수문을 일시로 개방하여 가라앉은 진흙은 댐 하류로 내보낸다. 이런 처치를 거쳐 진흙이 제거된 물은 방류되어 다시 수로로 되돌려 보내진다. 이런 방식으로 수량 통제가 가능해진다.

현재 본류 수로와 그 부속물에 투여될 것으로 추산되는 총액은 3,850만 달러다. 정부는 임페리얼 관개 구역에서 40년에 걸쳐 투자금을 회수할 것이다. 구역 안에 있는 경작지의 현재 가치는 1억 달러로 평가되므로 투자금 회수에는 문제가 없어 보인다. 또한 구역에서 선적되는 곡물 가치가 이제 서서히 증가하는데 연간 5,000만 달러를 초과할 것이다. 중요한 작물로는 알팔파, 멜론, 보리, 사료용 옥수수, 작은 과일 등을 들 수 있다. 그 밖에도 많은 작물들이 재배되며, 충분한 관개수가 제공되면 대량 생산이 가능할 것이다. 시즌마다 대략 차량 3만 대분의 멜론과 양상추가 멀리 떨어진 시장에 출하된다. 알팔파의 연간 평균 수확량은 에이커당 7~10톤에 이르는데, 에이커당 멜론 96상자(크레이트)를 생산하게 될 것이다. 임페리얼 계곡이 축복받은 지역으로 부러움을 사는 것은 놀라운 일이 아니다. 특히, 40년이 채 지나지 않은 과거의 메마른 황막함과 현재의 풍부함을 비교하면 더욱 그러하다.

전미 수로 건설은 미국 국토개발국의 감독 아래 이루어진다. 사업이 모두 끝났을 때, 그것은 볼더 협곡 프로젝트의 주요 핵심 프로젝트 가운데 세 번째이자 마지막 완성을 의미할 것이다.

1-3 후버댐 건설(1부)

워커 영

콜로라도 강의 블랙캐니언에서 애리조나 주와 네바다 주의 경계선이 갈린다. 미국 정부는 내무부, 직접적으로는 국토개발국을 통해 후버댐 건설을 시작했다.

1930년 9월 17일, 내무부 장관 레이 월버(Ray Wilbur)가 참석한 가운데 건설 활동이 공식적으로 개시되었다. 현재 댐 건설이 빠르게 진척되고 있다. 이 사업은 엘우드 미드(Elwood Mead)가 국장으로 있는 국토개발국의 감독과 통제하에 놓여 있다. 그리고 건설 작업은 그 분야를 대표하는 것으로 정평이 나 있는 국토개발국 수석 엔지니어 월터(R. F. Walter)의 감독하에 수행된다.

댐 구조물의 현장은 그랜드캐니언의 브라이트 앤젤 트레일의 교차로에서 하류로 270마일, 캘리포니아 니들스에서 상류로 100마일, 캘리포니아 만 강 입구에서 440마일 지점에 위치한다.

블랙캐니언의 댐 현장에서, 콜로라도 강은 몇 세기에 걸친 풍화로 어둡게 염색된 가파른 화강암 암벽 사이를 흐른다. 해발 645피트의 저수위 표면에서 협곡의 폭은 290~370피트에 이르고, 해발 1,232피트로 제안된 댐의 최고 수위에서 폭은 850~970피트에 이른다.

다이아몬드 드릴 작업으로 강물 중심에 있는 기저암이 해발 525~535피트에서 그 모습을 드러냈다. 계획에 따르면 댐의 토대를 위해 필요한 채굴은 해발 505피트까지다. 따라서 댐은 토대에서 꼭대기까지 높이가 727피트에 이를 것이다. 그리고 탑과 난간 장식물 때문에 추가로 40피트가량 더 높아질 것이다. 중력 형태의 댐은 위로 아치형을 이룰 텐데, 반지름이 약 500피트에 이를 것이다. 그리고 댐의 토대에서 위아래로는 폭이 650피트, 꼭대기에서는 폭이 45피트가 될 것이다. 정상부의 길이는 곡선을 따라 측정하면 1,180피트에 달할 것이다.

댐의 최정상을 해발 1,232피트로 정한 것은 3,050만 세제곱피트의 최대 저수량을 얻기 위한 것이다. 저수량 중에서 500만~800만 에이커-피트의 물은 진흙 저장용으로, 1,200만~1,500만 에이커-피트의 물은 수량 조절 저장용으로, 950만 에이커-피트의 물은 홍수 통제용으로 충당될 예정이다.

현재의 조건에서 콜로라도 강에서 블랙캐니언을 통해 운반되는 진흙의 양은 연간 평균 약 13만 7,000에이커-피트로 추산된다. 상류층 개발로 이 양이 감소됨에 따라, 저수지의 진흙 퇴적량 총량은 50년대 말에 가면 300만 에이커-피트 이하로 떨어질 것으로 기대된다.

저수지의 저장 시설 일부는 관개를 목적으로 캘리포니아 주 블라이드 근처 팔로베르데 계곡, 애리조나 주 유마 근처 유마(연방) 프로젝트, 캘리포니아 임페리얼 계곡 등으로 안정적인 물 공급을 해주려는 의도에서 설립되었다. 나머지 저장수는 남부 캘리포니아의 도시들에, 그리고 애리조나, 캘리포니아, 네바다 주의 관개 농지 개발 지역에 안정적인 물 공급 원천으로 활용될 것이다.

저수량의 상층부 900만 에이커-피트의 물은 홍수를 조절할 가능성을 제공하는데, 댐 상류의 20만 초-피트 유량을 댐 하류에서는 4만 8,000초-피트로 줄일 수 있기 때문이다. 최근에 가장 규모가 큰 홍수의 유량은 30만 초-피트로 생각되는데, 이를 7만 5,000초-피트로 줄일 수 있을 것이다.

댐과 발전소는 전력을 구입하는 계약자들의 요구 조건에 따라서 설치될 예정인데, 그 용량은 160만~180만 마력에 이를 것이다. 공사를 끝마쳤을 때, 지속적이고 안정적인 전력 생산량은 약 66만 3,000마력이 될 것으로 기대된다. 이로부터 연간 약 43억 킬로와트시(kWh)를 사용할 수 있을 것이다. 추산치에 따르면, 이 값은 처음 50년 동안 해마다 약 875만 킬로와트시만큼씩 줄어들 것이다. 상류의 관개 사업으로 강물의 일부가 소비되기 때문이다. 현재의 계획으로, 터빈은 처음에는 최대 수두(水頭) 582피트, 최소 수두 422피트로, 평균 수두는 520피트로 작동될 것이다. 이런 조건이 만족되려면 연속적으로 흐르는 1만 7,000초-피트의 물이 필요하다. 이 양은 연간 1,200만 에이커-피트의 유량과 맞먹는다.

종합 개요도는 댐의 주요한 특징을 보여준다.

현재의 건설 프로그램에 따르면, 댐 건설의 첫 번째 공정은 각각의 지름이 56피트인 우회 터널을 파는 것이다. 그리고 수로를 두 개 채굴하는 것이다. 수로 각각은 길이가 650피트, 폭이 150피트, 깊이가 100피트에 이른다. 또한 지름 56피트의 경사진 터널을 수로에서부터 우회 터널 외부로 파내야 한다. 이렇게 뚫린 56피트 터널을 따라서 평균 두께가 36인치에 이르는 콘크리트 내벽을 덧씌운다.

다음 단계는 취수탑과 계곡 벽 배수 장치 건설이다. 그런 다음, 상부와 하부 코퍼댐이 건설된다. 이를 통해 강물은 우회 터널로 방향을 바꾼다.

강물이 터널을 통해 우회하는 사이에 댐과 발전소를 위한 채굴이 완료될 예정이다. 댐의 콘크리트 작업이 시작되고, 발전소의 익벽(翼壁) 건설에 나선다. 모든 취수탑에서 지름 55피트 터널이 채굴되고, 30인치 콘크리트 내벽을 덧씌우고, 17.5피트 강철 파이프 네 개를 터널 내부에 세운다. 수로는 콘크리트로 보강되고, 계곡 벽 배수 장치 건설이 시작된다. 취수탑에서 발전소를 잇는 터널을 연결하는 평균 27피트 터널이 채굴된다. 마찬가지로 콘크리트 내벽을 설치하고, 지름 17.5피트의 쇠파이프를 세운다.

그런 후 상류의 터널 마개를 내부 터널로 밀어 넣은 사이에 물은 외부 터널로 우회하게 된다. 각각의 마개에 설치된 문 네 개와 취수구에 있는 쓰레기 차단망이 완성된다.

이렇게 건설을 마친 다음, 외부 우회 터널의 취수구 위에 세운 강철 차단막이 떨어지면 강물은 내부 우회 터널에 있는 쓰레기 차단망과 미닫이문을 통해 우회한다. 길이가 300피트로 터널 벽에 키처럼 끼워 넣는 콘크리트 마개를 수로 터널 입구와 맞닿은, 상류에 있는 외부 구멍에 건설할 것이다. 취수탑도 완성될 테며, 내부 터널 마개에 있는 수문이 통제하는 물이 저수지에서 솟아오르기 시작할 것이다.

하류 코퍼댐은 제거될 것이고, 수로는 최초의 물줄기로 복원될 것이다. 댐 뒤쪽 수면이 취수탑의 실린더 모양 수문을 상승시키면, 내부 우회 터널 마개에 있는 미닫이문이 닫힌다. 이전에는 이 터널들의 배출구에 세웠던 스토니 게이트(Stoney gate, 수문과 분리하여 사다리형 롤러를 설치한 수문)가 떨어질 것이다. 그러면 물은 하류 취수탑과 계곡 벽 배수 장치로 우회할 것이다. 일부 전기 장치가 설치되고 발전소와 취수 터널의 연결이 이루어지면 발전소가 작동할 것이다.

마지막 작업은 중심 댐의 콘크리트 굳히기 작업을 완성하고, 댐의 상부를 따라 난간과 조각 장식물을 만들고, 엘리베이터와 계단, 기타 시설들을 설치하고, 발전소의 익벽들 사이를 연결하는 구조물을 세우고, 발전소에 기계 설비 설치를 완료하는 것이다.

정상적 작동 조건에서 모든 물은 취수탑, 발전소의 터빈, 내부 우회 터널의 하류 마개의 배출 밸브를 통해, 또는 계곡 벽 배수 시설을 통해 댐을 통과할 것이다. 홍수가 날 경우, 넘치는 물은 수로에서 제거되고, 이런 흐름은 수로 상부에 설치된 드럼 수문이 조절한다.

추산된 완성 기간과 건설을 위해 승인을 받은 예산 기간 내에 댐과 발전소를 건설하려면, 건설 목적으로 거대한 양의 전력을 제공해주고, 사업을 진행하는 데 필요한 엄청난 양의 물질들을 기차로 운송해주고, 인력과 보급품의 무겁고 빠른 수송과 어울리는 형태로 연결 고속도로를 세울 필요가 있었다.

이제 8만 8,000볼트로 작동하는 전송선이 캘리포니아 샌버너디노에서 222마일에 걸쳐 건설되었다. 남부 시에라 네바다-캘리포니아 전력회사가 댐 현장 위 블랙캐니언 가장자리에 있는 변전소를 통해 전기를 공급했다. 유니언퍼시픽 철도회사는 네바다 주 라스베이거스 남쪽 7.1마일에 위치한 본선의 한 지점에서 볼더시티까지 22.7마일에 이르는 표준 궤간 철도를 건설했다. 그리고 볼더시티에 300량을 수용할 수 있는 교환 장소를 건설했다. 계약에 따라 미국은 볼더시티에 있는 유니언퍼시픽 철도회사와 연결되어 댐 현장 위 블랙캐니언 가장자리 한 지점에 이르는 표준 궤간 철도 10.2마일을 건설했다. 연방정부 지원 기금을 받는 네바다 주는 라스베이거스에서 볼더시티까지 원유 22피트로 표면을 칠한 고속도로 23마일을 건설했다. 그리고 정부는 계약상 그 도로를 블랙캐니언의 가장자리로 연장해야 했다.

건설 캠프의 위치가 선정되고, 볼더시티 지구 현장도 마련되었다. 지구에 물이 공급되었다. 콜로라도 강에서 양수 펌프 네 개를 이용해 물을 퍼 올린 다음 10인치와 12인치 파이프를 통해 지구 위 언덕에 있는 200만 갤런짜리 물탱크까지 거의 7마일을 운반했다. 평균적으로 진흙이 6,000ppm 이상이고, 탄화칼슘의 경도가 400 이상인 경수의 경우, 볼더시티의 수도 본관으로 보내기 전에 강물의 진흙을 제거하고, 연수화 처리를 하고, 정수 과정을 거쳐야 한다.

1930년 3월 4일에는 후버댐, 발전소, 부속품 등을 건설하기 위한 입찰 시장이 열렸고, 최저 입찰자로 샌프란시스코 식스컴퍼니스사가 선정되었다.

관리소장 크로(F. T Crowe)의 감독하에 작업은 3월 11일에 시작되었다. 캠프가 설치되었고 블랙캐니언으로 가는 도로가 건설되었다. 5월, 제안된 구역의 꼭대기에서 우회 터널의 예정 통로를 서로 교차시키기 위해 단면적 10×12피트의 횡갱(橫坑)들을 댐 현장에 있는 계곡 벽에서 파고들어가기 시작했다. 터널들의 교차점에서, 단면적 12×12피트인 예비 구멍들이 시공되었는데, 굴착 장비가 횡갱에서 양방향으로 나아갔다. 이런 예비 구멍 뚫기의 주요한 목적은 본격 시공을 위해 환기 장치를 마련하는 것이다. 동시에, 형성된 암석의 구조적 특징을 파악하려는 목적도 있다. 표준 터널 작업이 이런 예비 터널에도 적용되었고, 규모가 큰 작업 구간을 위해서는 적재기와 전동차를 투입했다.

이런 예비 터널들이 시공되는 동안, 지붕에서 밑으로 역아치 위 15피트의 벤치까지 터널 전체의 채굴을 준비하기 위해 우회 터널의 취수문과 배수문을 깨끗하게 치웠다. 대부분의 경우, 이런 41×56피트의 터널은 12×12피트 굴착 장비를 이용해 먼저 뚫었지만, 일부는 굴착 장비의 크기를 키워 직접 입구에서 파고들어갔다.

계약자가 이 작업을 완성하기 위해 특수 제작한 '드릴링 점보(drilling jumbo)'가 설계되기도 했다. 이는 공기 드릴이 강철 프레임에 단단히 조여진 수평 강철봉 위에 설치되었다. 이 모든 설비가 10톤 트럭 위에 탑재되었다.

터널 작업의 공정은 12×12피트의 예비 터널을 확대된 갱도에 앞서 굴착한다는 가정하에 이루어진다. 그 후, 첫 번째로 예비 터널 양쪽에 있는 익벽 구간을 폭파해야 한다. 예비 터널은 바깥으로 56피트 터널 라인에 닿고, 41×56피트의 구간보다 약 25피트 앞서 있다. 확대된 갱도가 폭파되면 이 공정으로 더 나은 발파 작업을 수행할 수 있을 것이다.

이 꼭대기 벤치가 자신에게 주어진 최소의 거리만큼 전진하면 터널 전면의 너절한 것들을 치운 후, 정부 측량사의 감독에 따라 56피트 절단면에 흰색 페인트로 밑그림을 그린다. 그런 다음 드릴링 점보를 터널의 한 지점까지 후진시키고 잭을 들어 올려 제자리에 안전하게 고정한다. 물과 공기 선들이 연결되고 드릴링이 시작되었다. 보통의 경우, 점보는 한 번 설치될 때마다 20피트 깊이로 구멍을 48개 뚫었는데, 여기에 두 시간이 채 걸리지 않았다. 그런 다음, 점보는 터널 반대편 지점으로 이동하여 고정되고, 동일한 방식으로 드릴링 작업을 재개한다. 드릴 작업이 진행되면서 점보가 지나간 자리에는 터널 구멍이 생겨난다. 이렇게 해서 하나의 구멍이 뚫리면 그 구멍을 전진 기지로 삼아 또 다른 구멍을 뚫을 수 있는 것이다.

이런 공정이 진행되는 동안, 갱도 대원들은 예비 터널 양쪽 측면에 있는 익벽 구간에서 드릴 작업과 적재 작업을 마쳤다. 그리고 예비 터널 바닥에 약 30개의 다이너마이트를 설치했다.

터널에서 사람과 장비가 철거되었고, 누르면 15초 후에 폭발할 수 있도록 전선이 연결되었다. 첫 번째 폭발은 익벽을 부쉈다. 위와 중앙에서 아래로, 바깥으로 차례대로 폭발이 일어났다. 마지막으로 낮은 쪽 구석이 제거되었고, 예비 터널 바닥에 설치된 화약이 터졌다. 거대한 전면과 익벽을 폭파할 때마다 40퍼센트 폭발력인 2,000파운드가 안 되는 양이 사용되었다. 폭탄이 설치되었던 곳은 깊이가 거의 16피트만큼 파였고, 돌들은 1,000야드까지 날아갔다.

송풍기와 환풍기를 이용해서 터널에 있는 연기와 폭약 증기를 제거하고, 터널 벽면이 깨끗해지자마자 30마력의 캐터필러 트랙터가 예비 터널에서 출현해서 바닥 위 상부 벤치에 있는 모든 잡석을 밀어서 제거했다. 이 트랙터에는 전면에 날이 설치되어 들어 올리거나 내릴 수 있는 '불도저'가 장착되었다. 60마력의 캐터필러는 터널 바닥을 정리해주고, 그 뒤를 따라 전동삽이 트럭 위로 잡석을 퍼 올렸다. 이렇게 잡석 제거 작업이 시작되었다.

터널에서 끌어모은 모든 바위는 씻겨 내려가지 않을 만한 위치에 있는 수위가 높은 강물 속에 버렸다. 이를 위해서는 계곡 측면을 따라 바위를 운반할 필요가 있는데, 이는 계약자로 하여금 돌을 버릴 장소를 선정하고 그곳까지 도로를 세우는 문제와 관련해 상당한 천재성을 요구했다.

41×56피트 터널의 채굴은 1931년 10월 3일에 개시되었고, 1932년 4월 2일, 이 구획의 수평갱들이 모두 네 개의 터널을 통해 뚫렸다. 1월 동안, 여덟 개의 수평갱에서 이 확대된 구획의 구멍들에 대한 작업을 추진했다. 직선상으로 거의 1,700피트에 이르는 터널이 1월 23일을 마지막으로 하는 한 주 동안에 채굴되었는데, 이 기간에 운반된 바위는 대략 11만 6,000제곱야드였다.

41×56피트 터널이 뚫린 후, 터널 내부의 벽과 지붕에서 배출된 모든 바위를 제거하기 위해 '트리밍 점보(trimming jumbo)'를 현장에 배치했다. 이런 타입의 점보는 기본적으로 두 개의 강철 트러스로 이루어진다. 트러스 각각은 서로의 거리가 약 9피트 떨어져 있는 지름 50피트 원에서 약 35피트 올라간 지점의 바깥 테두리를 형성했다. 트러스들은 철강 프레임에 연결되어 있어서 목재 작업 플랫폼을 지지해주었다. 점보는 자동차 바퀴 위에 탑재되었고, 수평과 수직 배열이 정확하게 이루어진 수평 궤도에서 운영되었다.

터널의 역아치 구간에서 하부 15피트는 그 위 구간과 비슷한 방식으로 제거되었다. 확대된 터널에서 이용되는 드릴링 점보는 이 하부 구간을 채굴하기 위해 변형된 것이다. 상부 데크를 제거하고 양옆에 확장부를 추가하여 수평갱 전면을 한 번의 드릴 작업으로 파낼 수 있었다. 한 번에 25개의 구멍이 뚫렸고, 대략 40퍼센트의 폭발력으로 750파운드가 폭발했으며, 수평갱이 16피트 전진했고, 대략 320제곱야드의 바위가 분쇄되었다.

1932년 5월 23일, 역아치 구간의 제거가 완료되었다. 그 날짜에 우회 터널에서 실제적으로 남아 있는 유일한 채굴은 배수구 문에서의 견인용 램프였다. 따라서 그해에 지름이 56피트인 터널이 3마일 이상 채굴되면서 대략 150만 제곱야드의 바위들을 제거했다.

강 양안 모두에 배수구용 채굴이, 네바다 주 쪽에 취수탑용 채굴이 현재 진행 중이다. 1932년 1월에, 외부 우회 터널 지붕에서 7×14피트의 예비 구멍이 배수구를 향한 경사진 터널에서 시작되었고, 5월 1일에는 직선거리로 50피트 가까이 진척되었다. 경사진 배수로 터널은 지름이 56피트로 36인치 두께로 콘크리트 내벽을 바른 것이다.

단면적 7×14피트인 임시 구멍으로서의 예비 터널 역시 내부 우회 터널의 지붕에서 상류 취수탑의 기초를 향해 굴착되는 중이다.

1-4 후버댐 건설(2부)

워커 영

후버댐에서 최초로 콘크리트가 타설된 것은 1932년 5월 5일이었다. 2번 터널 취수구에 있는 쓰레기 거름망의 기초 작업을 위한 것이었다. 우회 터널 내부 공사가 곧 개시되었고, 4월에는 세 개의 터널에서 공사가 이루어지고 있었다. 이런 작업에 투입되는 시멘트는 블랙캐니언의 네바다 쪽에 있는 공장에서 혼합되었다. 이 공장은 취수구에서 상류로 약 0.5마일 떨어져 있었다.

공장은 설계도상 78×118피트로, 꼭대기에 있는 저장고 높이는 건물 6층 정도 되고, 탑의 꼭대기는 8층 이상이다. 네 개의 4제곱야드 혼합기들이 낮은 층에 설치되어 있다. 혼합기 위에는 통제 데크가 있고, 그 위에 컨베이어 층과 처리기 층이 있다. 높이 33피트의 저장고 바닥은 처리기 층에서 9피트 위에 있고, 탑은 저장고 위로 33피트 솟아 있다. 이 탑은 두 개의 42피트 벨트식 컨베이어 위쪽 끝에 위치해 있는데, 컨베이어는 공장 북쪽 끝에 있는 철도 궤도 밑에 있는 벙커에서 나왔다. 컨베이어는 모래와 크기가 다른 자갈을 공급 컨베이어에서 저장고로 운반하기 위한 용도로 호퍼(깔때기 모양의 아가리)와 왕복용 벨트로 이루어져 있다.

모래, 세 가지 크기의 자갈, 조약돌 등은 강에서 상류로 2마일, 서쪽으로 2마일 떨어진 헤먼웨이 워시에 위치한 선별 공장에서 분류된 후에 별도의 차에 실린다. 그리고 철로로 4마일 운반되어 이중 컨베이어의 낮은 쪽 끝에 있는 벙커에 투입된다. 그 후 크기에 맞춰 예비된 저장고로 물질들이 투입된다. 벙커 밑을 이동하는 이중 공급 컨베이어에는 저장고 밑에 있는 문을 통해 물질이 실리고, 그렇게 실린 물질을 공장 꼭대기로 운반한다. 꼭대기에서 호퍼와 왕복 컨베이어의 정렬을 통해 물질은 예비된 저장고로 운반된다.

현재 남부 캘리포니아의 공장에서 공급받는 시멘트는 선박에 실어 볼더시티로 운송한다. 그곳에서 미국 건설 철도를 통해 자갈 공장 남쪽에 있는 계약자의 철도와 연결되고, 계약자의 철도는 선별 공장을 거쳐 혼합 공장으로 이어진다. 공기압에 의해 운반되는 시멘트는 6인치 파이프를 통해 공장 전면 꼭대기에 있는 위가 덮인 저장고에 부린다. 하역 기계는 커다란 진공청소기와 비슷하다.

공장이 가동 중일 때, 정량의 시멘트와 골재가 압축 공기 문을 통해 처리기에 제공된다. 처리기는 매우 훌륭해서 육중한 골재가 처리기로 쏟아져 들어오면 곧바로 문이 닫힐 것이다. 처리기의 내용물은 컨베이어에 부려져서 혼합기 위에 있는 호퍼로 운반된다. 필요할 때면 호퍼 개폐기가 열리거나 닫히고, 시멘트와 골재는 회전하는 혼합기 속으로 흘러 들어간다. 처리기에서 나온 정량의 물이 다른 물질들과 함께 혼합기에 급수된다.

혼합은 혼합기에 모든 물질이 투입된 후 최소 2.5분 동안 실시된다. 진동 드럼이나 밑 열림 통에 부은 콘크리트를 10톤 트럭에 실어 투입 현장으로 운반한다. 혼합 설비에 있는 통제 데크에는 기록 장치가 설치되어 있다. 그 장치는 공장의 모든 작업에 대한 시각 정보를 제공해주고, 이런 공정의 영구적 기록을 제공한다.

한 벌이 혼합되는 동안, 다른 벌을 혼합기 호퍼에 준비할 수 있기 때문에 거의 연속적으로 혼합 작업이 가능하다. 16야드의 콘크리트가 3.5분마다 제조되고, 그런 토대 위에 공장은 이론적으로 24시간 동안 6,600야드를 생산해 낼 수 있다.

선별 공장은 모든 골재를 분류하고 씻기 위한 것으로, 컨베이어벨트와 연결된 채 진동하거나 회전하는 선별기들을 포함하는 일군의 철탑들로 이루어졌다.

애리조나 저장소에서 선별 공장까지 덤프차 내부에 실어 철로로 7마일 운반한 채굴 물질을 공장 북서쪽 끝에 있는 벙커에 투입한다. 그곳에서 컨베이어들이 그 물질을 일련의 선별기로 운반하는데, 처음에는 너무 큰 바위를 제거하고, 이어서 조약돌, 1.5~3인치의 자갈과 모래, 0.7~1.5인치의 자갈, 마지막으로 0.25~0.75인치의 자갈을 골라낸다. 크기가 큰 바위들은 회전하는 분쇄기로 보내져 부서진 다음 선별기로 되돌아온다. 다양한 크기의 조약돌과 자갈을 측방 컨베이어들이 분류탑 북동쪽에 있는 저장 장치(stock file)로 운반한다. 모래는 씻긴 후에 분류탑의 남서쪽 트랙을 가로질러 저장 장치로 운송된다.

9×11피트 크기의 콘크리트 터널이 자갈 저장 장치 밑에 설치되어 있다. 그 터널에는 컨베이어가 있어서 터널 꼭대기에 있는 개폐기와 호퍼를 통해 자갈을 받아들인 후에 선별기로 운반한다. 선별기에서 물질은 재선별되고, 그

곳에서 왕복 컨베이어로 보내진다. 왕복 컨베이어는 그 물질을 50톤짜리 철도 차량에 부린다. 그리고 클램셸 버킷(조개 모양 통)을 갖춘 기차 크레인으로 모래를 적재한다.

저장 장치에 있는 동안 자갈에 계속해서 물을 뿌리고, 왕복 컨베이어 위를 이동할 때는 고압 호수로 다시 씻는다.

공장에 필요한 물은 콜로라도 강에서 펌프로 퍼 올려 2마일의 파이프라인을 통해 공급하는데, 공장 언덕 동쪽에 위치한 예비 침전 탱크까지 정수두(펌프 배출구에서 액체 표면까지 높이의 차이) 427피트의 저항을 뿌리쳐야 한다. 약 98퍼센트의 진흙은 침전 탱크 속 지체 기간 세 시간을 거치는 동안 물에서 제거된다. 그런 다음, 물은 중력을 따라 저장 탱크로 흘러 들어가고, 그곳에서 다시 공장으로 공급된다.

애리조나 광상(鑛床)은 후버댐 건설을 위한 모든 골재를 안정적으로 제공한다. 이 광상은 후버댐 현장에서 북쪽으로 곧장 6마일 떨어진 콜로라도 강 애리조나 주 쪽에 위치해 있다. 광상의 면적은 대략 100에이커에 달하고, 시굴(試掘)에 따르면 깊이는 평균 30피트 이상이다. 예상된 바로는 평균 약 2.5피트가 벗겨져나가고 버려질 것이다. 따라서 450만 제곱야드 이상의 물질이 남고, 그 모든 것이 사용될 것이다.

모든 콘크리트 골재를 채석장에서 운반해 1935년 이전에 저장해야만 했다. 그때가 되면 취수탑을 통해 배수구까지 댐의 후방으로 물이 차오르기 시작해서 광상도 물에 잠기고 말 것이다. 이런 이유로 채석장은 이제 세 개의 이동하는 토대 위에서 운영되었고, 선별 공장을 거칠 필요가 없는 골재들은 공장 북서쪽 근처 야외 야적장에 저장되었다. 현재, 채석장에서 골재는 5제곱야드 용량의 전기 드래그라인(토사를 그러모으는 버킷 달린 굴착기)으로 50톤을 적재할 수 있는 8~10량의 기차에 하루당 180~200량을 하력하는 속도로 채굴된다.

현재 건설 활동에 고용된 사람들은 4,300명이 넘는다. 그중 정부 고용 인원은 250명이고, 3,426명은 식스컴퍼니스사, 자회사와 하청업체에 고용되어 있으며, 350명은 정부의 계약 업체에, 나머지는 볼더시티에서 사업권을 따낸 개인과 기업에 고용되어 있다.

식스컴퍼니스사의 최근 보고에 따르면 3,042명이 자신의 회사에 직접 고용되어 있는데 이중 1,108명은 터널에서 일하고, 758명은 강에서 잡무를 보며, 250명은 수로 공사에 관여하고, 464명은 기계와 전기 관련 일에 종사하며, 214명은 철로와 자갈, 콘크리트 공장에 고용되어 있다. 그리고 248명은 볼더시티에서 이루어지는 건설 작업과 일반 사무에 참여한다. 정부, 식스컴퍼니스사, 여타 계약자들이 지급한 급료 총액은 56만 5,600달러였다.

1-5 중력의 힘: 2002년의 후버댐

웨이트 깁스

"쉬!" 그레고리 버크하트(Gregory Burkhart)는 경고음이 울리자 관람객들에게 조용히 하라는 신호를 보냈다. 그가 손을 올리자 모두 20명이 그에게 시선을 붙잡힌 채 주변을 둘러보았다. 바닥이 전율하면서 떨리고 동굴의 공터가 으르렁거리는 소리로 채워졌다. 그것은 우리의 발밑에 설치된 거대한 관을 따라 솟구쳐 오르는 콜로라도 강의 신음 소리였다. 그곳에서 그 물은 위치 에너지를 얻기 위해 끌어올려지면서 신음 소리를 내고 있었던 것이다.

70년 전, 녹색의 콜로라도 강은 애리조나의 그랜드캐니언에서 이곳 네바다 주 경계에 있는 블랙캐니언까지 275마일을 거칠게 내리 달렸다. 강물은 700피트의 깊은 계곡을 따라 거침없이 흐르면서 정상이 날카롭게 조각된 블랙 산맥을 주조해냈다. 강물은 여름 태양에 데워졌고, 때때로 계곡은 화씨 120도(약 49℃)가 넘는 온도로 구워지곤 했다. 접근 도로, 물, 전기가 전혀 없었던 관계로 사람들 발길이 쉽게 닿을 수 없었고, 자연스럽게 보존되었다.

1931년, 미국 국토개발국은 이곳을 가장 높은 댐을 건설하기 위한 최적의 장소라고 판단했다. 오늘날 후버댐은 콜로라도 강을 가로막는 52개의 댐 중 하나에 불과하다. 매년 100억 킬로와트시의 전력이 그 강에서 생산된다. 후버는 이제 이 세상에서 가장 큰 댐은 아니지만 미국 사적지이며, 방문자들을 격려하고 사람들 마음을 그러잡는 몇 안 되는 대형 댐이다.

1-5

지난해 겨울에는 안전 조치로 출입을 금지해 한때 관람객들에게 개방했던 많은 내부 통로를 제한 구역으로 설정했다. 그러나 이제 방문객들은 '발견 여행'의 일곱 개 광장을 따라 원하는 대로 자유롭게 관람하게 되었다. 이 코너는 이 공학적 경이로움이 어떻게 건설되었으며, 그것이 라스베이거스와 그 밖의 남서부 도시들을 거주 가능한 지역으로 만들어준 물을 어떻게 가두는지를 설명한다.

여행을 시작하면서(나는 2001년 8월에 방문했는데, 미국이 전쟁의 소용돌이에 빠져들기 전이었다), 버크하트는 10인용 엘리베이터에 우리 21명을 한꺼번에 몰아넣었다. 댐의 중심부에서 506피트 하강하여 계곡 벽의 내부로 내려가는 것은 다행스럽게도 짧았지만 만약 폐소공포증 환자라도 있었다면 문이 어두운 화강암 터널로 열리는 것을 보고 싶지 않았을 것이다. 250피트의 터널을 거쳐 발전소에 다다랐을 때, 우리 중 일부는 벽에서 새어 나오는 물 흐름을 우려스럽게 쳐다봤다. "걱정 마세요." 버크하트가 말했다. "이 물은 댐에서 새는 것이 아니라 자연 샘에서 나와요. 그러니 여러분의 풍선껌으로 벌어진 틈을 막으려고 애쓰지 않아도 된답니다."

그렇지만 댐이 약간씩 샌다고, 여행 말미에 버크하트가 부연했다. "콘크리트는 마르면서 열을 내는데, 그것이 균열의 원인이 될 수 있습니다. 이 댐은 약 1,500년 동안에는 완전히 마르지 않을 거예요. 그러니 물은 자신의 길을 찾아가고, 배수 시스템으로 모인답니다." 나는 물이 얼마나 새는지 물어봤다. 그는 대답했다. "차이가 있어요. 시간당 약 100~150갤런 정도."

계곡 벽을 통과하는 제한된 여행 후라서 그런지 발전실의 모습은 특히 놀라웠다. 마루를 뚫고 빨간색 발전기 아홉 대가 30피트 솟아 있었는데, 발전기들은 크기 70피트에 무게 2,000톤이었으며, 발전 용량은 1억 3,000만 와트에 달했다. 경보음이 울리면서 빌딩이 흔들렸을 때 우리는 이 괴물들 중 하나 옆에 서 있었다.

"이 경보음은 N7 발전기 위에 있는 수문이 열리는 소리입니다." 버크하트는 소리가 사라진 후에 설명했다. 현재 분당 회전 속도 180으로 N7을 돌리는 물은 몇 초 후에 미드호 바닥에 가 있게 된다고 그가 말했다. 원한다면 여행 중에 또 다른 광장에서 물 위에 나 있는 배다리를 건너 댐의 북쪽 저수지 바닥에서 솟아올라 있는 취수탑들 중 하나로 갈 수 있다. 그곳으로 들어오는 물은 지름 30피트인 강철 수압관을 통해 세차게 유입되어 발전소로 이어지는 지름 13피트 관으로 빨려 들어간다. 물은 거대한 나비꼴 밸브에 의해 초당 2만 2,000갤런 속도로 흘러 들어가고, 터빈 덮개 주위를 선회한다. 24개의 수문이 속도를 조절하는데, 정확하게 초당 60회전수가 나와야 하기 때문이다.

"이와 똑같은 건물이 강의 애리조나 쪽에도 있어요." 문을 열고 강 반대편을 가리키면서 버크하트가 말했다. 나는 사시처럼 눈을 뜨고 사막의 태양을 바라보았다. 방문자 센터의 온도는 그늘에서도 화씨 104도(40℃)였다. 올려다본 난간들은 너무 뜨거워서 건드릴 수 없었다. 심지어 손등에서도 땀이 났다.

그러나 불편함은 다시 한 번 놀라움을 자아냈다. 그때 나는 강물 726피트 아래에 있는 댐의 우아한 부채꼴 모양 전면을 내려다보고 있었다. 제약에서 벗어난 차가운 물줄기는 여전히 에너지를 보유한 채 표면을 굴러갔다. 나는 뒤로 돌아서서 댐의 꼭대기를 가로지르는 도로를 건너다보았다. 원래 수면에서 548피트나 높아져 있고, 수평선까지 까마득하게 펴져 있는 미드 호는 사실 같지 않고 모호하게 경고하는 환상처럼 보였다. 처음 한 생각은 아니지만, 영화 〈슈퍼맨〉을 보지 않았으면 좋았을걸 하는 마음이었다.

최근에 다시 열린 오래된 전시관에서, 여러분은 콜로라도 강 유역을 배경으로 슈퍼맨 같은 포즈를 해볼 수 있다. 거대한 지형 모형은 로키 산맥에서 발원해 캘리포니아 만에 이르는 1,400마일의 강 흐름을 정교하게 보여준다. 캘리포니아 만에서 강은 이제 심하게 오염된 강물이 흐르는 실개천만을 제공해 줄 뿐이다. 어쩌면 이 세상에 있는 주요 하천들 중에서 콜로라도 강이야말로 인간 사회에 기여하는 바가 가장 클지 모른다. 후버댐은 인류의 천재성과 결단력, 그리고 우리의 자기중심성을 잘 보여주는 기념비로 남아 있다.

2

거대 계획들

2-1 지하수

세이어

평균적인 도시 거주민들은 물의 가치를 제대로 알기 어렵다. 그들은 자신들이 필요한 모든 것을 수도꼭지만 돌리면 얻을 수 있고, 물이 생명의 필수 요소라는 것, 나아가 현대 문명이 다른 어떤 상품보다 더 물에 의존한다는 사실에 관심이 없는 것을 꽤 당연하게 여긴다. 물이 없다면 상업이나 농업은 말할 것도 없고 거대한 정련소, 화학 공장, 제강소, 발전소 등 산업 대부분은 소용이 없어질 것이다. 마찬가지로 대부분의 도시 거주민들이 최근까지 깨닫지 못하는 것은 다른 원료처럼 물도 무한한 자원이 아니라는 사실이다.

실제로, 미국에서도 물이 부족한 상황이 벌어질 수 있을까? 미국의 일부 지역, 특히 서부의 메마른 지역이 유명한데, 그곳에서 물이란 항상 걱정스런 대상이었다. 개척 시대에 사람들은 종종 물웅덩이, 샘 또는 개천의 소유권을 둘러싸고 6연발 권총을 들고 이전투구를 벌이곤 했다. 애리조나 주가 콜로라도 강의 물을 애리조나에서 캘리포니아로 우회시킨다는 이유로 임페리얼댐의 건설을 막기 위해 시민군을 동원한 것은 그리 오래된 일이 아니다. 물의 권리를 둘러싼 논쟁에서 전투 현장은 법정, 위원회, 입법 기관으로 옮겨졌지만, 전투의 강도는 전혀 줄어들지 않고 있다.

지난 몇 년 사이, 물 부족 사태가 미국 전역에 걸쳐 많은 지역에서 나타난다는 우려가 확산된다. 그런 문제가 국가적 관심사로 크게 부상했던 때는

1949년 가을이었다. 그때, 미국에서 가장 큰 도시 뉴욕은 심각한 물 부족 사태에 직면해 시민들에게 물 소비를 줄여달라고 당부해야 했다. 미국 대통령 트루먼은 사태가 심각하다고 판단해 국가 물 정책 개발을 위한 위원회를 지명하는 전면적 개입을 고려했다.

이런 국가적 관심은 꽤 괜찮은 것이다. 물을 보호하기 위해서는 더 적극적일 필요가 있다. 그러나 그러한 우려로 상황을 지나치게 비관하게 될 수도 있다. 미국 언론은 최근 몇 가지를 소란스럽게 예측한다. 물 공급이 점차 돌이킬 수 없이 줄어든다고 믿는 필자들도 있다. 그들은 당연한 것으로 여겨지는 지하수면의 전반적 하락을 강조해왔다. 그 증거를 직접 검토해보도록 하자.

미국의 수자원이 줄어든다는 주장은 주로 몇 년 전에 행한 두 가지 설문 조사를 근거로 한다. 첫 번째는 작고한 농무부의 맥기(McGee)가 한 것이다. 맥기는 천연자원 보존을 주창한 초기의 대표적 인물 중 한 명이다. 1910년, 맥기는 3만 3,000군구(軍區)의 농무부 작물-보고자들에게 설문지를 보내어 우물의 깊이를 측정하는 등의 방식으로 지하수 수위를 보고해달라고 요청했다. 그들의 답변에서, 그는 25년에서 30년이라는 기간 동안 적지만 식별이 가능한 수준으로 지하수가 점차 줄고 있다는 결론을 내렸다.

그러나 맥기의 결론은 훗날, 작고한 메인저(Meinzer)의 신중한 분석에 의해 기각당했다. 지질조사국 지하수부 전직 책임 지질학자 메인저는 맥기의 기초 가설에서 몇 가지 오류를 찾아냈다. 첫 번째, 땅 표면에서 수면의 거리가 아니라 우물물의 깊이를 기록한 측정치라는 점이다. 함몰이나 외부의 퇴적물로 우물 바닥이 채워질 경우, 오래된 우물에서의 물 깊이 감소가 반드시 실제로 지하수면이 떨어졌음을 의미하지는 않는다. 두 번째, 1910년 측정치는 가을에 이루어졌는데, 그때 수면은 연간 주기에서 가장 낮거나 그에 근접한다. 셋째, 1910년은 전국 대부분의 지역에서 예외적으로 건조한 해였다. 미시시피 강 상류 유역에서, 그해는 1878년 이래 가장 메마른 해였다.

비관론자들은 공통적으로 심슨(H. E. Simpson)이 작성한 또 다른 설문 조사를 인용한다. 전직 노스다코타 주 지질학자인 그는 1934년에 미시시피계곡위원회 보고서를 제출했다. 우물 굴착공에게 보낸 설문 작업에 기초하여, 심슨은 맥기와 비슷한 결론에 도달했다. 몇십 년이 흐르는 기간 동안 미시시피 강 상류 유역, 물이 얕은 지층에서의 수면이 전반적으로 떨어지고 있다. 서부 사우스다코타 주에서는 35피트 정도 떨어졌는데, 특별히 다코타에서 수맥까지 파고들어간 지하수 수위는 더 빠르게 떨어진다. 이러한 하강은 꽤나 심각한 수준이다. 그러나 물이 얕은 지층에서의 하락은 일시적인 것으로, 1930년대 초반 몇 해 동안의 가뭄으로 말미암은 강수량 부족에 따른 것이었다.

실제로 근래 몇십 년 동안 미국 지질조사국은 지하수면의 정확한 측정을 시행했다. 협력 주와 연방 기관은 맥기와 심슨의 비관론이 정당하지 않음을 보여주었다. 많은 지역에서 실질적 하락이 있었다는 것은 사실이다. 대표적으로 테네시 주 멤피스, 텍사스 주 휴스턴, 캘리포니아 주 롱비치, 앨라배마 주 모빌, 필라델피아 캠던 지역, 아칸소 주 그랜드프레리 지역, 노스다코타와 사우스다코타 주의 거대한 다코다 관정(管井) 저수지, 텍사스와 뉴멕시코 주의 고원 지대, 애리조나와 뉴멕시코 주의 대부분의 관개 시설이 마련된 계곡 등을 꼽을 수 있다. 그러나 거의 모든 경우에 물이 감소한 지역은 저장된 지하수를 심하게 퍼 올려서 사용한 지역이다. 수위의 하락은 자원의 고갈 자체보다는 늘어난 지하수 사용을 반영한다. 지나친 펌프질이 벌어지는 지역 외부에서 기록된 기간 동안 수위의 지역적 하락이 분명하게 드러난 경우는 없었다. 지하수면에는 강우에 따라 변동이 발생하는데, 강우가 적은 기간에는 하락하고 강우가 많은 시기에는 올라간다.

마찬가지로 측정된 지표수의 기록도 장기적으로 볼 때 어떤 유의미한 보편적 흐름이 존재한다는 사실을 보여주지 못한다. 미국 지질조사국 엔지니어 랑베인(W. B. Langbein)에 따르면, 지표수는 20세기 초반부에는 감소하여 1930년대에 저점에 도달했지만 1940년대부터 대부분의 하천에서 유량이 상승하는 경향을 보인다. 몇 안 되는 놀라운 예외 중 하나는 남서부로, 그곳에서 지표수는 1940년 이래 계속 감소하고 있다.

수자원이 줄어드는지 살펴보기 위한 노력에서, 타당한 결론으로 이끌기에는 기록들이 충분히 장기적이지 못하다는 점도 기억해야 한다. 지하수 수위와 지표수 관찰은 대부분 지난 30~40년 시작되었다. 매우 소수의 자료만 100년 전으로 거슬러 올라간다. 강우, 온도와 관련된 가장 오래된 기록은 200년을 조금 상회할 뿐이다. 물 공급에 영향을 미치는 강우와 여타 기후 요소들의 변동 폭이 매우 크다는 것을 지질학적 증거와 그 밖의 여러 증거를 통해 알 수 있다. 모든 계통의 증거를 종합함으로써 결국에는 장기적 물 전망에 대한 몇 가지 연역적 추론을 만들어낼 수 있을지 모른다. 그러나 현재까지는 물 공급이 늘어날지 줄어들지 확신을 가지고 말하기 어렵다.

미국의 지역 사회에서 늘어나는 물 부족 현상은 자연적 공급상의 어떤 중요한 변화에 따른 것이라기보다는 주로 물 소비량의 증가로 인한 것이다. 미국 인구가 증가하고 있을 뿐 아니라 1인당 물 소비량은 훨씬 빠른 속도로 증가한다. 예를 들면 텍사스 주에서 1940년 이전 50년의 기간 동안 인구는 세 배 증가했는데, 그동안 산업과 도시에 사용된 물의 양은 30배 증가했고, 관개용으로는 55배가, 수력용으로는 85배가 증가했다. 모든 용도를 합치면, 평균적으로 거의 71배 증가했다. 물 이용에서 이런 증가 추세는 미국 전체에서 비슷하게 관찰되었다.

따라서 대부분의 지역 사회들은 새롭고, 대체로 멀리 떨어진 곳에 있는 수원지를 개발함으로써 추가적 물 공급원을 얻을 수 있었다. 이것은 뉴욕 시가 현재의 물 부족 문제를 해결하게 해주리라 기대하는 바로 그 방법이다. 현재의 물 이용 속도에서 정상적 인구 증가를 보장하기 위해 대부분의 지역 사회가 먼 곳에 손을 뻗고 필요한 물 수요를 여러 해에 걸쳐 만족시킬 가능성은 꽤나 높아 보인다. 그럼에도 자연적으로 불리한 위치에 있는 일부 지역 사회의 경우 이런 해결책에는 꽤나 큰 비용이 요구되고, 물이 대량으로 필요한 새로운 농업 개발이나 산업 공정(석탄과 셰일오일의 수소화 등)의 등장으로 미국 많은 지역의 가정이 물 부족에 시달릴 수밖에 없을 것이다.

따라서 이제 시간을 허비할 여유가 없다. 가능한 빨리, 우리의 수자원이 무엇이며, 어디에 있는지 그 목록을 확보하기 위해 앞으로 나갈 필요가 있다. 이미 일부 산업에서는 새로운 공장 부지를 위해서는 풍부한 물이 있는 지역을 찾아야 한다는 사실을 인식 중이다. 물 공급의 가능성에 기초하여 철저하게 탈중심화를 이룰 때까지 산업별로 특정한 지역에 모이는 것은 꽤나 가능성이 커 보인다. 그렇지만 아직 개발되지 않은 요구를 충족해줄 수자원을 발견하는 일은 간단하지 않다. 점 지팡이 또는 마술사를 통해 해결할 문제가 아니다. 지역별로 현재의 물 공급량과 그 장기적 변동을 조사할 필요가 있으며, 거의 다뤄진 바 없는 수문학에서의 많은 과제들을 파고들어야만 한다.

여기서 관심을 끄는 자원은 지하수로서, 저수량이 미국의 자연 혹은 인공 지표면 저수지에 저장되어 있거나 저장될 수 있는 물의 총량보다 몇 배나 많을 정도로 엄청나다. 거칠게 말해서, 지하수란 지표면 밑에 있는 다공성 바위에 저장되어 있거나 그런 바위를 뚫고 이동할 수 있는 거대한 물웅덩이다.

수문학은 물에 대해 연구하는 과학 분야로, 마르쿠스 비트루비우스 폴리오(Marcus Vitruvius Polio)까지 거슬러 올라간다. 비트루비우스는 로마의 건축가이자 엔지니어로서 대략 예수와 같은 시대에 살았다. 그는 수원지와 강의 물은 비와 눈에서 기원하는데, 토양과 암석층을 통과해서 최종적으로 지표면에 나타난다는 이론을 선명하게 밝혀낸 최초의 인물이다. 지금은 이런 이론이 너무도 당연해 보이지만 17세기 말까지도 학자들은 이 개념을 보편적으로 받아들이지 않았으며, 비교적 최근까지 평균적 시민들은 이런 사실을 인지하지도 못했다. 레오나르도 다빈치(Leonardo da Vinci), 베르나르드 팔리

시(Bernard Palissy) 그리고 일부 소수의 사람들만이 스스로의 날카로운 논증을 통해 비트루비우스와 비슷한 결론에 도달했을 뿐이다. 그러나 17세기 프랑스인 피에르 페로(Pierre Perrault)와 에듬 마리오트(Edme Marriotte), 영국인 에드먼드 핼리(Edmund Halley, 천문학 분야의 업적으로 유명하다)의 측정이 있기 전까지는 이 이론에 대한 어떤 정량적 시험도 이루어지지 않았다. 페로는 3년 동안 센 강의 강우량과 방류량을 측정하고, 계산을 통해 센 강 유역의 강우량이 강에서 방류된 물 양의 약 여섯 배에 달한다는 사실을 밝혀냈다. 마리오트는 페로의 결과를 확실하게 검증했다. 핼리는 증발 속도를 측정하여 지중해에서 증발한 물은 지중해로 흘러 들어오는 강물에 의해 공급되는 양을 능가한다는 사실을 밝혀냈다. 이런 선구적 연구에 뒤이어 많은 과학자들이 여러 가지 탐구를 진행했다.

지금은 바다에서 땅으로, 그리고 다시 바다로 돌아가는 거대한 규모의 물 순환이 있음이 알려져 있다. 이를 '수문학적 순환'이라고 한다. 순환은 불완전하다. 바다에서 증발된 대부분의 물은 비가 되어 바다로 다시 떨어진다. 일부가 땅 위에 비로 내리고, 일부는 직접 대기로 되돌아가고, 일부는 직접 지표수로 흘러내리고, 일부는 다소간 영속적으로 광물과의 화학 결합 속에 갇히게 된다. 그리고 일부는 지각의 토양과 암석층을 통과해서 마침내 강물이나 바다로 되돌아간다.

따라서 본질적으로 모든 담수는 강우에 기원한다. 담수는 일정한 종류의 자연적 또는 인공적 집수지에 모였을 때만 인간이 유용하게 사용할 수 있다.

세계 많은 지역에서 사람들은 여전히 지붕에서 떨어지는 낙수를 모아 수조에 저장하는 방식으로 가정용수를 얻는다. 지브롤터와 버진아일랜드에서는 포장된 언덕 경사면을 이용해 낙수를 포획한 다음 관을 통해 저수지로 보낸다. 인류는 강우를 모으는 갖가지 방법을 고안해냈다. 그러나 인류가 대부분의 물을 얻는 가장 위대한 집수 시스템은 자연의 강물과 호수, 그리고 침투성 암석으로 이루어진 방대한 지하 저수지다.

천연 지하 저수지를 구성하는 물을 머금은 지층을 '대수층'이라고 한다. 대수층은 형태, 두께, 규모에서 큰 차이를 보인다. 가령, 텍사스 주에 있는 카리조 모래로 알려진 지질학적 지층은 두께가 100~200피트에 이르고, 폭이 20~50마일, 길이가 몇백 마일에 이르는 지역에 식수를 제공한다. 이와 대조적으로, 중서부 주들에 있는 투과성 빙하 퇴적물의 일부는 두께가 몇 피트에 몇 평방마일에도 못 미치는 규모다.

대수층에 있는 물의 양과 이용 가능성을 결정하는 것은 두 가지 요소다. 하나는 암석의 다공성이다. 다공성이란 물을 품을 수 있는 빈 공간이나 갈라진 틈이 전체 부피에서 차지하는 비율을 말한다. 다공성은 지층이 물을 얼마나 많이 함유할 수 있을지를 결정한다. 또 다른 요소는 암석의 투과성이다. 투과성은 물이 암석을 얼마나 자유롭게 드나들 수 있는지 결정한다. 투과성과 다공성은 유사어가 아니다. 예를 들면 셰일과 진흙은 다공성이 매우 크기 때문에 엄청난 양의 물을 함유한다. 그렇지만 이 암석들은 구멍이 너무나 작아서 상대적으로 비(非)투과적이다. 보통의 경사에서, 물은 구멍들 사이를 매우 느리게 이동하거나 전혀 이동하지 않는다. 이런 이유로, 그런 암석을 뚫고 만든 우물은 말라버리거나 소량의 물만을 생성할 뿐이다. 투과성이 큰 암석은 모래, 자갈, 빈 구석이 많은 석회석, 지각이 이동하면서 생겨나는 부서진 모든 조밀한 암석들이다.

지하수는 암석에 있는 모든 공간이 물로 채워진 포화대에 들어 있는 물로 대충 정의된다. 제약 없이 드나들 수 있는 침투성 암석에 있는 포화대의 윗 수면을 지하수면이라고 한다. 만약 우물을 이루는 모든 암석이 투과성이라면, 우물 속 물은 지하수면의 수위를 유지할 것이다. 만약 물을 품은 지층 위에 비투과성 암석이 놓여 있다면 물에 압력이 가해지기 때문에 관정을 하면 물이 솟구쳐 오를 것이다. 이런 물을 분수우물(artesian well)* 이라고 하는데, 프랑스의 아르투아 지방의 이름을 딴 것이다. 그곳에서 처음으로 분수우물이 건설된 것은 1126년이었다.

* 자분정이라고도 함.

광범위하게 퍼져 있을 거란 인상과는 대조적으로, 지하수면은 평평한 표면과는 다소 거리가 있다. 계곡보다는 산 아래 수위가 더 높다. 더욱이, 정적이기보다는 포화대에 물이 더해지거나 빠져나감에 따라 오르내리기를 반복한다. 지하수면이 지표면과 조우하는 곳에서, 물은 샘이나 누출지를 통해 새어나온다. 특정한 조건에서는 습지나 호수가 형성될 수도 있다.

피압대수층은 지표수가 흐르는 지역에서 상당히 떨어진 경우에도 재충전되는데, 심한 경우에는 다코타 찬정(鑽井) 분지처럼 몇백 마일 떨어져 있을 수도 있다. 지표수가 흐르는 지역에서 발생하는 국지성 강우는 피압대수층을 채우는 데 도움이 되지 못한다. 반면에, 비(非)피압대수층은 펌프를 이용한 급수가 이루어지는 지역에서 발생하는 국지적 강우로 재충전될 수 있다.

엄청나게 많은 요소들이 지구에 떨어지는 강우의 운명에 영향을 미치기 때문에 강우의 대부분을 지하수 재충전에 사용하는 데에는 많은 방해가 뒤따른다. 토양과 기저암의 흡수 용량, 지형, 지표면의 식생 종류, 강우 자체의 형태, 강도, 총량 등의 모든 것이 강수가 지표면으로 스며들지, 지표면 위를 흐를지 결정한다. 가랑비는 전혀 스며들지 않고 토양이나 식물의 잎에서 증발되고 말 것이다.

미국 많은 지역의 지하 암석이 비투과성이므로 좋은 대수층은 존재하지 않는다. 따라서 대부분의 강우는 지표면 위를 흐르면서 토양을 침식한다. 지표면을 초목으로 뒤덮이게 하고, 여러 가지 유용한 토지 이용 관행을 통해 침식을 예방하고, 침투 용량을 실질적으로 개선할 수 있다. 초목으로 땅을 뒤덮는 것이 온전히 축복으로만 작용하지는 않는다. 식물은 많은 물을 빨아들이지만 종종 얕은 우물과 샘물, 누출지의 양을 증가시키기 때문이다. 이런 것들은 건기에 강물의 흐름을 유지하는 데 도움을 줄 수 있다. 지하의 투과성이 매우 높아서 좋은 대수층을 활용할 수 있는 지역에서 토양의 흡수 능력은 이미 충분히 높지만, 인간은 인접 지역에서 발생하는 범람하는 물을 저장함으로써 상황을 개선할 수 있다. 필요하다면 지하 저수지를 재충전할 수도 있다. 반대로, 산업 또는 주택 개발은 광범위한 지역을 지붕과 포장도로로 뒤덮기 때문에 지하수 재충전의 기회를 크게 줄인다.

2-1

땅속으로 스며드는 물 중에서 매우 많은 양이 대수층 위에 있는 토양 속 작은 구멍 벽에 분자 형태로 부착되어 갇힌다. 물은 식물이 뿌리를 통해 흡수될 때까지 그곳에서 '현수수(suspended water)'로 머문다. 뿌리를 통해서 흡수된 물은 잎을 통해 대기로 증발한다. 특별히 식물의 성장 시기 동안에는 많은 물이 필요한데, 대부분의 강우는 이런 방식으로 흡수되어 증발할 것이다. 물의 일부가 기저암 포화대로 침투할 정도로 많은 물이 있는 경우에조차, 포화대는 일정한 식물들의 요구에서 완전히 자유로울 수 없다. 가령 알팔파, 소금 삼나무, 목화나무 등은 뿌리를 땅속 깊이 보내기 때문에 지하수면이 엄청나게 깊지 않은 한 포화대에 도달할 수 있기 때문이다.

물이 비투과층이나 포화대에 도달하면, 그것은 중력의 작용으로 횡으로 움직여서 샘물이나 누수지에 도달하고, 결국에는 강물에 재합류한다. 미국 지표수의 약 40퍼센트가 지하수에서 기원한다. 지표수와 지하수 사이에는 밀접한 상호 관련성이 존재한다. 따라서 물의 흐름은 결코 일방향이 아니다. 습지에서는 지하수가 지표수에 물을 제공하지만, 많은 건조 지역과 반건조 지역, 강물 인근에서 지하수를 지나치게 많이 퍼 올리는 지역에서는 지표수가 지하수에 물을 제공한다.

강물과 지하의 과정을 거쳐 바다로 되돌아가는 강수의 비중에 대해서는 일부 소수 장소에 관한 것만 알려져 있다. 그 값은 장소에 따라, 또한 같은 장소에서도 시간에 따라 크게 변한다. 예를 들어 오하이오 주의 자료에 따르면, 평균 연간 강수량 38인치 중에서 대략 13인치가 지하수와 지표수로 방류되고,

약 25인치는 증발되거나 식물 잎에서 발산된다. 반면, 플로리다 주 마이애미에 있는 해안 지역의 경우, 평균 연간 강수량 60인치 중에서 대략 25인치는 지표수를 통해 방류되고, 약 35인치는 증발과 발산을 통해 사라진다.

미국의 지하수 환경은 큰 폭의 차이를 보인다. 그것은 기후, 지형, 지질, 암석의 투과성, 개별 대수층이 강우(또는 일부 건조 지역의 경우 지표수)를 통해 재충전될 수 있도록 노출된 범위(정도) 등의 요소에서 발생하는 차이에 말미암는다. 가장 생산적인 지하수 지역으로는 대서양과 멕시코 만 해안 평야, 노스센트럴 지역 일부가 있으며 특히 미시간 주와 인디애나 주 북부, 네브래스카주 북부 고원, 높은 산맥 인근에 있어서 강수량이 풍부한 서부 퇴적 분지, 태평양 북서부 지역 일부 등을 꼽을 수 있다. 가장 생산성이 낮은 지하수 지역으로는 켄터키와 테네시 주에서 고원의 동쪽 경계에 이르는 대륙 중앙부 벨트, 다코타와 몬태나 주에 있는 북부 대평원, 건조한 서부의 낮은 산맥과 높은 평원 등을 꼽을 수 있다.

미국은 개발이 안 된 엄청난 지하수 자원을 지녔다는 점에서는 축복받았다고 할 수 있지만, 지하수의 지질학적 분포는 전혀 고르지 못하다. 전반적으로 물이 부족한 것이 아니라 분포가 고르지 못하다는 것이 대부분의 지하수 부족 문제에서 핵심이 된다. 불행하게도 지하수 자원의 세목에 대해 우리가 아는 바는 거의 없다. 지하수 자원의 연구와 평가 규모가 점차 커지지만, 우리에게 필요한 체계적·포괄적·종합적 연구가 이루어지는 곳은 미국의 아주 적은 일부 지역에 불과하다.

2-1

지하수에 대한 본격적 연구는 종종 매우 복잡하고, 많은 시간이 필요하기도 하며, 일부 지역에서는 비용도 만만치 않다. 그런 연구를 위해서는 함수층(含水層)의 위치, 범위, 두께를 결정하도록 해주는 지질학적·지구물리학적 매핑(mapping)뿐 아니라 암석의 투과성과 다공성, 대수층으로 유입되는 물의 양, 물 이동의 방향과 속도, 대수층을 재충전하고 대수층에서 물을 빼가는 지역 등을 결정하기 위해 필요한 수문학적 매핑과 물리학적 연구가 필요하다. 지하에 있는 물은 눈에 보이지 않는 관계로 관련 자료는 펌프 작업 시험 등의 직접적 방법은 물론 전자선과 감마선 기록, 관정 시 이용하는 지층 검사 등의 간접적 방법을 통해 수집된다.

지하수 자원을 효과적으로 활용함으로써 산업과 농업의 팽창 속도를 유지하려면 무엇보다도 이런 연구들을 가능한 빠르게 실용적 차원으로 진전시키는 것이 중요하다. 이 분야에서의 느린 진척은 1940년에 발표된 국가자원기획청의 보고서, '수문학 연구의 결핍(Deficiencies in Hydrologic Research)'에서 지적된 바 있다. 1949년, 후버위원회의 천연자원 특별 실무단에서도 같은 지적이 반복되었다. 의심의 여지 없이, 연구의 필요성은 트루먼(Harry S. Truman) 대통령의 수자원정책위원회의 최우선 관심 사항일 것이다. 물 문제가 대중과 정부 고위 관료들의 관심을 끈다는 사실은 우리가 수자원 개발에 전면적으로 나서게 되리라는 희망을 던져준다.

2-2 물 한 방울까지 쥐어짜기

로저 르벨

사랑하는 남자 아이크와 넓은 평원을 가로지른
파이크에서 온 스윗 베시를 아시나요?
알칼리 사막은 타올라 맨살을 드러내고
아이크는 그곳에 있는 모든 것을 혐오했어요.
그들은 눈 속에 모래가 한가득인 채로 캘리포니아에 도착해서는
말하길, “안녕 파이크 카운티, 우리는 죽을 때까지 여기 살 거예요.”

게슴츠레하고 일부는 외설스럽기도 한 1850년대의 이 발라드는 대부분의 미국인들이 처음으로 국가 발전에서 물 문제를 인식하게 되었던 시대를 상징한다. 미국인들의 조상 대부분이 살았던 북부 유럽에는 물이 항상 풍부했다. 그들이 농사를 배웠던 미국 동부 또한 작물 생산에 필요한 만큼 충분히 물을 공급해줄 수 있었다. 그러나 개척자들이 미주리 강을 건넜을 때, 그들은 물이 땅보다 더 귀한 건조한 지역에 당도하게 되었다. 물의 존재는 삶을, 그것의 부재는 죽음을 뜻했다.

오늘날 물 문제는 국가적 의식의 일부이고, 대부분의 미국인은 자국의 미래 발전이 수자원의 현명한 이용과 깊이 관련되어 있음을 자각한다. 이런 사실은 저개발 국가에서도 마찬가지 진리다. 미국과 가난한 국가들에서의 물 문

제는 근본적으로 비슷하지만, 서로 큰 차이를 보이기도 한다.

물은 사람들이 교환하는 가장 풍부하고 가장 중요한 물질이다. 서로 다른 용도에 요구되는 물의 양은 꽤나 큰 폭으로 변한다. 인류와 가축들에게 해마다 필요한 식수의 양은 살아 있는 조직 1톤당 10톤 정도 크기다. 세척, 냉각, 물질의 순환을 위해 요구되는 산업용수는 벽돌 공장에서는 제품 1톤당 1~2톤, 종이 공장에서는 제품 1톤당 250톤, 질산비료 공장에서는 제품 1톤당 600톤까지 다양하다. 이 모든 양은 농업에서 요구하는 물의 양에 비하면 새 발의 피라고 할 수 있다. 관개를 통해 사탕수수나 옥수수 1톤을 키우기 위해서 '소비되는' 물의 양은 약 1,000톤에 이른다. 이때 물의 양은 토양의 증발과 식물의 발산에 따라 차이가 있다. 밀, 쌀, 면화는 작물 1톤당 각각 약 1,500톤, 4,000톤, 1만 톤의 물을 요구한다.

물과 그 이용을 생각할 때, 우리는 수문학적 순환을 통해 흐르는 양에 관심을 가진다. 따라서 가장 유의미한 측정 단위는 시간당 부피, 연간 에이커-피트, 하루당 갤런, 초당 세제곱피트가 될 것이다. 1에이커-피트란 약 32만 6,000갤런을 말하며, 깊이 1피트로 면적 1에이커에 해당하는 땅을 뒤덮을 수 있는 물의 양이다. 연간 1,100에이커-피트는 대략 하루당 100만 갤런 또는 초당 1.5세제곱피트와 같다. 하루당 100만 갤런은 5,000명에서 1만 명의 도시민들에게 식수를 제공할 수 있는 양이다. 연간 1,100에이커-피트는 250~300에이커의 농토를 관개하기에 충분한 양이다.

해마다 지구에 떨어지는 비와 눈의 총량은 약 3,800억 에이커-피트인데 그

중 3,000억은 바다에, 800억은 땅에 떨어진다. 바다 위에서는 비가 되어 떨어지는 것보다 9퍼센트 더 많은 양이 증발하는데, 땅 위에서 증발하는 똑같은 초과량에 의해 전체적으로 균형이 맞춰진다. 최종적으로 빙하, 강물, 해안의 샘물을 통해 바다로 운반되는 물의 양은 연간 270억 에이커-피트에 가깝다. 140억 에이커의 배수 지역에서 약 130억 에이커-피트가 68개의 주요 강을 통해 운반된다. 땅에서 바다로 흐르는 물의 절반에 못 미치는 양이 해안 평야 혹은 섬을 가로질러 흐르는 몇천 개의 작은 하천을 통해 운반된다. 배수 지역은 약 110억 에이커에 달하지만, 그 일부는 실제로 흐름이 없는 사막이다.

대륙 위 80억 에이커는 내륙 바다, 호수, 플라야(큰비가 내린 뒤에 물이 괴는 사막의 분지)로 배수된다. 여기에는 지구 대부분을 차지하는 60억 에이커의 사막과 볼가 강, 우랄 강, 아무다리야 강, 시르다리바 강 유역처럼 비교적 물이 차 있는 지역들이 포함된다. 이 강들은 연간 몇백만 에이커-피트의 물을 카스피 해와 아랄 해로 실어 나른다. 지표의 나머지, 약 400만 에이커는 빙하로 뒤덮여 있다.

인간이 물을 가장 많이 쓰는 분야인 농업에서조차 공급은 원활하지 못하다. 연간 10억 에이커-피트(강물 총유량의 4퍼센트에도 채 못 미친다)가 3억 1,000만 에이커의 땅(지구의 대륙 면적의 약 1퍼센트)에 물을 대고 있다. 대략 100억 에이커-피트의 비와 눈이 남은 30억 에이커의 경작지에서 해마다 증발되거나 발산되면서 인류의 식품과 섬유질의 성장을 돕는다. 대부분의 강물은 거의 활용되지 못한 채 바다로 흘러간다. 대륙, 특히 증발이 일어나는 젖은

2-2

우림과 열대 지방의 반습윤 사바나에서 증발하는 물 절반 이상이 인간 삶에 거의 관여하지 않는다.

경제 통계에 잡히지는 않지만, 물은 원재료로 간주될 수 있다. 미국에서 원재료의 생산은 전체 경제에서 사소한 역할에 그치고, 물 요금은 다른 원재료의 가격과 비교해도 많지 않은 실정이다. 미국의 가정, 산업, 농업에 이용되는 모든 물의 요금은 연간 약 50억 달러다. 이는 국민총생산의 1퍼센트에 불과하다. 원재료가 경제의 핵심 요소인 저개발 국가들에서는 미국처럼 싼 물 가격이 허용될 수 없다.

미국에서 물 가격은 에이커-피트당 10~20달러 정도다. 이는 에이커-피트당 도매가격이 2만 2,000달러인 원유, 10만 달러인 우유, 100만 달러인 버번위스키(세금은 제외하고)와 비교된다. 지금까지 세운 가장 큰 탱크에 물을 가득 채운다고 해도 채 1,000달러가 되지 않는다. 그럼에도 미국인들은 다른 종류의 투자에 비견할 만한 비용을 물 개발에 투자할 정도로 이용하는 물의 양이 너무 많다. 즉 미국인 1인당 하루에 1,700갤런을 쓴다. 강물에서 취수하거나 지하수에서 퍼 올리는 물은 미국에 떨어지는 눈비의 7퍼센트 정도에 불과하지만 실로 엄청난 양이다. 공기를 제외하면 다른 어떤 재료의 무게보다 200배 더 많은 양이다. 미국에서 댐, 지역 사회 및 산업용수 시설, 배수 처리 시설, 상수도관과 하수도관, 관개 수로, 강 통제 구조물과 수력 발전 시설 등 물의 구조물에 지출하는 연간 비용은 약 100억 달러에 달한다.

미국에서 가장 심각한 물 문제들 중 하나는 남서부와 서부 고원 지대의 광범위한 물 부족 현상이다. 남서부 일부 지역에서, 지하에 축적된 물을 문제가 될 정도로 빠르게 퍼 올리고 있으며, 현재의 주민들에게 물을 공급하려면 새로운 수원지를 빨리 찾아내야 한다. 전체 지역에서 통제 가능한 물의 연간 평균 공급량은 7,500만 에이커-피트다. 만약 농업이 지금 같은 속도로 계속 발전한다면, 2000년이 되면 9,800~1억 3,100만 에이커-피트의 물이 필요할 것이다. 이웃한 물-과잉 지역에 그 풍부함을 공유하도록 강권한다면, 연간 2,200~5,500만 에이커-피트의 장거리 수송을 통해 이런 결핍을 해소할 수 있을 것이다. 그러나 연간 비용은 20억~40억 달러나 물 1에이커-피트당 60~100달러에 달할 것이다. 여기에는 300억~700억 달러에 달하는 자본 비용의 분할 상환이 포함될 것이다. 에이커-피트당 비용은 도시, 산업, 오락 분야와는 달리 농업의 경우에는 지나치게 높을 수 있다.

뉴멕시코대학교 너대니얼 울먼(Nathaniel Wollman)과 그의 동료들은 남서부 경제에서 관개용 물 이용 시 평균 부가가치가 에이커-피트당 44~51달러에 불과하다는 사실을 밝혀냈다. 반면에 오락 이용의 부가가치는 에이커-피트당 250달러, 산업 이용의 부가가치는 3,000~4,000달러에 이를 수 있다. 도시 거주민들과 산업체가 소비하는 물의 양은 농업의 경우보다 훨씬 적기 때문에, 건조한 서부 주들이 농업 주도적 토대에서 산업 주도적 토대로 경제 구조를 전환한다면 미래 공급에서 지나치게 많은 증가는 피할 수 있을 것이다.

미국에서는 급속한 경제 성장으로 인해 물이 부족한 지역에서 물의 가치가 그 비용보다 훨씬 빠르게 증가하고 있다. 물 비용이 높아져도 산업 주도적 도시 경제의 총생산에서는 부담이 적은 편에 불과하고, 경제적 불리함이 그리 크지 않다. 이런 부담과 불리함은 기후 등의 다른 환경이 좋으면 쉽게 극복될 수 있다.

나라 전체로 볼 때, 높은 비용의 다목적 용수 개발은 비용-편익 측면에서 유리하게 작용할 수 있다. 이때 다목적 이용 대상이란 도시 거주민, 산업, 관개농업, 도시와 산업 쓰레기의 산화 및 분산, 수력 발전, 오염 통제, 어업 보호와 야생 보호, 항해, 오락, 홍수 통제 등을 꼽을 수 있다.

저개발 국가에서, 물 개발은 그 자체로 현실 경제에서 많은 부가가치를 낳지는 않는다. 도시용수와 산업용수에 대한 요구는 미국보다 훨씬 적고, 즉자적 물 이용은 주로 농업 분야에 국한된다. 따라서 요구되는 물의 양은 온대 지역이라면 대체로 같다. 이런 국가들 대부분은 물 1에이커-피트당 수익률이 매우 적은 저(低)산출 생계형 농업을 유지하고 있고, 이들 나라의 농부들은 에이커-피트당 지출 가능한 자본이 매우 적다. 이런 이유로, 수자원 개발에는 에이커-피트당 그리고 노동 시간당 농업 생산성을 높이고, 물의 경제적 가치를 올릴 만한 수단이 동반되어야 한다.

미국과 저개발 국가들 모두에서 물 문제에 대응하는 한 가지 방법은 현재 낮은 물 이용 효율성을 개선하는 일일 것이다. 효율적 연구를 통해 많은 일들이 가능해질 것이다. 예를 들면 관개를 위해 제공되는 물의 절반이 운반 도중 사라져버리고, 절반이 안 되는 물만 식물들이 이용할 수 있는 논밭에 도달한다.

*작물의 뿌리 둘레를 짚이나 비닐 등으로 둘러싸는 것.

멀칭(mulching)이라는* 새로운 방법이 토양 표면에서 증발을 줄이고, 따라서 식물의 발산을 통해 물을 더 효과적으로 사용하도록 만들려는 목적에서 이미 시행 중이다. 식물에서의 물 흡수와 발산에 대한 생리학 연구를 통해, 그리고 식물유전학 연구를 통해 성장 저하를 동반하지 않고도 발산을 낮출 수 있을 것이다. 소금 내성인 작물들을 개발하면 식물 뿌리 근처에서 저농도 소금 용액을 유지하기 위해 제공할 관개수의 양을 감소시키는 데 도움을 줄 것이다. 관개 수로에서의 누출과 논밭에서의 침출로 인한 물의 손실은 더 나은 수로의 내벽 공사와 관개 기술을 통해 낮출 수 있을 것이다. 수로 제방에 있으면서 물을 빨아들여 공기 중으로 발산하는 쓸모없이 물 친화적인 식물들을 통제하는 법을 배운다면 마찬가지로 수로에서 발생하는 손실을 줄일 수 있을 것이다.

건조 지역에서, 넓은 대지를 흐르는 물을 집중시켜 원하는 특정 지역에 물을 공급해줄 필요가 있다. 그리고 총강수량에서 집수량 비율을 증대시키기 위해서는 기술이 필요하다. 그런 기술을 개발하려면 산악 지대에서 유량을 증가시킬 수 있는 수단(가령 눈밭에서의 증발 감소, 발산 감소를 위한 식생 변화)을 연구할 필요가 있다. 또한 계곡 대수층의 재충전율을 가속시키는 방법도 연구할 필요가 있다.

최종적으로, 담수 총량을 증가시키는 일련의 단계들을 통해 물 문제의 해결책을 모색할 수 있다. 이는 현존하는 물 공급 방법을 개선하기 위한 노력과 대조를 이룬다. 연구는 두 개의 전선을 중심으로 이루어진다. 첫째는 기상과 기후에 대한 통제력을 강화함으로써 강우 패턴을 변경하기 위한 노력이다. 둘째는 경제성을 지닌 해수나 담해수의 담수 전환 방법을 개발하는 것이다. 기상과 기후를 통제하는 능력은 아직 미흡한 단계지만 전 인류에게 가장 중요할 수 있다. 대기의 자연적 과정에 대해 현재 우리가 아는 것보다 훨씬 더 많은 것을 알아내기 전까지는 통제 수단을 얻을 수 있을지 여부가 불확실하다. 탈염(脫鹽) 효과의 경우, 물과 소금을 분리하는 데 들어가는 에너지 양을 줄이거나 에너지 비용을 낮출 수 있다면 지금보다 경제성이 커질 것이다. 물, 소금 용액, 표면과 막의 특성에 대한 연구는 탈염 문제에서 근본적인 것이다. 따라서 연구에서는 에너지 비용을 낮추는 데 초점을 맞춘다.

자료가 많지 않은 관계로, 저개발 국가의 농업을 위한 수자원 개발 관련 잠재성 평가는 거친 수준에 머물러 있다. 관개 엔지니어링, 배수, 위생, 현대적 농법과 농업 기술은 과거에 토지와 물 이용의 패턴을 결정했던 방식과는 크게 다르다. 동시에, 물이 가장 풍부한 지역이면서도 토지 이용이 매우 빈약하고 습윤한 열대 지방까지 생산성 높은 농업을 확장하기에는 현재 기술이 크게 부족하다. 늘어나는 세계 인구를 부양하기 위해서 총생산량을 늘리는 방법을 찾는 데 관심이 머물러서는 곤란하고, 농업 노동자 1인당 생산량을 끌어올려 그들의 생활 수준을 높이는 단계로 나아가야 한다. 전 세계를 대상으로 한 땅과 물의 개발 전략은 경험이 풍부하고 상상력이 뛰어난 전문가들을 중심으로 각 지역 현장 조사와 실험 연구를 실시하는 것이어야 함은 물론, 지역에 전통적으로 존재해온 지식들에 대한 신중한 분석으로 이를 뒷받침해야 한다.

습한 지역에서 농업은 좋은 토지에 국한해 이루어지고, 건조한 지역에서 물은 절대적 제한 요소가 된다. 기후가 변경되거나 바닷물이 값싸게 전환되어 저렴하게 운송될 수 없는 한, 건조한 지대의 농경지에는 항상 물이 부족할 것이다. 그런데 현재 지표수와 지하수 모두 충분히 이용되지 못하는 상태다. 현재 재배되는 농경지에서의 이모작을 위한 것이든, 새로운 토지를 경작하는 경우든 사정은 마찬가지다.

물 이용을 개선하고 농업 생산성을 높이려면 건조한 토지 개발 과정에서 과거에 사막 문명을 파괴하는 데 기여했던 다음과 같은 문제를 개선해야 한다. 넓은 대지에 퍼져 있는 물은 말라리아와 주혈흡충 등의 인간 질병은 물론 식물 기생충을 양산하는 옥토를 제공해준다. 이집트의 기록은 평균적으로 11년마다 한 차례씩 역병이 발생했음을 보여준다. 통제 불능의 말라리아는 파키스탄의 인더스 계곡에서 4,500년 전에 번창했던 모헨조다로와 하라파라는 거대 문명도시가 하루아침에 멸망한 원인으로 작용했을 수 있다.

평평한 홍수 유역에 있는 토양 배수지는 경작이 어렵기 때문에 대체로 무시된다. 지하수면이 표면에 가까운 관계로 대부분의 작물 뿌리가 물속에 잠기기 때문이다. 물은 모세관 작용을 통해 토양을 뚫고 올라와 증발하고 식물에 독으로 작용하는 염분만 쌓이게 된다. 침수 및 염분화와 관련된 재앙은 티그리스-유프라테스 강 계곡에 존재했던 바빌로니아 문명의 파괴 원인으로 작용했을 수 있다. 이런 재앙은 오늘날 서부 파키스탄에서 여전히 커다란 위협으로 남아 있다.

또 다른 위협은 평원에 정주하는 농민들과 유랑하는 유목민의 갈등이다. 오늘날 서부 파키스탄의 포윈다는* 이런 고대의 갈등을 되새기게 한다. 미국의 서부 지대에서 목동과 농부의 갈등은 여전히 생생한 기억으로 남아 있다.

*아라비아의 베두인족 같은 파키스탄의 유목민.

세계의 건조한 토지에서 농업 발전의 가능성을 고려할 때 인간 역사에서 너무나 큰 역할을 했던 유명한 강을 먼저 생각해볼 수 있다. 그런 강들로는 나일 강, 인더스 강과 그 지류들, 티그리스-유프라테스 강을 꼽을 수 있다.

이집트인들은 몇천 년 동안 범람 시기에 나일 강의 물을 삼각주와 계곡 넓게 펴져 있는 연못형 분지에 공급하는 방식으로 관개농업을 실시해왔다. 홍수가 잦아들면, 강 유역 분지의 제방들이 분지에 들어온 물을 차단하고 강물은 분지에 갇힌다. 나일 강과 태양은 이집트 최고의 농부라는 말이 있다. 사람들은 해마다 홍수 때 퇴적되는 나일 강의 진흙이 농토를 기름지게 한다고 여겼다. 홍수 이전의 휴경 기간 동안 햇볕이 밭을 말려 갈라지게 하고, 깊은 고랑이 생겨나게 했으며, 잡초와 미생물을 죽임으로써 쟁기질이 불필요하게 만들었다. 홍수는 7월에 당도했고, 9월에 최고조에 이른 다음 빠르게 잦아들었다. 들판에는 초겨울에 밀, 보리, 콩, 양파, 아마, 클로버 씨를 심었다. 여름 작물들은 강의 제방 위와 얕은 지하수면이 있는 지역에서만 재배했다. 지하수면이 낮은 지역에서라면 강의 제방이나 우물에서 손으로 쉽게 물을 퍼 올릴 수 있었기 때문이다. 큰 홍수는 분지를 역병과 전염병을 가져오는 유해한 늪지로 만들었고, 약한 홍수는 기아를 불러왔다.

과거 140년 동안, 이런 고대의 시스템이 전환되었다. 1820년, 이집트는 인구가 250만 명에 불과하고, 경작지 면적은 300만 에이커에 불과한 절망스런 상태에 빠져 있었다. 이때부터 상설적 수로 관개를 시작했고, 전통적 겨울 작물뿐만 아니라 목화, 옥수수, 쌀, 사탕수수 등 여름 작물을 광범위한 농지에 재배했다. 댐 공사를 통해 강을 가로질러 로댐을 세웠다. 이 구조물 뒤편으로 늘어선 물은 취수되어 신설된 대형 수로를 통해 1년 내내 흘렀다. 1955~1956년에 이르면 경작지가 570만 에이커 늘어나고, 경작의 강도는 177퍼센트에 이르렀다. 즉 1,000만 에이커 이상에서 작물이 수확되었다. 염분화와 침수는 20세기 초반부에는 심각한 위협이 되었지만, 집중적 배수 시스템을 통해 꽤나 잘 통제되었다. 화학 비료가 대량으로 이용되면서 에이커당 작물 수확량은 높아졌다. 나일 강 진흙이 더는 분지가 아니라 댐의 뒷면에 퇴적되지만 현재 인구 2,700만 명을 부양하기에 충분한 식량이 재배된다. 에이커당 작물 생산량의 관점에서(사람당 생산량은 아니고) 보면, 이집트는 선진국이라고 할 수 있다.

나일 강의 연간 평균 유량은 7,200만 에이커-피트지만, 최고일 때는 1억 100만 에이커-피트에 달할 정도로 높은 반면 낮을 때는 3,600만 에이커-피트에 불과하다. 만약 평균 유량 모두를 이용할 수 있다면 연간 기준으로 1,200만~1,500만 에이커를 관개하기에 충분한 양이 될 것이다. 현재 이집트에서의 관개 토지는 그 절반에도 미치지 못한다. 범람 시기에는 바다로 흘러

가는 많은 물이 사용되지 못하고, 나머지 기간에는 지표수와 지하수 부족으로 경작지 크기에 제한을 받는다.

지금 건설되는 아스완 하이댐은 나일 강을 완전히 통제할 수 있다고 약속한다. 댐은 1억 500만 에이커-피트가 될 텐데, 이는 지난 세기 동안의 연간 가장 큰 홍수와 맞먹는다. 나일 강에는 더는 홍수가 없을 것이다. 길들여진 나일 강은 관개를 위해 거대한 수로로 남을 것이다. 이집트가 이용하는 연간 평균 5,500만 에이커-피트의 물(저수지에서 나오는 물 1,700만 에이커-피트는 수단에 할당되어 있다)과 더불어, 삼각주와 계곡 바닥에 220만 에이커(약 40퍼센트)를 경작 지대로 추가할 것이다. 또한 범람하는 70만 에이커는 영구적인 관개로 전환될 수 있다. 100만 킬로와트 이상의 수력 발전이 배수 펌프에 이용되는 전력을 생산해낼 것이다. 배수 펌프의 이용으로 곡물 생산량은 약 20퍼센트 증가할 것이다. 전력 생산으로 화학 비료 생산도 가능해질 것이다. 또한 전력은 물을 퍼 올려 계곡의 사막 경계 지대로 보내는 데 이용될 수 있다. 그곳에서 100~200만 에이커가 경작지로 추가될 것이다. 이 모든 혜택이 실현된다면, 이집트의 농업 총생산량은 90퍼센트나 증가할 것이다. 이는 현재 인구의 두 배를 부양하기에 충분하고 작물 수출도 가능하게 해줄 것이다.

2,300년 전 알렉산더 대왕이 지친 군대를 몰아쳐 동쪽으로 향할 때, 그들은 마침내 강 제방에 세운 가장 강력하고 오래된 사막 문명에 도착했다. 알렉산더보다 1,000년 앞서 도착했던 아리아인들은 강에 별도로 이름을 붙이지 않았다. 그들은 그 강을 단순히 인더스라고 불렀다. 인더스는 자기네 말로 강이

란 뜻인데 그들은 자신들이 침공한 아(亞)대륙에 '인디아'라는 이름을 붙였다. 그 강에 그 땅이란 뜻이다.

펀자브 주 인더스 강과 함께 평원을 흐르는 다섯 개 지류는 지구의 주요 천연자원 중 하나다. 펀자브와 서부 파키스탄 신드 지역 평원에는 3,000만 명이 거주한다. 그중 2,300만 명은 농사에 종사하는데 그들은 거의 5,000만 명을 부양할 수 있는 식품과 섬유 대부분을 생산한다.

그 강들은 나일 강 유량의 두 배를 실어 나른다. 물의 절반은 고도로 발전된 관개 수로 시스템으로 취수되어 약 2,300만 에이커에 물을 대는 데 이용된다. 이는 지구상에서 가장 큰 단일 관개 지역이다. 평원의 북쪽 지하에는 거대한 담수 저수지가 자리 잡았는데, 그곳의 저수량은 연간 강물 유수량의 열 배에 해당된다.

평원의 엄청난 잠재력이 무색하게도, 오늘날 서부 파키스탄 사람들의 평균적 운명은 배부른 번영이 아닌 가난과 기아에 가깝다. 이런 고뇌가 가장 절망스럽게 다가오는 곳은 다름 아닌 시골의 농촌 마을이다. 농부들의 식품 섭취는 국가에서 가장 빈약한 편에 속하고 식품을 수입해야만 한다. 식량 생산과 인구 수는 대등하지 못하고 점차 간극이 넓어진다.

서부 파키스탄에서 농업의 문제는 물리적인 것과 인간적인 것 모두에 해당한다. 그것은 땅, 물, 사람과 그것들 사이의 상호작용 문제다. 그런 측면들 중 하나는 토양 침수와 염분 축적이다. 평평하고 광대한 평원에서의 빈약한 배수가 그 원인인데, 이로 인해 관개 농지 대부분의 비옥함이 서서히 파괴된다.

2-2

침수와 염분화로 이미 심각한 손상을 입은 수로 관개 지역과 농경지는 500만 에이커에 달하는데, 이는 파종되는 지역의 약 18퍼센트에 해당되는 면적이다. 그 밖에도 농업을 둘러싼 세 가지 난관이 있다. 관개수의 부족, 토지 종신 보유권의 문제, 빈약한 농업 기술의 문제 등이 그것이다.

작물이 1년 내내 자랄 수 있고, 겨울과 여름의 생장기는 전통적으로 내려오는 것인데도 관개 수로에서 발생하는 누출로 너무도 많은 물이 사라지는 까닭에 필요한 물을 충분히 제공받을 수 있는 농경지는 전체의 절반에 불과하다. 그런 경우조차 작물에 대한 물 공급은 부적절하고, 여름에 특히 더욱 그러하다. 대부분의 경작지에는 염분 축적을 예방할 만큼 충분한 양의 물이 제공되지 못한다.

많은 농부들은 공동 경작 소작인들이다. 그들에게는 생산량을 증가시켜야 할 특별한 동기 부여가 없다. 거의 모든 소작인은 드넓은 농지의 작게 나뉜 구획에서 힘든 싸움을 벌이는데, 이로 인해 효율적 관개수와 농업 가축을 이용하는 데 어려움이 가중되고, 이는 전통적 농사 관행을 변화시키는 데 결정적 장애로 작용한다.

서부 파키스탄은 중세부터 경작을 해왔던 토지에 강물을 쏟아 붓는 거대하고 현대적 시스템을 적용하는 것이 쓸모가 없다는 패러독스에 빠져 있다. 영양실조로 부실한 황소가 고대에 설계된 목재 쟁기를 잡아끄는 식의 경작이다. 선별되지 않은 씨앗이 흐트려 뿌려진다. 파키스탄인의 비료 사용량은 이집트와 비교했을 때 에이커당 100분 1에 불과하다.

신중하게 조사한 결과, 펀자브 지방 대부분의 지역에서 침수와 염분화 문제는 치유 가능하며, 작물에 적절한 물을 공급하는 것도 가능하다는 점이 밝혀졌다. 해결책은 대형 우물을 파서 지하수를 퍼 올린 다음 경작지에 공급하는 것이다. 퍼 올린 물 일부는 증발과 발산으로 사라지고, 일부는 지하로 다시 스며들 것이며, 그 과정에서 토양의 소금기를 씻어낼 것이다.

우물 지대의 면적이 너무 좁으면 주변 대지에서 지하수의 측면 침투가 일어나 증발되는 것보다 더 빠른 속도로 물을 퍼 올리게 될 수 있다. 그렇게 되면 탈수화 과정은 지체되거나 완전히 멈출 것이다. 이런저런 이유로, 각 펀자브 프로젝트는 면적이 100만 에이커에 달해야만 할 것이다.

염분 제거와 추가적 물 공급이 필요하지만 서부 파키스탄의 농업을 절망적 가난에서 벗어나게 해줄 충분한 수단이 되지 못한다. 화학 비료, 고(高)산출 씨앗, 병충해 통제, 신용과 마케팅 접근성, 무엇보다도 더 나은 농법을 받아들이려는 동기 부여와 지식 등이 중요하다. 모든 일을 한꺼번에 해낼 수는 없다. 관리 가능한 크기인 지역 프로젝트에 집중할 필요가 있다. 펀자브 주에서 100만 에이커 사업에 필요한 초기 투자 비용은 5,500만 달러가 될 것이다. 여기에는 관정과 전기 제공, 질소 비료 공장, 병충해 통제 기술, 관리·교육·연구 파이프 라인을 채우는 것 등이 포함되어 있다.

신드 지역에서의 초기 투자 비용은 훨씬 더 커서 100만 에이커당 1억 3,000만~1억 6,500만 달러에 달할 것이다. 그것은 주로 대부분의 신드 지역에서 지하수가 너무 짜서 관개용으로 부적합하고, 따라서 펀자브 주보다 배수가 더 어려운 환경 때문이다.

몇 년 후, 펀자브 주의 100만 에이커 프로젝트에서 작물 총가치의 증가액은 최소로 잡았을 때 연간 550만~6,000만 달러에 이를 것으로 추정되는데, 이는 투자 비용과 같고 현재 총생산액의 두 배에 해당된다. 이때 가축은 제외된다. 신드에서 가축을 포함한 총증가액은 최소한 현재의 산출량과 같을 것으로 예측된다.

인더스 평야를 괴롭히는 물, 땅, 인간과 관련된 똑같은 문제들이 티그리스-유프라테스 강의 계곡에도 존재하지만 그보다 훨씬 규모가 적다. 소금기 먹은 토양이 넓은 지역에 걸쳐 나타나는데, 침수 때문에 매년 700만 에이커의 관개 농지에서 3분의 1에 해당되는 면적에서만 농사가 가능하다. 나머지는 휴경지로 남아 있으나 관개가 이루어지지 않아 토양 하부는 메마르고, 약간의 토양 질소가 축적된다. 큰 피해는 오래전 고대 수로 시스템이 파괴되고, 연이은 유목민 침입자들로 인해 지역의 인구가 줄었을 때 찾아온 바 있다. 그러나 유목민들이 한 일이란 파괴의 씨앗인 염분 축적과 침수 효과를 촉진하는 것에 불과했다. 부적절한 배수와 홍수 통제 능력을 상실한 결과, 몇 세기 전부터 불행의 씨앗이 시작되었다.

지표수와 지하수의 종합 개발을 통해 티그리스-유프라테스 강의 강물이 충분히 활용되고 토양의 배수가 제대로 이루어졌다면, 해마다 경작되는 관개 지역은 1,000만~1,200만 에이커 늘어났을 것이다. 더 많은 물 이용이 상시적 작물화, 더 나은 농법, 화학 비료의 투입 등과 결합된다면, 농업 총생산량은 최소 다섯 배 더 증가할 것이다.

건조 및 반건조 관개 농지가 가장 큰 규모로 팽창한 사건이 1950~ 1960년대 소련에서 있었다. 흑해와 카스피 해에 인접한 1,500만 에이커의 농지에 볼가 강, 드네프르 강, 아무다리야 강, 시르다리바 강에서 관개수가 제공되었다. 이 강들의 총유수량은 3억 에이커-피트 이상으로, 차가운 겨울과 뜨거운 여름을 특징으로 하는 스텝 지역 기후에서 7,000만~1억만 에이커의 토지를 관개하는 데 필요한 물을 충분히 제공할 수 있었다.

소련의 경제 수준이 비교적 높은 편이기 때문에 소련에서 다목적 대형 수자원 개발은 경제적으로 수용 가능하다. 큰 비중의 투자 자본이 전력, 수송, 산업용 물 공급, 홍수 통제 등을 향한다.

소비에트 엔지니어들은 오브 강에 거대한 댐을 세울 계획을 선보이고 있다. 그로 인해 이탈리아 크기 6분의 5에 해당하는 내륙해가 만들어질 것이다. 또한 예니세이 강과 오브 강 댐 상류를 서로 연결하는 수로를 팔 계획도 있다. 저수지를 채운 물은 거대한 수로, 강, 호수 시스템을 통해 아랄 해로 운반되고, 그곳에서 다시 수로를 통해 카스피 해로 흘러갈 것이다. 해마다 사용하지 않은 채 발트 해에 버려지는 몇억 에이커-피트의 물을 보존할 길이 열렸다. 이로써 건조한 서부 시베리아와 카자흐스탄에 있는 5,000만 에이커의 농경지와 다소 큰 목초지에 물을 대줄 수 있을 것이다. 또한 수력 발전소를 통해 7,000만 킬로와트 이상의 전기 생산 능력을 가지게 될 것이다. 북부 카프카스 산맥과 아제르바이잔, 조지아, 아르메니아 사회주의 공화국에서도 주요한 저장, 관개, 수력 발전 작업이 진행 중이거나 계획 중에 있다. 이런 시도를 통해 1,000만 에이커의 관개 농토가 추가될 것이다.

일부 건조 지대의 경우, 지표수와 지하수가 모두 부족하기 때문에 급격하게 팽창하는 인구를 뒷받침하기 위한 관개농업의 발전 방향을 찾아내는 건 어려운 일이다. 북아프리카 마그레브 지역에 속하는 국가들인 튀니지, 알제리, 모로코 등 세 나라 인구를 모두 합치면 이미 2,600만 명(이집트와 같다)을 넘어섰고, 20~25년 후에는 두 배로 증가할 것이다. 그럼에도 사하라 북부 지역에서 물을 대줄 수 있는 토지는 350만 에이커에 불과하다. 건조농업의 정교한 시스템이 마그레브 지역에서 발전해왔는데, 예를 들면 올리브 나무를 모래가 많이 섞인 부드러운 땅에 간격을 두고 심는 등이다. 밤 동안 이슬이 땅에 내리는데 이런 기술을 통해 올리브에 필요한 물을 공급해줄 수도 있다. 이런 기술로 튀니지는 100만 에이커 이상의 땅에서 올리브와 여러 과일을 생산해낸다. 장기적으로 보면, 마그레브 국가들로서는 산업용으로 활용 가능한 물의 확보가 더욱 중요해질 것이다. 산업용 물 이용이 농업을 통해 얻을 수 있는 물의 가치보다 10~100배 더 클 수 있기 때문이다.

최근 들어 물 개발의 새로운 가능성이 열리고 있다. 지난 몇 년 동안, 사하라 사막 지하에 넓은 지역에 걸친 거대한 담수호가 있음을 보여주는 증거가 확보되었다. 물을 함유한 모래의 두께가 3,000피트에 달하는 지역들도 있고, 그 범위는 아틀라스 산맥에서 남쪽으로 500마일 이상, 그리고 튀니지와 리비아를 향해 동쪽으로 뻗어 있는 것처럼 보인다. 만약 이 증거가 사실이라면 이용할 수 있는 물의 양은 실로 엄청날 것이다. 즉 예측 수량은 1조 에이커-피트로서, 몇 세기 동안 몇백만 에이커에 물을 충분히 대줄 수 있을 것이다.

일반적으로, 소련 외부의 건조 지대에서 관개농업의 확장 가능성은 에이커 단위로 봤을 때 그리 큰 편은 아니다. 그러나 농업 생산의 모든 요소가 적절히 충족될 수만 있다면 건조 지역의 관개는 높은 곡물 생산을 확실히 보장해줄 것이다. 사실, 건조 지역에서 관개농업은 집약적이고 고(高)산출일 때 성공 가능성이 높다. 지하수면이 지표면에 너무 가까워지는 것을 막아주고, 토양 외부로 염분을 배출할 수 있을 정도로 충분한 물을 공급해줄 배수 시스템을 건설하고 유지하는 데는 많은 비용이 들기 때문이다. 뜨겁고 건조한 토지에서 특정 작물의 관개농업은 생산성이 충분해서 관개수 비용이 매우 큰 경우에도 경제적일 수 있다. 가령, 해수 탈(脫)염분화를 통해 제공되는 관개수를 생각해 볼 수 있다.

사바나 기후 지역에는 농업을 확장할 수 있는 훨씬 많은 가능성(따라서 훨씬 큰 난관)이 존재한다. 이런 지역은 연중 따뜻하고, 폭우가 쏟아지는 기간과 가뭄이 찾아오는 나머지 기간이 반복되는 연간 기후 순환을 특징으로 한다. 예를 들면 아프리카에서 현재는 불모의 땅인 몇백만 에이커에 관개농업을 시도해볼 수 있다. 한때 프랑스령 서부 아프리카였던 지역을 흐르는 니제르 강의 대굴곡 구간에 인접한 곳에서, 또는 탕가니카(아프리카 중동부에 있던 옛 영국령으로, 1964년 잔지바르와 합병하여 탄자니아가 되었다)의 루피지 강 유역에서, 마지막으로 우간다에 있는 키오가 호 근처에서 관개농업에 관심을 보이는 농부를 찾을 수 있다면 말이다. 마찬가지로 인도 동부에서 버마, 타이, 베트남을 거쳐 북부 필리핀까지 펼쳐지는 구간의 지역에서도 대기 온도와 태양 복사열만을 볼 때 연중 작물 재배가 가능하다. 다만, 물과 토지가 제한 요소로 작용한다.

갠지스 강과 브라마푸트라 강 저지대 유역에는 동파키스탄, 인도의 벵골과 아삼 주를 통틀어 7,000만 에이커 농경지에 1,400만 명의 사람들이 살고 있다. 현재 심각한 빈곤과 인구 압력이 작용하는 고대 문명의 땅에서 기초적 토양과 수자원은 총체적으로 이용되지 못하는 편이다. 해마다 강들은 벵골 만으로 약 10억 에이커-피트의 물을 운반한다. 그 과정에서 대부분의 시골에는 홍수가 난다. 그럼에도 1년 동안 한 가지 종류의 작물만 자란다. 나머지 반년 동안에는 물 부족으로 땅은 휴경 상태로 남는다. 사람들도 6~8개월 동안 괜찮은 일자리를 찾을 수 없다. 농법은 몬순의 리듬에 맞춰져 있다.

땅은 부족하지만 물은 풍부한 이 지역에서 생산을 증대할 기회는 실로 엄청나다. 홍수가 나면 지표수와 지하수가 함께 저장되기 때문에 퇴적토의 경작지 절반 이상에서 연간 세 가지 작물을 재배하기에 충분한 물을 공급해줄 수 있다. 그리고 꽤 많은 지역을 대상으로 두 가지 작물 재배에 필요한 물을 충분히 공급할 수도 있을 것이다. 연중 안정적인 물 공급을 통해 비료, 수확률이 더 높은 품종, 더 나은 농법을 집중적으로 도입하는 데 우호적 환경을 마련해줄 수 있다. 이런 노력을 통해 곡물, 콩류 종자(완두콩과 콩 같은 콩과 식물의 식용성 종자), 기름을 얻는 씨앗 등의 경우에는 작물당, 그리고 에이커당 수확률이 세 배 보장될 수 있다.

밭작물을 개선하는 동시에 충분한 영양을 공급해줄 축산업 개발에 나설 수도 있다. 그러면 현재 지나치게 불균형한 식생활을 넘어서서 균형 잡힌 식단을 현재 인구의 두 배에 제공할 수 있다. 한편, 관개에 기초한 농업 생산의 증대는 토지, 정주(定住)와 관련된 몇 가지 근본 문제를 야기한다. 그렇지만 토지와 물 이용의 양태와 관련해서는 생각의 틀을 바꿀 필요도 있다. 담겨 있는 수량은 엄청난데 퇴적 분지는 평평한 까닭에 물의 저장과 분배, 그리고 홍수 통제와 배수에 많은 비용이 들어가지만 농장과 가축 생산에서 늘어난 수익은 비용의 약 일곱 배에 달할 수 있다. 작업자 1인당 수익률이 증가하고, 사업이 재정을 자체 조달할 수 있다면 대규모 산업화의 달성도 어렵지 않을 것이다.

수자원 개발은 그 자체가 목적이 아니다. 투자는 농업과 산업 생산성을 높이거나, 그 연장선상에서 인간 복지의 증가를 가져올 때 정당화된다. 이런 목적을 달성하기 위해 물 개발에는 물의 효과적 이용을 위해 요구되는 여러 행동이 함께 동반되어야 한다. 농업에서 이런 특징이 잘 드러난다. 농업과학의 기초 원리로 상호작용의 원리가 있다. 이는 동일한 구획의 토지에 모든 생산요소를 동시에 투입하는 것을 말하며 이런 요소들을 서로 다른 구획에 따로따로 투입하는 것보다 훨씬 많은 수확을 보장받을 수 있다. 만약 특정한 토양에 심은 특정한 곡물 품종의 씨앗이 높은 수확량을 보이게 하려면 제때 적절한 물을 공급하는 것이 매우 중요하다. 물론 고(高)산출 품종의 씨앗을 심을 수 있다면 곡물 수확량도 훨씬 많아질 것이다. 수확에서 이런 잠재성이 실현

되려면 토양에 충분한 영양분이 포함되어야 할 것이다. 보편적으로, 최대 수확량을 확보하려면 많은 양의 질소 비료와 인산 비료가 추가로 투입되어야 한다. 토양이 비옥해져도 제대로 잡초를 제압하지 못하면 잡초에 영양분을 빼앗기고 말 것이다. 또한 일군의 병충해와 식물 질병들은 곡물을 둘러싸고 농부와의 일전을 마다하지 않을 것이다. 따라서 농부는 적절한 통제 수단을 통해 효과적으로 전투를 벌이지 못하면 모든 곡물을 빼앗기고 말 것이다. 적절한 물, 풍부한 비료, 엄격한 해충 통제가 없는 상태에서 심은 개량된 종자는 재래식 종자보다 못할 수 있다. 연중 이어지는 관개 시스템 속에서 곡물 수확량을 두세 배 확보하려 한다면 농부가 추수와 파종 사이의 간격을 짧게 해주는 트랙터와 효율적 농기구를 갖추는 것은 필수적이다.

현대적 관개 시스템의 비용을 충당하기 위해, 농부는 과거에 비해 물 1에이커-피트당 더 많은 양의 곡물을 생산해야만 한다. 이를 위해 농부는 모든 생산 요소를 활용해야 하고, 효율적 사용법을 익혀야 한다. 필요한 지식을 몇백만 농부들에게 전해주려면 인간적·교육적·사회적·제도적 문제들을 함께 고려할 필요도 있다. 삶의 방식이나 변화와 관련된 제도적·정치적 반감을 극복하면서 필요한 생산 방식을 재수립하는 임무는 어떤 엔지니어링 문제보다 어렵다. 문맹, 영양실조, 질병으로 인한 빈곤은 너무 가혹해서 위험을 감수하려는 농부의 혁신 의지를 꺾어놓기 십상이다. 실패는 곧 기아를 의미하기 때문이다. 그 밖에도 작고 조각난 농지 소유, 동기 부여를 앗아가는 토지 임대와 세수 시스템, 합당한 이자율로 신속하게 대출을 받을 수 없는 어려움, 빈약한 마케팅과 저축 시스템, 관리 체계의 비효율성과 부패, 숙련된 교수자와 농장 조언자의 부족, 농업 연구와 교육이나 재교육, 수인성 질병 통제를 위한 부적절한 정부의 서비스 등은 개발도상국에서 수자원 투자를 통해 실제적 이익을 얻고자 할 때 반드시 극복해야 할 대상이다.

2-3 메콩 강 계획

길버트 화이트

누런 물결이 굽이치는 메콩 강 하류는 하천 개발 역사에서 기념비적 국제 실험에 돌입했다. 캄보디아, 라오스, 타이, 베트남 등 네 개 국가 2,000만 명의 시민들이 이 강 유역에 살고 있다. 이 숫자는 향후 25년 후에는 두 배 늘어날 것으로 예측된다. 그들의 경제적 삶은 몬순 우기와 건기, 따라서 농토에 대한 홍수와 가뭄이라는 연간 기후 순환의 리듬에 맞춰져 있다. 지역 주민들의 복지를 향상하고 안정된 사회 건설에 이바지하고자, 유엔과 14개국은 메콩 강 하류의 수량을 풍부하게 확보할 목적으로 국제 협력을 통해 4개국을 돕고 있다. 이 협력 사업은 세 가지 점에서 독특하며 유엔 가족의 사업에서 그런 종류로는 최초의 사업이다. 대형 사업에서 땅을 파서 운반하거나 콘크리트를 쏟아붓기 전에 강 유역 관리의 목표, 우선권, 방법을 수립하며 자연과학은 물론 사회적 요소들에 온 지식을 집결했다는 점에서 최초다. 이런 사업이 바로 정치적 관계가 불안정하고, 운 나쁜 사건들이 연쇄적으로 일어나거나 행정 집행자의 실수로 하룻밤 사이에 사업을 파괴해버릴 수 있는 지역에서 국제 협력으로 이뤄진다는 점에 주목할 필요가 있다.

메콩 강은 세계에서 가장 큰 강에 속한다. 발원이 중국 국경 너머까지 미치는 메콩 강은 30만 7,000제곱마일에 걸친 지역에 물을 대준다. 강 유역의 면적은 중동의 티그리스-유프라테스 강 유역 또는 미국 북서부 컬럼비아 강 유역보다 더 크다. 저수위 시기 메콩 강의 유수량은 버마의 이라와디 강과 비슷하며, 인도와 파키스탄의 인더스 강과 중국 황허의 몇 배에 달한다. 인류는 그 강의 일부만을 길들였을 뿐이다. 몇 개의 작은 댐을 타이의 지류에 세워놓았고 본류를 따라 제방들을 형성해놓았다. 삼보르 하류에 있는 퇴적 계곡의 평지는 관개와 배수, 항해용 수로로 이곳저곳을 차단해놓았다. 그렇지만 중심이 되는 수로는 어디에도 없고, 다리도 놓지 않았다. 댐을 건설해서 물을 가두려는 노력도 전혀 없었다. 메콩 강을 흐르는 많은 양의 물은 인간의 이용 없이 수원지에서 출발하여 그대로 바다로 흘러간다.

현재의 연구와 그런 연구를 자극하는 비전은 유엔 아시아태평양경제사회위원회(이하 ECAFE) 홍수 통제 부서 탄(P. T. Tan)과 그 동료들의 선구적 평가에서 기원한다. 평가는 미국 내무부 국토개발국이 주도하여 ECAFE를 위해 실시한 예비 조사의 성과물과 육군 중장 레이먼드 휠러(Raymond A. Wheeler)가 수장으로 있는 유엔 엔지니어링 미션의 권고를 반영한다. 휠러는 2차 세계대전 동안 이 지역에서 연합군 부사령관으로 있었고, 후에 미국 공병대 대장이 되었다. 휠러 미션(Wheeler Mission)은 특히 모든 건설에 앞서 일련의 구체적 연구를 권고한다. 1957년 9월 17일, 4개국은 협정서에 서명했다. 이로써 이 작업은 실무진을 갖춘 국제협력위원회 주도하에 놓였고, ECAFE가 후원을 맡게 되었다.

1961년과 1962년 동안, 나는 세 명의 동료들 드 프리스(de Vries), 던컬리(B. Dunkerley), 크루틸라(Krutilla)와 함께 포드재단이 지원하는 연구에 참여했다. 이 연구는 사업의 경제적·사회적 측면에 대한 것으로 현재 그 파일들은 협력위원회에 제출되어 있다. 나는 이 글에서 이 실험에서 나온 자료를 많이 인용하고 활용한다. 그렇지만 현안과 그 정치적 함의에 대한 내 코멘트는 위원회의 권위와 그 위원회의 자문단으로서 우리가 맡은 임무를 크게 벗어나기에 전적으로 내 개인적 책임이라는 점은 미리 양해를 구하고자 한다.

사업의 핵심적 전제, 즉 "지역을 대상으로 한 장기적 사회 개발을 위해 저지대 유역의 총체적 이해를 바탕으로 한 저지대 메콩 강물의 관리와 분배가 필요하다"에 대한 신봉은 지난 5년 동안 사업이 진행됨에 따라 더욱 강해졌다. 지역의 정치적 역사를 고려할 때 이 기간 동안 사업의 연속성을 보장받기란 좀처럼 힘들어 보인다. 메콩 강의 공식 사업을 시작한 후 캄보디아와 타이는 두 차례에 걸쳐 외교 관계를 단절했다. 라오스와 베트남은 각각 내전으로 분열되었다. 베트남 안남 지방과 삼각주는 지금도 게릴라들의 통제권에 들어가 있다. 이런 조건은 자원 관리에서 국제 협력의 기반을 닦는 데 큰 장애가 된다. 그럼에도 현재 작업은 진행 중이고, 행정적 사전 절차가 마련되고, 헌신하려는 사람들의 에너지가 4개국으로 집중되며, 여타 14개국의 인적·물적 자원이 한데 모인다.

중화인민공화국이 있는 상류 유역은 정치적 이유로 계획 시점부터 배제된 상태다. 중국은 유엔 회원국이 아니고, ECAFE 활동에도 참여하지 않았기 때문이다. 이런 까닭으로 높고 험한 티베트 고원과 (살윈 강과 양쯔 강 북쪽 협곡과 평행선을 이룬 채 고도 5,000~1만 피트에 이르는 윈난 고원을 통과하며 잘린) 길고 가파른 협곡에 놓인 총 7만 4,000제곱마일에 달하는 배수 지역이 고려 대상에서 제외되었다. 원칙적으로, 강의 전체 수계(水系)가 계획에 포함되어야 하지만 두 가지 이유로 현재의 분할이 불구처럼 보이지는 않는다. 제외된 지역은 너무 높고 절개되어 농업과 밀집된 정주의 기회를 전혀 제공하지 못한다. 따라서 커다란 강물의 수요를 창출할 가능성은 거의 없어 보인다. 거대 규모의 수력 발전소를 지을 장소가 있지만 취수 계획이 포함되지 않는다면 하천 계획에 미칠 수 있는 영향은, 단순히 홍수 기간에 물을 저장해 하류의 물 관리를 도와주는 역할에 국한될 가능성이 매우 크다.

메콩 강물 대부분은 하류 유역에 모여드는데, 그곳에서 연간 평균 강우량은 40~150인치에 이른다. 1960년은 평균에 가까운 해였는데, 1억 에이커-피트(1에이커-피트의 물은 깊이 1피트로 1에이커의 면적을 뒤덮는 양이다) 이상의 물이 하구에서 1,000마일 정도 떨어진 타이와 라오스 국경 지대의 파몽을 흘러 지나갔다. 그곳은 저수지 후보 지역으로, 콜로라도 강에 있는 후버댐 후면에 생겨난 저수지인 미드 호의 저수량보다 세 배 정도 용량이 많을 것이다. 홍수기에 별도의 저장 없이, 그리고 가장 건조한 해에도 그 지점에서의 유수량은 별도의 장치를 통하지 않아도 100만 에이커 이상의 토지를 관개하기에 충분할 것으로 기대된다.

메콩 강 유역 대부분에서는 여름과 초가을에는 우기가, 겨울과 봄의 몇 달 동안은 건기가 확연하다. 모든 지역의 지배 작물은 쌀이다. 계절적 범람에 의해 제공되는 물을 이용하는 논농사는 인구 대부분을 델타의 퇴적토와 본류

그리고 수많은 지류의 저지대에 몰리게 하는 원인이 된다. 한편 지역의 관점에서 보면, 강 유역에 있는 많은 땅에서 고지대 쌀과 연관 작물의 순환 재배가 이루어진다. 이곳에서는 숲을 불태우고 토지를 치운 다음 2~5년 동안 농사를 짓다가 오랜 기간 버려둔다. 이 기간 동안 숲은 재성장하고, 방전된 토양은 재충전을 한다. 이런 원시적 농업 양식은 세계의 열대 지역 대부분에서 지배적인데, 이런 조건을 고려할 때 다른 많은 아시아 지역과는 달리 메콩 강 유역에는 여분의 땅이 존재한다고 볼 수 있다. 그렇지만 그 어떤 땅에도 토양 파괴에 대처하고 보존과 개선을 위한 정교한 수단 없이 집약적 이용을 요구할 수는 없는 노릇이다. 메콩 강 유역 전체에 퍼져 있는 농법은 몬순 비의 도래, 지속, 양, 강 수위의 상승과 하락에 알맞게 적응되어 있다. 전반적으로, 계절에 따라서 그리고 해가 바뀔 때마다 너무 많은 비가 내리거나 너무 적은 비가 내린다고 할 수 있다. 우기에서 건기로 물을 넘겨주고, 적절한 때와 장소에 이를 균등하게 분배할 배수와 관개 수단을 갖추는 것이 물 관리 임무다.

물론, 광대한 토지를 대상으로 삼는 까닭에 지역마다 특수한 조건들을 고려할 수 있도록 수정하고 제한을 가할 수 있는 여지를 주지 않는다면 보편화를 위한 그런 노력은 크게 지지받기 힘들 것이다. 프로젝트 연구에서 출현했던 총체적 패턴이나 현재와 미래의 잠재적 물 이용을 고려할 때 메콩 강 유역을 모두 아홉 개 구역으로 나눌 수 있다. 각 구역은 다소 균일한 조합이나 연간 물수지(어떤 지역에서 일정 기간 동안 물 유입과 유출의 평형 상태), 물-관리 기회를 반영한다. 인구가 조밀한 하류 삼각주 지역에서, 평지는 홍수가 미치는 범위 너머에 있지만 침입하는 짠물의 위협에 노출된다. 집약적 쌀과 야채 농사를 위해서는 배수 시설이 필수고, 지류의 유수량이 건기 동안 바닷물의 침입을 막을 수 있을 정도로 충분한 곳에서나 관개가 가능하다. 중류 삼각주와 상류의 '큰 호수(Grand Lac)' 지역에서는 해마다 홍수 위협이 심각한데, 본류와 지류 깊숙이 긴 거리에 걸쳐 매우 복잡한 댐과 저수지를 건설하면 궁극적 구원을 가져다줄 것이다. 본류에서 홍수의 고조기 때, 물은 실제로 톤레삽을 거슬러 올라 '큰 호수'로 역류한다. 프로젝트 조사관들은 '큰 호수'를 저수지로 이용해 강물을 통제할 가능성에 주목한다. 숲으로 우거진 크라반(카르다몸) 산맥과 담레이(코끼리) 산맥에서 발원한 하천들에 전기 발전을 위한 소규모 댐을 건설할 수 있고, 건기 동안 관개가 필요한 농토에 남부 캄보디아 지역의 물을 대줄 수도 있다. 삼보르와 콘 폭포 사이에 있는 몇몇 장소에서 본류의 물을 취수해 북부 캄보디아 지역의 얕은 토양에 관개수를 제공할 수 있을 것이다. 그리고 배 항해로를 개선함으로써 거칠어서 정착민이 드문 남동쪽 지류 지역 개발을 위한 더 나은 접근성을 제공할 수도 있다.

인구의 조밀도가 심한 꼬랏 분지의 퇴적토 저지대는 대부분 해마다 침수가 너무 심해 농사를 지속할 수 없을 지경이다. 그럼에도 이 지역은 건기에는 물 부족으로 메콩 강 유역 전역에서 가장 큰 고통에 시달린다. 이런 까닭에 홍수 통제와 관개는 반드시 함께 진행되어야 한다. 경사가 완만한 지류에는 괜찮은 발전소 후보지가 거의 없지만, 북쪽에 있는 파몽 지역은 발전용과 분지 남쪽으로 보내기에 충분한 물을 동시에 제공할 수 있다. 험한 북동쪽 지류와 북쪽

산악 지대에서 가파르게 떨어지는 하천들은, 경사가 완만한 저지대 평야에 있는 토지에 대주도록 물을 저장하거나 값싼 전력 제공을 위한 후보지로 검토할 수 있다.

동남아시아의 주요 도시들, 즉 메콩 삼각주 동쪽 끝에 위치한 베트남의 수도 사이공-쩔런(인구 100만)과 짜오프라야 강 어구에 있는 타이의 수도 방콕(비슷한 인구 규모)은 메콩 강 유역 외부에 있다. 캄보디아의 수도 프놈펜에 있는 50만 명과 라오스의 수도 비엔티엔에 있는 10만 명을 제외하면 메콩 강 유역에 있는 인구는 대부분 농촌 지역에 거주한다. 논농사에 많은 노동력이 투입되고 고지대 밭은 생존을 위한 식량 생산에 주력하는데도 메콩 강 유역 농촌 지역들은 수출을 위한 과잉 농업에 의존한다. 쌀, 고무, 티크나무, 그 밖에 소수의 숲과 들판에서 나온 산물 등이 4개국의 화폐 경제에 편입되고, 4개국끼리는 물론 외부 세계와의 무역 통로를 따라 이동한다. 지난 10년 동안, 수많은 피난민들이 베트남 북쪽에서 남쪽 삼각주로 이주했고, 라오스의 산악 부족들은 퇴거로 고통을 당했다. 그리고 꼬랏 분지에서 타이의 중앙 평원과 방콕 시로의 꾸준한 이농 행렬이 이어졌다.

계획 개발의 목적에 충실하려 노력할 때 현재와 미래의 예측값은 인구 통계 등의 기초 자료를 포함한 자료의 불확실성에 가장 많이 영향을 받는다. 현재 4개국 인구는 4,800만 명 정도 되는 듯하다. 보수적 예측에 따르면, 향후 25년 사이에 인구 증가율은 연간 3퍼센트에 달할 것이라고 한다. 이는 나이가 어릴수록 감소세가 두드러지는 산모와 영아 사망률 저하가 앞으로도 계속되고, 산아 제한이 확산되고 생활 수준이 향상되는데도 여전히 출산율 또한 계속 높아진다는 가정을 전제로 한다. 그런 증가율이라면, 1990년대에 이르면 4개국 인구는 9,000만 명이 넘을 것이다.

그 많은 사람들을 부양하는 비용에 더해 여타 경제적 활동에 필요한 비용이 완만하게 50퍼센트 정도 증가한다고 보면서 외국과의 교역을 통해 이를 획득한다면 추가로 그 비용을 뒷받침하기 위해서는 제분된 쌀 생산량을 현재의 총 800억 톤에서 1,700만 톤으로 두 배 이상 늘려야 한다. 캄보디아, 타이, 베트남의 현재 쌀 수출량은 약 200만 톤에 달한다. 무역을 통한 이해관계를 고려할 때 쌀 수출량을 더 늘릴 필요가 있다. 최근 몇 해 동안의 경향을 토대로 해서 보면 세 나라의 쌀 생산량은 연간 약 2퍼센트씩 증가해왔다고 생각하는 것이 합리적이다. 이 정도면 인구 증가는 곧 생산량을 추월하고, 쌀 수출량도 능가할 것이다. 쌀 생산 증가율을 연간 3.5~4퍼센트 정도로 가속화해야 할 필요성이 분명해 보인다. 식습관과 영양 섭취 방식의 변화를 고려해 2차 곡물과 축산물의 동반 수요 증가도 예측과 계획에 함께 반영해야 한다. 경제 성장을 뒷받침하느라 메콩 강 유역 임업 생산품과 고무에 대한 외부 요구도 증가할 것으로 예측된다.

만약 1인당 수입이 50퍼센트씩 증가한다면, 산업은 연간 6~7퍼센트 증가율을 기록할 것이다. 산업 활동의 근간은 농업과 임업의 가공이 될 가능성이 매우 크다. 지역 또는 세계 시장에 기여하는 거대 산업의 성장을 가정하지 않는다면 전력 수요는 약 다섯 배에서 일곱 배까지 증가할 것으로 보인다.

미래 의제에서 또 다른 주요 항목은 수송이다. 현재 적절한 운송로와 운송 시설의 부재는 경제 성장의 핵심 장애물로 작용하는데 화폐 경제로의 전환과 자원의 효율적 이용을 위해 이는 필수 요소다.

물 관리가 이러한 목적들을 달성하는 데 핵심적 역할을 맡고 있음은 명약관화하다. 농업 생산물의 획기적 증가를 위해서는 무엇보다도 현재의 농업에 위협으로 다가오는 물 과잉과 물 부족의 균형을 잡는 것이 필요하다. 관개를 통해 메콩 강 유역 넓은 지역에서 쌀의 이모작이 가능해질 것이다. 배수 시설을 통해서는 정기적 우기 작물의 생산율을 개선할 수 있다. 홍수에 대한 안정적 통제는 위험성 때문에 현재 재배하는 단일 작물의 종자, 비료, 노동에 선뜻 투자하지 못하게 하는 경향에서 벗어나게 해준다. 많은 지류와 본류에서 고수위와 저수위를 조절하려면 댐과 저수지를 종합적으로 활용할 필요가 있다. 지역 차원의 소규모 시설로는 계곡에서 발생하는 급류들의 집중화 현상에 거의 손을 쓸 수 없기 때문이다. 상류 지류에 있는 개별 댐들은 중심 계곡에서 홍수가 확실히 줄어들 때까지 같은 하천에 있는 다른 댐들과 연계하여 운영해야 한다. 그리고 메콩 강 본류에 있는 매우 거대한 시설만이 삼보르 하류 퇴적지에서 인식할 정도로 홍수 높이에 영향을 미칠 수 있다. 현재 화전 농업이 실행되는 넓은 지역에서, 신중한 토양 관리와 결합된 관개야말로 생산율을 안정화하고 곡물의 다양성을 확보하는 확실한 길이다. 내 동료 드 프리스의 표현대로, 물은 바로 이곳에서 농업 도구로서 불을 대체했을 수 있다.

현재까지 퇴적 유역과 분지에서의 시굴(試掘)을 통해 매장된 화석 연료에 대한 어떤 기미도 찾을 수 없었던 관계로, 하천을 전기 에너지 생산의 주요 수단으로 보자는 제안이 제출되었다. 본류에는 엄청난 기회가 숨어 있는 셈이다. 미국 컬럼비아 강 하류에 있는 댐 정도 크기를 고려한다면, 낙차가 60~180피트인 꽤 괜찮은 댐 후보지를 본류에서 찾을 수 있다. 사실, 모든 지류들에는 어느 정도 수력의 잠재성이 있다. 특히 매력적인 후보지들은 중앙 라오스에 있는 남 튼과 동쪽 제방의 지류에 존재한다. 여기서 물은 가파르고 짧은 계곡을 통해 분지를 향해 거세게 나아간다.

물 저장과 전력 생산을 위해 건설되는 댐들은 본류를 운송로로 개방하는데 도움을 줄 것이다. 프놈펜 하류 삼각주 지역에 있는 지류들에 닿게끔 안정적이고 표식이 잘된 깊은 수로를 유지하는 것은 연안과 해외 항해를 촉진할 것이다. 또한 상류에서는 계절 항해용 고속선의 운송 구역에 있는 수로를 개선해줄 수 있을 것이다. 바다에서 1,000마일 떨어져 있는 비엔티엔까지 1년 내내 수심이 깊은 수로가 열리도록 메콩 강을 전환하는 사업은 육지로 접근하기 힘든 강 유역 지역까지 가 닿는 대형 화물을 운송하는 길이 될 것이다. 필요한 엔지니어링 사업에는 당연히 엄청난 비용이 들어갈 수밖에 없다. 만약 그 사업이 목표의 통합과 규모의 경제를 통해 전력 생산과 홍수 통제의 구조적 결합을 이뤄낸다면 비용은 크게 줄어들 것이다.

삼보르 하류 지역에 사는 주민들은 홍수-재배와 더불어 사는 법을 배워왔지만(예를 들면 불어난 물에서 살아남을 수 있는 표류하는 쌀 품종 재배) 그렇다고 해서 농장과 마을에 닥치는 재앙을 항상 피할 수는 없다. 프놈펜 등의 도시들은 자연 제방 위에 세워졌거나 혹은 드물게 닥치는 큰 홍수에 속수무책인 자연 제방에 의존한다. 농토가 확대되고 도시가 확장되면서 확실히 홍수 통제의 중요성은 더욱 커져간다.

지난 100년 동안 인간이 강을 이용하기 위해 지출한 금액을 계산을 통해 대략 뽑을 수 있다면, 총투자액을 현재 가치로 환산할 때 70억 달러에 달할 것이다. 우호적 외부 원조가 있다 해도 지역적 기여 또한 필요한 이유다. 어떤 국가도 그런 적이 없었지만 이런 속도로 투자를 유지하려면 실현 한계를 넘어서지는 않을 정도로 총체적 경제 활동 확대가 요구될 것이다.

오늘날, 이런 비전을 위한 초기 자금으로 1,400만 달러가 투자되었다고 볼 수 있다. 금액은 크지 않아도 유엔 후원하에 이뤄지는 다목적 국제 사업으로는 이전 어느 것보다 큰 규모다. 건설에 앞서 진행되는 설문 조사와 엔지니어링 사업을 지원하는 데 재정이 투입되었다. 메콩 강 유역에 거주하는 4개국 주민들의 숙련성이 여전히 뒤처진다는 점을 고려할 때, 이 사업은 지원 참여 국가와 국제 기관에서 공급되는 인력이 소중한 리드 타임(lead time, 제품의 고안에서 완성·사용까지의 시간)을 확보하는 데 도움을 주었다.

1964년이 되면, 프로젝트 기획자들은 캐나다와 미국의 지원을 받아 척도가 1:50,000인 유역 지형도를 갖게 될 것이다. 그사이, 필리핀인들의 지원을 받은 캐나다인들은 댐 후보지를 정하고 관개 사업 연구용으로 특정 하천 지형을 나타내는 상세 지도를 완성할 것이다. 항공 촬영의 지상 통제를 확립하고자 메콩 강 본류를 따라 정밀한 수준에서 측정이 이루어졌다. 다목적 사업을 추구하는 댐 후보지에 대한 지질학적 조사는 호주인들이 맡았다. 그 과정에서 조사자들이 비우호적 게릴라에게 위협을 받는 경우도 없지 않았다. 미국의 엔지니어링 회사가 강우량과 유속에 대한 기초 조사를 했고, 지금은 세계기상기구(WMO)의 지원을 받는 지역 출신 인력들이 형성한 네트워크를 바탕으로 조사가 진행된다. 항해에서의 개선은 영국과 뉴질랜드의 도움을 받는다. 국제개발유엔특별기금의 지원금을 받는 수로학적 조사도 병행된다.

사업은 본류와 지류의 댐 건설 예비 계획을 위한 엔지니어링과 관련 연구에 초점을 맞춘다. 현재는 세 군데 본류 후보지들에 관심이 쏟아진다. 캄보디아 삼보르에서는 일본팀이 작업 중이다. 미국 엔지니어들은 파몽 후보지에서 예비 시험 중이고, 인도 엔지니어들은 캄보디아 톤레샵을 위한 종합 보고서를 준비 중이다. 마지막은 '큰 호수' 지역의 물, 퇴적, 어류 생활에 미치는 효과를 조사하는 것으로 프랑스 작업팀이 모은 진흙 및 어업 자료 조사가 요구된다. 이 조사 결과는 하류에 있는 삼각주에도 큰 영향을 미칠 것이다. 배수와 관개를 통한 삼각주 토지 개발에 대한 소규모 실험과 유엔특별기금의 지원금을 받아 진행될 예정인 물의 부피와 밀도의 관계에 대한 수학 모델 연구도 있다.

일본인 그룹은 모든 지류를 대상으로 한 예비 조사를 완료했고, 일곱 개 후보지에 대한 더욱 자세한 조사는 일본, 프랑스, 미국의 엔지니어들이 수행 중이다. 이 모든 사업은 관개 및 전력 개발과 관련된다. 이런 후보지들 중 네 군데 또는 그 인근에서, 유엔 식량농업기구(FAO)와 협력해서 특별기금이 실험 농장을 만들고 있다. 다른 국가들도 지류 연구에 참여 중이다. 파키스탄은 타이 남 퐁 후보지에 관개-분배 시스템을 계획하고 있고, 이스라엘은 캄보디아에 있는 쁘렉 트놋을 위한 관개 디자인과 사업 리뷰를 돕고 있다.

뿐만 아니다. 이스라엘과 중국은 시멘트를 제공했다. 이란은 조사팀이 땅과 바다 운송용으로 쓸 수 있는 석유를 기부했다. 세계보건기구(WHO), 국제원자력기구(IAEA), 국제노동기구(ILO), 유네스코는 특수한 문제를 다룰 수 있는 전문가들을 파견했다.

댐, 운하, 수로의 대규모 건설 자체가 이 지역에서 빠른 증가세를 보이는 인구의 장기적 필요성을 충족시킬 해결책이 되지는 못한다. 지난 10년 동안 꼬랏 분지에 세운 몇 개의 소규모 시설물에서 얻은 경험에 따르면 댐과 여수로, 배수로의 설계가 괜찮은데도 물은 거의 이용되지 않았고, 분명한 이익이 있음에도 모든 논에 물이 닿지는 못했다. 수확을 증대해줄 적합한 운하를 건설하고 분배 도랑과 배수로를 놓는 데, 농부들에게 농사법과 종자를 자문해주고 괜찮은 운송, 신용, 시장 시스템을 관리하는 데 어려움을 겪었고 지체가 발생했다. 마찬가지로, 제조업의 급속한 성장을 위해서는 모든 계층 사람들의 환경, 제도, 습관, 사고방식의 변화가 요구된다. 따라서 문제의 핵심은 교육이 된다. 타이에서는 읽고 쓸 수 있는 성인이 약 50퍼센트, 캄보디아와 라오스, 베트남에서는 20퍼센트에 불과하다. 각 나라에서 학교에 다니는 어린이 비율도 이와 비슷하다. 초등학교와 중등학교 확대를 국가 발전 계획에서 우선순위에 놓아야 할 이유다. 기술과 물리적 차원의 사업이 핵심인 건 분명하지만 이런 사업이 성과를 내려면 반드시, 덜 가시적이고, 손에 덜 잡히는 사회 변화라는 광범위한 맥락에서의 평가도 함께 이뤄질 필요가 있다.

메콩 강 기획자들이 당면한 질문은, 기초 연구가 본 사업의 개시를 보장해 주는 단계에 이르렀다고 판단할 순간이 언제인가 하는 것이다. 행정 관리자들과 시민들은 땅이 이동하고, 콘크리트 구조물이 올라가고, 고압선이 녹색지대를 가로질러 연결되기를 한마음으로 간절히 원한다. 연구를 직접 책임지는 엔지니어와 경제학자는 위아래는 물론 조사에서 경쟁 관계에 있는 기구들이나 투자 기금 등 사방 모든 측면에서 압력을 받는다. 엔지니어링 팀의 보고서들이 협력위원회 책상에 쌓이면, 위원회 회원들은 엄청나게 어려운 선택 문제에 직면할 것이다. 선택은 주로 자체의 활용 가능성, 같은 유역의 다른 프로젝트들과의 연관성, 다른 형태의 국가 개발 활동 프로젝트와의 연관성 등의 관점에서 이뤄질 것이다. 우리의 임무는 길게 늘어선 기술적·물리적 보고서들 중에서 적절한 것을 고르도록 그에 앞서 사회적·경제적 자료의 수집과 분석을 실시하는 것이다. 전력 시장과 농업 생산성이 평가되고, 토지 능력 목록이 작성되고, 시스템 분석이 이뤄져야만 한다. 요구되는 연구 일부는 진행 중이다.

이런 종류의 자료들 중에는 아카이브, 설문지, 인구 조사 등으로 조립해낼 수 없는 것이 있다. 우리는 시범 농가 사업보다는 실험적 시연 사업을 대규모로 추진할 필요가 있다고 권고했다. 일부 측정들을 시험해보고 예측값을 얻으려면 완벽하게 조건에 맞는 마을이 필요하다. 지류에 있는 댐 하나를 테스트하려면 적어도 6,000에이커의 면적을 대상으로 한 프로젝트가 필요하다.

2-3

아마도 가장 긴급한 현안은 마을과 지방 중심지에서 활동할 농업 고문단을 훈련하는 문제일 것이다. 바지를 걷고 논으로 들어갈 준비가 된 능력 있는 헌신적 작업자들이 없다면, 엔지니어링 투자의 편익은 대부분 확산되기 어려울 것이다. 향후 10~15년 동안 6,000명의 마을 작업자들과 추가로 지방 중심지에서 활동을 펼칠 1,000명의 봉사 활동가를 훈련할 필요가 있는데, 이 사업은 그 자체로 엄청난 일이 될 것이다. 현재 조직되고 있는 시범 농장들에서 그 훈련을 시작해도 괜찮을 것이다.

정부 기구에 고등교육을 받은 개인들이 많지 않다는 것도 문제인데 그 해결도 비슷하게 중요한 현안이다. 그런 개인들이야말로 강 유역과 자국의 경제 정책을 위한 계획이라는 전체적 시각에서 물 관리 계획을 준비, 평가, 개정해야 할 사람들이기 때문이다. 외부에서 온 전문가들이 이에 대한 책임을 대신 질 수는 없다. 마찬가지로, 역량을 갖추었고 계몽되어 있지만 직급이 낮은 메콩 강 사업 본부 실무자들도 핵심적 국가 정책을 결정할 수 없다.

여타 분야의 필요 인력을 채우기는 상대적으로 쉬워 보인다. 18~24개월의 연수를 거치면 토지 작업 장비를 다루고 관리하는 작업자는 활용 가능하다. 엔지니어링 숙련도를 갖춘 인력이 요구되는데, 타이의 왕립관개청은 역량 있는 엔지니어링 사무소가 해당 지역에 개설될 수 있음을 보여준 바 있다. 더 많은 국민들이 숙련되기 전까지는 숙련 인력을 수입해야만 한다. 현재, 지류를 대상으로 한 네 가지 사업이 개시되었기 때문에 현재 4개국에서 고용된 것보다 훨씬 많은 전문 작업자들이 필요할 것이다.

이런 종류의 인간적·문화적 요구를 정착시키는 데 있어 메콩 강 유역의 물 관리 프로그램은 미묘한 사회 변화를 배후에서 조직하는 힘이 되고 있다. 하나가 다른 하나를 기다릴 수 없고, 물 관리와 사회 변화는 함께 전진해야 하기 때문에, 우리 팀은 4개국이 지류 프로젝트를 위한 세부 사항과 건설 사업으로 나아갈 것을 권고한 바 있다. 그 이유는 댐 건설은 물론 농업 개발 관리에서 초기 경험과 행동의 가치가 생산성이 덜한 프로젝트에 투자하는 사회적 비용을 넘어설 것으로 보았기 때문이다. 또한 나중에 하류의 최적 개발을 방해할지 모를 프로젝트에 대해서도 방패막이 되어주리라 보았기 때문이다.

향후 몇 주 내로, 지류에 세워질 최초의 다목적 댐을 위한 재정 지원이 이루어질 것이다. 서독 정부는 남 퐁 프로젝트를 위해 타이에 1,100만 달러의 차관을 제공하는 데 동의했다. 만약 정치적 환경이 우호적이고, 연구 단계와 마찬가지로 저지대 메콩 강 프로그램의 건설과 관리라는 대의와 비전이 계속 유지될 수 있다면, 이 프로그램은 강 유역 개발에 있어 진정한 의미에서 세계 최초의 국제적·평화적 투자 사업이 될 것이다. 따라서 이 프로그램은 세계의 다른 곳에서 벌어질 국제 하천 개발에서 앞으로 다가올 장애물을 제거하는데 도움을 줄 것이다.

2-4 물 순환의 통제

호세 페이소토·알리 케타니

번영하는 인간 공동체를 포함해 살아 있는 모든 것의 창조와 유지에 물이 얼마나 중요한지 고대 중동의 문명 건설자들은 충분히 이해하고 있었다. 놀라울 정도로 변덕스러운 과정인 수문학적 순환의 중요한 역할에 대해서도 마찬가지였다. 이런 과정을 통해 대지의 물 공급이 계속되고, 이로써 인간과 그의 피조물이 일정한 장소에서 계속 존재할 수 있었다.

실제로, 고대 세계에서 적절한 물 공급의 실패는 많은 인간 정착지의 종지부를 의미했는데, 이런 사라짐을 가장 극적으로 보여주는 최초의 고도 문명은 티그리스-유프라테스 강 계곡의 '비옥한 초승달' 지대였다. 그 후 로마제국의 멸망과 아랍 칼리프의 쇠퇴는 인구가 쓸 수 있는 물 양의 갑작스런 부족 탓으로 여겨졌다. 근대 세계에서 아프리카, 아시아, 호주, 남아메리카 등 아열대 위도에 몇백만 제곱킬로미터 펼쳐진 광대하고 번창 가능성이 큰 지역들은 오늘날 물 부족 때문에 공간이 텅텅 비어 있다. 미국처럼 번창하는 국가들에서조차, 물 생산과 물 소비의 불균형에 따른 점증하는 위험이 날카롭게 느껴진다.

생명과 인류의 번영에서 이처럼 물의 중요성이 확연한데도, 여러 사회가 몇 세기 동안 이렇게 귀한 생필품을 기본적으로 비효율적이고 낭비하는 방식으로 이용해왔다. 인간의 필요에 부합하게끔 대규모로 물의 순환을 통제할 가능성을 고려하려는 실험적 시도들이 이루어진 것도 비교적 최근의 일이다. 이처럼 오랫동안 연착되었던 개발이 마침내 시작될 수밖에 없었던 이유를 이해하려면 수문학 연구에서 최근의 흐름을 검토할 필요가 있다.

지난 몇십 년 동안, 지구 표면에서 물수지(water balance)는 집중 연구 대상이었다. 1930년대까지 이런 연구들 대부분은 대지 쪽에서의 물 순환만을 다뤘으며, 주로 강우, 증발, 발산, 유수(流水), 지하수 등의 물수지와 지하수의 수용력 변화를 조사했다. 물수지에 대한 전통적 접근은 종종 수문학자들이 폭넓게 수용하지 않는 결과들을 산출했다. 기껏해야 제한된 지역이나 분수령 수계에서의 물수지를 나타내는 결과들이었다. 실제로, 지표면에서 증발이 일정하지 않다는 것이 문제였다. 풀려난 물은 표면 근처에서의 교란과 확산에 의해, 서로 다른 대기의 온도 차이에 따른 대류에 의해, 바람에 의해 계속해서 제거된다. 이 모든 요소가 증발 현상을 조건 짓는다. 더욱이 자연 상태의 증발을 직접 잴 수 있는 단일 도구는 없다. 세계의 많은 곳에서 직접적으로 강우를 측정하는 것은 가능하지만, 강우는 드문드문 존재하는 경향이 있는 관계로 광범위한 지역을 대상으로 한 동시다발적 샘플링은 때때로 부적합할 수 있다.

이런 어려움을 고려해 최근의 일부 연구에서는 대지 쪽 수문학적 순환 대신에 대기 쪽을 고려함으로써 물수지 문제에 접근해 들어간다. 이러한 접근은 지표면 대신 대기 중 덩어리의 연속성과 보존성의 원리에 기초한다. 상층 대기 센서망이 급속히 확장되고 이에 따라 고층기상학에서 관찰의 질이 개선된 결과, 최근 몇 년 사이 이용 가능성이 커진 것이다. 고층기상학 관찰은 이제

2-4

물 순환의 대기 쪽 분기(分岐)의 대규모 과정을 정량적으로 다루기에 적합해졌다. 그 결과, 지표면에서 물수지를 평가하는 데 이 정보를 활용하게 되었다. 예를 들면, 우리 두 사람이 모두 참여하는 MIT의 행성 순환 프로젝트는 대기의 일반적 순환을 연구한다. 이 작업은 대기로의 수증기 배출과 수문학적 순환의 관계에 대한 수많은 연구의 계기가 되었다. 물 순환의 통제를 위한 특별한 계획이 출현한 것은 이 같은 조사 덕분이다.

왜 물은 그곳에 있는가?

원시 시대에 우리 행성에는 어떤 공기도 없었다. 헬륨이나 수소 등의 원소들은 너무 가벼워서 지구의 중력장에 포획될 수 없었기 때문이다. 지구에는 바다가 없었고, 전체 표면이 활화산으로 뒤덮여 있었다. 활화산에서는 용암, 가스(주로 수소와 수소가 풍부한 화합물), 증기(주로 수증기)가 쏟아져 나왔다. 화산 분출물에 들어 있던 물 분자들은 즉시 광분해(또는 햇빛에 의해 분해)되어 구성 원자인 수소와 산소로 쪼개졌다. 수소는 지구를 탈출했고, 산소는 암모니아(NH_3)와 메탄(CH_4)과 반응해 질소(N)와 이산화탄소(CO_2)를 형성했다. 따라서 지구의 최초 대기는 질소와 이산화탄소의 혼합물로 이루어져 있던 셈이다. 나중에 식물이 나타나서 이산화탄소를 흡수하고 산소를 배출하면서 대기의 조성이 현재 상태로 변했다. 대기 형성의 첫 번째 과정이 안정화된 후, 여분의 물이 함몰된 곳에 모여들었고, 마침내 바다가 태어났다.

지구상 물의 양은 인간의 진화 기간 동안에는 일정했으리라 가정할 수 있다. 사실, 남아 있는 소수의 화산과 온천에서 새로운 물이 생산되기는 한다. 하지만 화산에서 분출된 대부분의 증기는 사실상 빗물(바위의 상층을 채우는)이나 바닷물(바다 퇴적물이 침전될 때 갇힌)이다. 일정한 양의 물은 상층 대기권에서 발생하는 태양 복사가 수증기의 광분해를 통해 파괴할 수 있다. 그렇지만 두 효과 모두 지질학적 시간 척도에서는 무시될 수 있다.

현재 지구상에 존재하는 물은 크게 세 가지로 구분된 저수지에 배분되어 있다. 중요한 순서대로 본다면 해양, 대륙, 대기순이다. 지구 내부에도 상당한 양의 물이 분해되거나 고체 또는 융해된 바위와 화학적으로 결합된 상태로 있지만, 그렇게 갇혀 있는 물의 양에 대한 만족스런 측정치는 아직 없다.

수권(水圈)에서 모든 물의 약 97.3퍼센트는 바다에 있다. 나머지 2.7퍼센트는 대륙에 있으며 대부분이 남극과 북극의 빙하에 존재한다. 대기에는 지구상에 존재하는 물 전체의 10만 분의 1만이 존재할 뿐이다. 양이라는 관점에서 볼 때, 바다에 있는 물의 총량은 1,350×1,015세제곱미터이고, 대기 전체는 0.013×1,015세제곱미터 정도의 물을 보유한다.

대륙에 있는 물은 여러 저수지에 배분되어 있는데, 빙하(29×1,015세제곱미터), 지하수(8.4×1,015세제곱미터), 호수와 하천(0.2×1,015세제곱미터), 생물권의 생물체(0.006×1,015세제곱미터) 등이다. 극지방 얼음에 갇힌 물의 양은 인상적일 정도로 큰데, 모두 합치면 수권에 있는 물의 1.8퍼센트에 달한다. 지하수 전체의 양 중에서 순환수(vadose water, 지하수면보다 위에 있는 지하수로서 토양에 들어 있는 물)의 양은 0.066×1,015세제곱미터에 불과한 것으로 나타난다. 나머지는 800미터를 기준으로 더 깊거나 얕은 저수지에 비슷한 양으로 배분되어 있다.

육지수(terrestrial water)의 배분은 시간에 따라 변한다. 예를 들면 대륙의 만년설은 지난 200만 년 동안 주기적으로 얼기와 녹기를 반복했다. 만약 그런 만년설이 동시에 녹으면 해수면은 60미터 정도 상승하고 대륙의 많은 지역이 물에 잠길 것이다. 최고 빙하기 동안 해수면은 140미터 정도 낮아져 대륙붕의 거대한 바닥이 드러났을 것이다. 이런 변동은 물 순환의 수지(收支)에서 교란을 동반한다.

물 순환

지표면(바다, 호수, 강, 빙하, 눈밭, 인공 저수지, 토양 등)에서는 증발이나 생물체의 발산을 통해 계속해서 대기 중으로 수증기가 올라간다. 지표면에서 대기 중으로의 자연스런 물의 이동은 엄청나게 중요한데 그것이 공기의 질량, 대기의 에너지학, 수문학적 순환의 확립과 진화 등을 특징짓기 때문이다.

물 순환은 수문학의 기초 개념이다. 그것은 지구상에서 세 가지 상태로 존재하는 물 보존 원리의 결과로 자연 현상의 닫힌 연쇄를 나타낸다. 즉 물은 기체 상태로 지표면에서 대기로 들어가고, 액체나 고체 상태로 지표면으로 되돌아온다. 지표면에서 물은 머물기도 하고 내달리기도 하다가 다시 증발되어 대기로 들어간다. 대기와 지표면 사이에서는 에너지 교환이 계속된다. 이런 에너지 교환 덕분에 물 순환이 멈추지 않고 계속될 수 있다.

지구 내부에서의 무시할 만한 분출을 제외하면 물 순환을 추동하는 모든 에너지는 태양에서 온다. 지구 궤도에 도달하는 태양의 복사는 그 양이 분당 제곱센티미터당 2칼로리에 달한다. 이 값은 태양 상수에 해당한다. 1분 동안 지구가 실제로 받는 태양 에너지의 양은 태양 상수와 지구의 표면적을 곱한 2.55×1,018칼로리다. 이 양은 1제곱센티미터와 1분을 기준으로 하면 0.5칼로리로서, 태양 상수 4분의 1에 해당하는 값이다. 힘 단위로 환산하면 그러한 에너지 유입은 약 0.178×1,018와트가 연속적으로 투입되는 것과 같다. 태양 복사가 지구 표면을 향해 다가올 때, 그 자외선 성분을 대기권 상층에 있는 오존이 흡수하면서 대기의 해당 부분이 가열된다. 공기 분자가 더 많은 복사를 흡수하고, 이는 구름에 반사되어 우주로 되돌아가거나 저고도에서 사방으로 흩어진다. 그럼에도 평균적으로 약 81퍼센트의 태양 복사가 그럭저럭 지구 표면에 도착한다. 대략 이 에너지 가운데 3분의 1이 우주로 반사되어 나간다. 나머지 3분의 2는 대륙과 바다에 흡수된다. 흡수된 복사 중에서 궁극적으로 77퍼센트는 대기를 통해 장파 복사로 재복사되어 우주로 되돌아간다. 나머지 23퍼센트는 물의 증발에 포함된다.

따라서 수문학적 순환에서 가장 중요한 기상학적 요소는 햇빛이며, 이는 물의 순환을 일으키고 유지하는 에너지원이다. 대기 온도, 습도, 바람이 주로 증발산 과정을 조건 짓는다. 대기에서 물의 가시적 저장소인 구름은 지구에 도달하는 태양 복사를 조건 짓는다. 수문학적 순환은 구분되는 두 개의 분기로 이루어진다. 대기 쪽 분기에서는 물의 수평적 이동이 주로 기체 상태로 이뤄지고, 대지 쪽 분기에서는 물의 이동이 액체와 고체 상태로 이루어진다. 순환의 두 분기가 갈라지는 접촉면인 지표면에서는 경계 조건으로 복잡한 과정이 펼쳐진다. 순환의 각 분기에서조차 물리적 과정은 단순하지 않다. 대기와 토양 모두 균일하지 않기 때문이다. 따라서 수문학적 현상에서 지역적 요소들의 영향을 빼놓을 수 없다.

대기의 역할

대기에서 수증기의 양은 변화의 폭이 크다. 시간과 장소에 따라서, 무시할 만한 정도의 최소값에서 공기 기둥의 총 대기 질량 0.6퍼센트에 해당하는 값까지 올라간다. 전체 대기에 비교했을 때 연평균 물-증기의 내용물은 다소 적은 편이며 총대기 질량의 약 0.3퍼센트에 해당한다. 그 양은 담수호에 담겨 있는 물의 양과 자릿수의 크기가 같다. 따라서 대기는 비교적 적은 물의 저장고라 할 수 있다. 이 경우, 대기는 수문학적 순환에 참여하는 모든 물의 아주 작은 분기만을 차지한다. 사실, 모든 대기의 수증기가 한꺼번에 액화된다고 해도 무난한 양의 강우가 내릴 것이다. 하지만 대기 중에 포함된 물의 총량이 크지 않은데도 시공간 속에서 다양한 규모의 대기 순환에 따라 거대하게 이동하는 수증기가 존재할 수 있다.

이 적은 양의 수증기가 지구의 기후와 수문학적 자원에 미치는 영향은 그 양에 비해 실로 엄청나다. 수증기는 지구의 전체 에너지학에서, 그리고 대기의 일반 순환에서 중요한 역할을 맡는다. 복사선의 흡수와 전달을 통해 에너지 균형을 조절한다는 점에서, 수증기는 대기의 복사 전체 과정에서 가장 중요한 요소다. 여기에 더해 증발, 액화, 승화의 과정은 지구와 대기의 물리적 시스템 내부에서 관찰되는 에너지 균형과 물 균형이 가능하게 해준다.

평균적으로 강우량과 증발량 사이에 불균형이 존재한다면, 대기의 순환에 의해 한 지역에서 다른 지역으로 수증기의 이동이 발생할 것이다. 대기 중에서 일어나는 그런 물의 이동을 바람과 대기 중의 물 함유량에 대한 지식을 통해 계산해낼 수 있을까? 긍정적 대답을 할 수 있다면 강우량-증발량 차이에 대한 독립적 검증이 가능할 것이다. 그것은 이런 양(量)들을 별도로 잴 방법이 기존에 없었다는 점에서 매우 환영받는 발전이 될 것이다. 하지만 이러한 목적을 위해 바람과 습도의 시간 평균값을 이용할 수 없다는 점을 이해할 필요가 있다. 이런 요소들의 산술 평균값에서 발생하는 편차의 효과를 무시할 수 없다는 사실이 밝혀졌기 때문이다. 따라서 날마다 한 번씩 곧바로 자료를 취한 다음 그 평균값을 내야 하며, 이 때문에 충분히 긴 기간 동안의 자료가 필수적이다. 측정은 약 5~6킬로미터 상공에 이르기까지 대기 중의 여러 층에서 진행되어야 한다. 그리하여 많은 관측소에서 믿을 만한 자료들이 쏟아져 들어옴에 따라 계산해야 할 자료량은 단번에 엄청나게 불어날 것이다. 다행스럽게도, 현대의 자료 처리 기법은 그런 임무에 대응할 정도로 충분히 강력하다.

몇 년 전에 우리 중 한 명(페이소토)이 국제지구물리년(IGY, 1958)을 맞이해 극에서 극까지 하루 동안 지구 전체를 대상으로 이 새로운 형태의 습기-이동 계산을 실행에 옮긴 적이 있었다. 그 프로젝트는 지구 대기의 대순환과 그 에너지학을 알아보려는 MIT 연구의 일부였다. 그해 동안 습기의 평균 흐름이 벡터 장(場)으로 표시되는 결과가 나오기도 했다. 이 지표들은 자체 조사를 위한 것이지만, 두 번째 연산은 연구 결과를 전통적 방식의 기후학 추정치와 비교하기 위해 수행되어야만 한다. 이때, 전통적 측정값은 경계를 가로질러 지구 표면의 어떤 단위 영역으로 들어오는 물의 초과량을 추산함으로써 구할 수 있다. 수학적 용어로, 이 연산은 벡터의 장 수렴으로 알려져 있다.

대기의 해당 지역에서 수증기의 발산이 있다면, 습기의 원천이 될 것이다. 이는 같은 기간 그곳에서 평균적으로 증발량이 강우량을 초과한다는 것을 의미한다. 반대로, 수렴이 지배적일 때는 수증기의 하강이 존재하고, 강우량이 증발량을 초과한다. 따라서 발산의 수치는 증발률 빼기 강우율이 된다.

발산과 수렴의 분포는 다양한 고도에서 전 세계에 걸쳐 평균적으로 같다고 할 수 있다. 이런 수치들을 면밀하게 조사해보면 평균적으로 (1) 폭우가 발생하는 적도 지역에서는 수렴이 지배적이다. (2) 이동형 열대성 저기압, 극전선, 공기 덩어리의 교차를 동반함으로써 강우량이 증발량을 훨씬 초과하는 중고위도에서도 수렴이 지배적이다. (3) 거대한 반영구적 역선풍(고기압)을 동반해 강력한 증발을 일으키는 남북 반구 모두에 있는 아열대 지역에서는 발산이 지배적이다. 이 결과는 이전에 별도로 기후학적 방법으로 행한 바 있는 증발량 빼기 강우량 측정에서 얻은 값과 꽤나 잘 맞아떨어진다.

따라서 대기 전체에서 습기의 가장 중요한 원천은 아열대 지역, 특히 바다의 상공에서 찾을 수 있으며 그곳에서는 계속해서 증발이 일어난다. 대기로 공급된 습기는 다른 곳으로 이동하는데, 대기 순환을 통해 수렴이 지배적인 지역으로 향한다. 그곳에서 습기는 응축되어 강우로 떨어진다. 따라서 같은 장소에서 증발로부터 강우가 형성된다는 이론은 받아들일 수 없다. 현재의 자료에 기초해서 판단해보면, 물 순환의 대기 쪽 분기의 통과 길이는 지역성에 따라 변한다. 발산과 수렴의 중심지 사이 평균 거리를 기준으로 삼으면, 온대성 기후의 위도에서 평균 통과 길이는 1,000킬로미터 단위에 달하는 것으로 나타난다.

대지 쪽 분기의 역할

수렴 지역들에는 초과하는 강우량을 흘려보낼 수단이 있어야 한다. 일반적으로 이는 땅에서는 강에 의한 배수를 뜻하고, 따라서 수렴 지역에는 거대 하천의 저수 분지들이 자리 잡고 있어야 한다. 이런 결론은 수렴-발산 지도의 결과와 일치한다. 이 지도의 결과는 고층기상학적 방법의 타당성을 뒷받침해준다.

대서양과 태평양 적도 지역은 대체로 수렴을 나타낸다. 두드러진 강력한 수렴의 중심지로는 파나마 남부 근처, 에콰도르 근처 남아메리카의 동해안 해상, 브라질 상공(예측하듯이 아마존 강 상류에서 높은 값을 보인다) 등을 들 수 있다. 이 수렴 벨트는 대서양을 통해 기니아 만 위의 중심지로 확장된다. 적도 아프리카에서, 수렴 지역들은 대체로 다수의 큰 강들의 수원과 배수 분지 근처에 존재한다. 가장 큰 수렴 지역으로는 에티오피아와 소말리아 고원을 들 수 있다. 그 고원에서 청나일 강물 대부분이 흘러나온다. 또한 우방기 강과 콩고 강 수원지 위에 있는 북부 자이레와 잠베지 강과 오렌지 강, 림포포 강이 기원하는 남부 앙골라, 로디지아, 남서 아프리카의 동편 지역에서도 이를 찾을 수 있다.

가나와 아이보리 코스트에도 수렴 지역이 존재하는데, 수렴으로 발생하는 많은 양의 물은 니제르 강, 볼타 강, 세네갈 강의 젖줄이 된다. 굉장히 넓은 수렴 지역은 집중 센터를 여러 개 동반하면서 인도에서 동남아시아, 인도네시아, 중앙 태평양을 통해 중앙 아메리카 서쪽 해안까지 확장된다. 이런 벨트에서 찾을 수 있는 주요 하천으로는 인더스 강, 갠지스 강, 브라마푸트라 강, 살윈 강, 메콩 강, 양쯔 강 등을 들 수 있다. 이 모든 지역은 엄청나게 높은 강우량을 보이는 곳으로 알려져 있다.

남반구의 중위도 지역에도 많은 곳에서 수렴이 나타난다. 수렴 지역은 남대서양, 남인도양, 남태평양에 걸친 온대성 폭풍 항로와 관련이 큰 극전선과 연관성이 있다. 남아메리카 대부분의 지역을 포함하는 광범위한 수렴 지역은 거대 하천의 유역과 수원에 대응한다. 마그달레나 강, 오리노코 강, 아마존 강, 파라과이 강, 파나마 강, 우루과이 강 등이 여기에 속한다. 강력한 폭풍우 활동이 지배하는 남태평양 동부를 거쳐 칠레 해안을 따라서 수렴의 중심지들이 펼쳐져 있다. 이웃한 지역에는 바다의 소금물 농도가 낮다.

남대서양, 인도양, 남태평양의 아열대 지역은 발산이 강력하고 폭넓게 펴져 있음을 보여준다(증발량이 강우량을 초과한다). 대서양 지역에서, 발산 지대는 동서 방향으로 거침없이 확장된다. 중앙 브라질의 해상에 강력한 발산 지대가 존재한다는 사실은 대서양에 있는 그 지역의 염분이 매우 높다는 점이 반영한다. 대체로 바다 위에 있는 모든 발산 지대는 높은 염분과 결부된다. 이들 지역들과 북반구에 있는 발산 지역들의 증발량은 최고치에 달한다. 그런 지역들은 아열대 위도에 위치한 역선풍 벨트와 연관성이 깊은데, 대부분 항상 맑은 하늘을 보이는 반영구적 고기압 지대의 주변에 위치해 있다. 땅 위에서 커다란 발산 지역은 가뭄으로 유명한 브라질 북동부, 앙골라, 우간다, 케냐, 남아프리카, 호주 대부분의 상공에서 찾을 수 있다. 북반구에서, 강력한 발산 지대는 북아메리카의 남부 멕시코와 캘리포니아 남부 상공, 아프리카의 사하라 사막 상공, 아시아의 아라비아와 이란 상공에 존재한다. 극지방에서는 전반적으로 발산이 조금 우세해 보이며, 얼음의 존재로 인해 비교적 증발량이 크지 않다. 발산의 정도는 북극 상공이 남극 상공을 앞지른다.

가장 강력한 발산 지대는 아열대 지역 상공에서 발견되는 경향성을 띤다. 물론, 그 중심부가 아시아 동부 해안 상공에 위치하는 예외적 경우도 있지만 말이다. 이런 지역들이 바다 표면에 있다면, 증발 초과량을 채우는 데 필요한 물 부족이란 존재하지 않을 것이다. 항상 해류로 보충되기 때문이다. 그러나 땅 위 사정은 달라서 사하라 사막은 가장 극명한 차이를 보여준다.

그런 장소의 물은 어디서 오는 걸까? 이런 건조한 지역 아래, 엄청난 양의 물이 거대한 다공성 암석 지형 속에 묻혀 있다는 사실이 알려졌다. 이런 대수층에서 기원하는 증발은 특정한 지역의 경우 연간 제곱킬로미터당 20만 세제곱미터에 달할 정도라고 한다. 증발 과정에서 염분의 침전으로 형성된 광물은 사하라 사막에서는 흔한 것이다. 그곳에서는 증발암(岩)들이 소금호수(chott)라 불리는 소금 평원에서 발견된다. '사막성 광택' 형태를 띠는 광물 퇴적물들은 강력한 증발의 결과로 나타난다. 증발 후에는 활성 산화 작용을 통해 철 화합물을 주성분으로 하는 얇은 막이 형성된다. 노출된 암석의 표면을 둘러싼 이 화합물들은 눈으로 볼 수 있다.

증발량이 강우량을 초과하면 물이 공급될 필요가 있는데, 덜 건조한 지역에서 기원하는 지하 배수의 존재를 생각해볼 수 있다. 사막 지역 지표면 아래의 물 흐름에 대한 연구가 요구되며 그 실천적 중요성도 점점 커진다. 1940년대 초반, 스톡홀름 왕립기술연구소의 보 헬스트롬(Bo Hellstrom)은 나일 강 근처 동부 사하라 사막에서 그런 연구를 수행한 바 있다. 역사적·고고학적 증거에 따르면, 이집트에 있는 카리자 오아시스는 오늘날보다 고대에 더 풍부한 샘물을 공급받았던 것으로 보인다. 물 감소는 급작스러운 것으로 추정되는데, 나일 강 바닥 지하의 함수 암석층에 침식에 따른 천공이 일어나면서 지하수가 누출된 결과라는 추론이 존재한다. 이런 천공과 누출이 지역 전체의 지하수 수압을 떨어뜨려 카리자 샘물의 분출을 감소시키는 효과를 낳았다는 것이다. 헬스트롬은 이집트 아스완에 하이댐을 세우면 피해를 회복시키는 효과가 있을 거라고 제안했다. 저수지에 모인 물의 높은 압력이 아스완 바로 상류에서 발생한 갈라진 틈에서의 누출을 예방해주기 때문이다.

최근의 연구에서, 유엔 식량농업기구 로버트 앰브로기(Robert P. Ambroggi)도 사하라 지하의 물 문제를 분석했다. 그는 지하에 여러 개의 내부 배수구가 있다는 결론에 도달했다. 이것은 지하수가 비롯된 커다란 원천의 존재를 나타낸다. 나일 강과 연결되어 있다고 거론되는 오아시스를 통과하는 비슷한 지하수의 존재를 1960년 나이로비에서 열린 열대기상학 심포지엄의 이집트 기상학 분과에서 알리(Ali)가 발표하기도 했다.

차드 분지에 또 다른 지하 배수구의 사례가 존재한다는 주장도 있다. 프랑스 수문학자 드루앵(G. Drouhin)에 따르면, 차드 호는 사하라 사막과 라곤 강에서 물을 받고 있지만 그 지역과 소금의 성분은 평형 상태를 유지한다. 커다란 지하 배수구가 없다면 증발과 강물에 의한 소금의 운반이라는 결합된 효과로 인해 염분이 증가할 수밖에 없었을 것이다. 수문학적 관찰을 통해 호수 밑에 퍼져 있는 대수층에서 북-북동쪽을 향하는 물의 흐름이 있음을 볼 수 있다. 수문학과 지질학 증거에 기초한 최근의 연구를 통해 미국 국립해양기상청(NOAA) 유진 라스무슨(Eugene M. Rasmusson)은 미국의 사막 지역에서 거대한 지하수의 원천에 대한 몇 가지 징표를 찾아냈다.

물 순환의 통제

물 순환을 어떤 방향으로 통제할지 판단하려면 첫째, 물에 대한 인간의 필요성이 정확히 무엇인지 결정할 필요가 있다. 물은 모든 산업과 농업 발전에서 필수 요소다. 예를 들면 열대 지방에서 밀 1톤을 기르려면 물이 8,000톤 필요하다. 산업에서 철강 1톤을 생산하려면 물 200톤이 필요하고, 가솔린 1톤을 정제해내려면 물이 소비된다.

2-4

'평균적' 개인의 물 필요량은 사회에 따라 큰 차이를 보이는데, 이란 등 농업 사회에서는 연간 900세제곱미터에 불과한 데 비해 미국 등 고도의 산업 사회는 연간 2,700세제곱미터에 달한다. 평균적 미국인이 소비하는 물 2,700세제곱미터 중에서 식수로 이용하는 것은 0.5세제곱미터에 불과하다. 200세제곱미터는 가정에서 사용하고, 나머지는 산업과 농업에서 소비한다. 열대 지방에서는 제곱미터당 연간 3세제곱미터가 농업에 필요하다. 따라서 평균적 개인의 물 필요량은 연간 약 1,500세제곱미터, 전 세계 물소비량은 연간 4.5조 세제곱미터가 될 것으로 예상할 수 있다. 지금의 세계 인구 증가세가 그대로 유지된다면, 물 수요는 연간 약 1,000억 세제곱미터씩 늘어날 것이다. 1년 동안 순환되는 물의 양은 제한되어 있기에 물 문제에 대한 분명한 해답을 빠르게 찾아야 한다.

물 필요성이 실제로 뜻하는 바는 무엇일까? 물 순환 속 물 분자는 전기 회로에 있는 전자들과 똑같이 시스템을 가로지르며 일한다. 예를 들면 사람이 마시는 물은 파괴되지 않는다. 물은 마신 사람의 몸을 통과하는데, 그 과정에서 일을 한 다음, 다시 물 순환에 합류한다. 이 시스템에서 사람의 몸은 순환에 가해지는 부하(負荷)처럼 행동하고, 물은 전자의 흐름처럼 행동한다. 유사하게, 곡물의 관개에 제공된 물은 증발산을 통해 순환에 재결합하기 전에 식물을 통과하면서 일을 한다. 기본적으로 태양은 전기 회로의 발전기와 동일하다.

전기 회로 유비(類比)를 계속 이어서 물을 통한 작업량을 키우려 한다면 세 가지 가능성이 존재한다. (1) 부하와 발전기에서 순환의 효율성을 향상시킴으로써 각 순환에서 물의 양을 증가시키기. (2) 가능한 순환들의 수를 늘리기. (3) 증발량과 강우량 모두의 속도를 증가시킴으로써 순환을 가속화하기.

이 지점에서, 물 순환의 통제를 다루려면 몇 가지 더 나은 고려 사항이 필요하다. 첫째, 물은 운반자로서 순수하거나 준(準)순수 상태일 때에만 일을 할 수 있다. 둘째, 사람은 땅의 거주자이기 때문에 사람은 바다에 있는 물보다는 대륙에 있는 물을 사용한다. 바다로 떨어지는 모든 물은 인간의 목적에는 무용지물이다. 셋째, 물 대부분은 액체 상태에서 이용된다. 이런 조건하에서, 물 순환의 통제를 위한 세 가지 원리를 확립할 수 있다. (1) 대륙, 담수 표면, 지하 대수층에서의 증발은 최대한 억제해야 한다. (2) 바닷물은 이용할 수 없기 때문에 바다 수면에서의 증발은 최대한 가속화되어야 한다. (3) 어떤 물도 가능한 만큼 충분히 유용한 작업에 이용되기 전까지는 바다로 흘러 들어가거나 대기로 증발되는 물 순환에서 다음 단계로 나아가는 것을 허용해서는 안 된다. 바닷물의 탈염분화는 방사능 에너지, 화석 연료 에너지, 집약화된 태양 에너지를 통해 자연적 순환의 외부에서 담수를 얻을 수 있는 방법이다.

대기 쪽 분기의 통제

지구의 건조 지역과 반건조 지역의 물 부족 문제를 공략하기 위한 한 가지 방법은 혜택을 받을 수 있는 지역을 대상으로 인공 강우를 유도함으로써 대기 쪽 분기의 수문학적 순환 속도를 빠르게 하는 것이다. 인공 강우는 미리 때와 양을 정하고, 형성된 물을 인접 지역이나 바다에 떨어뜨리지 않을 것이라는 확신을 가지고 실행한다. 실제로, 대기는 인공적 수단을 통한 액체 물의 추출을 위한 자원으로 간주될 수 있다. 요오드화은, 동결된 이산화탄소(드라이아이스), 그 밖의 성분으로 만드는 구름 씨앗을 통해 이런 방향으로 일정한 시도들이 이루어진다. 일정한 조건에서 좋은 결과를 얻었음에도, 그 기술은 현재 상용화되지 않았다. 인공 강우가 아직 경제적 정당성을 확보하지 못했을 뿐 아니라 물리적으로도 확립되지 못했기 때문이다. 그럼에도 이 연구 분야는 매우 활성화되어 있다. 강우의 인공적 배출과 통제를 위한 방법의 궁극적 성공은 핵 결정의 메커니즘과 자연이 비와 눈을 생성하는 방법인 구름물리학의 훨씬 더 깊은 지식을 습득하는 데 달려 있다는 사실이 분명해 보인다. 아직은 비를 만들기 위한 노력이 매우 조심스럽게 실행되어야 한다.

이슬의 형성은 대기에서 수분을 추출하기 위한 또 다른 방식이다. 이슬은 중세부터 물의 원천으로 존재해왔지만 최근에야 대규모로 수집되었다. 예를 들면 이슬은 지브롤터에서 인간이 이용하기 위한 물의 원천이 된다. 안개 낚아채기를 통한 물의 포획은 약간 성공을 거두며 시도되고 있다.

물 순환의 대기 쪽 분기의 통제 문제를 공략하기 위한 또 다른 노선을 MIT의 빅터 스타(Victor P. Starr)와 데이비드 아나티(David Anati)가 개척 중이다. 그들은 자연적 습기-대류 과정의 부분적 복제를 통해 액체 물이 대기에서 벌충될 수 있다고 제안했다. 이 과정에서 태양열로 따뜻해지고 수증기를 머금은 공기는 상승을 계속해 수증기가 액화되는 지점에 도달한다. 그들은 자유 응결 고도를 넘어서는 높이에 세운 지름이 100미터에 달하는 커다란 굴뚝으로 이루어진 실험 장비를 제시한다. 고층기상학적 가속기로 불리는 이 장비는 스스로 에너지를 얻게 된다. 액화된 수증기 잠열의 자동적 방출을 제외하면 다른 어떤 에너지원도 필요하지 않기 때문이다. 스타와 아나티는 높이가 3,000미터에 달하고, 단면적이 1만 제곱미터인 튜브 속에서 행해지는 예비 실험을 생각한다. 습한 공기의 수직 속도가 초당 20미터 정도이고, 튜브 관을 타고 상승하는 공기 1킬로그램마다 물 1그램이 배출된다고 가정해보라. 간단한 계산만으로도 이렇게 얻은 물이 해마다 30센티미터 깊이로 몇 제곱미터의 땅을 관개하기에 충분한 양임을 알 수 있다. 단, 기상학적 환경은 실험 기간 동안 우호적이어야 한다.

스타와 아나티는 고층기상학적 가속기 실험이 가능한 지역으로 아라비아와 멕시코 만을 검토했다. 1958년 6월 5일 아덴(예멘의 도시)의 고층기상학 자료에 기초한 계산은 예상대로 시간당 약 1,000톤의 물이 기체 상태의 수권에서 추출될 수 있음을 보여준다. 이때, 장비는 앞서 언급한 것과 대체로 같았다. 아덴에서 1951~1960년, 10년 동안 6월 한 달 동안 기록된 강수량은 없었고, 연간 평균 강수량은 4센티미터가 거의 넘지 않았다는 사실을 언급할 필요가 있다.

유입 공기의 습도를 높여 대류의 효율성을 꾀하면 필요한 튜브 높이를 줄여주는 이점이 있다. 이를 위해서는 적절한 방식으로 해수면에서 유입 공기에 습기를 추가해볼 필요가 있다. 이 계획은 바닷물의 탈염을 위한 메커니즘과 일정 부분 겹친다. 물 생산이라는 관점에서 볼 때, '포획된 폭풍우'는 규모 면에서 자연적인 것보다 더 많은 이익을 가져다줄 것이다. 습기-대류 동역학에 대한 가습 효과를 지니는 건조한 공기의 측면 유입이 없을 것이기 때문이다. 따라서 튜브의 존재는 원하는 과정만을 촉진하도록 해야 할 것이다.

그런 장비의 영향은 인근 지역을 넘어 확장될 수 있다. 그 영향으로, 고고도에서 자연적 대류가 발생할 수 있고, 자유 대류의 개별 구간들이 튜브 꼭대기에서 스스로 유리되어 자생적 폭풍우로 표류할 수도 있다. 실험 단위 구성에서는 최고의 이론 설계, 최고의 위치 등을 결정하기 위한 훨씬 더 많은 연구의 필요성, 구성과 연관된 공학적 어려움, 고비용 등이 장애물이 될 수 있다. 그럼에도 적절한 환경이라면 상당한 보상을 안겨줄 정도이므로 그러한 프로젝트의 과학적·실천적 관심이 충분히 커질 수 있다.

고층기상학 가속기의 진짜 원형은 남아프리카에 있는 깊은 금광산의 환기 수갱에서 찾을 수 있다. 그런 수갱 하나는 연간 3만 3,000세제곱미터의 물을 생산해낼 수 있다. 이런 방식으로 얻은 물은 실제로 농사에 이용된다. 이 계획에서 가장 큰 장애물은 상승하는 공기에서 빗방울을 제거하는 메커니즘이 부재하다는 사실이다.

지표수 통제

전 세계의 건조한 지역들은 적도 지역 외곽에 있는 아프리카 대륙의 대부분, 중동 전역, 중앙 아시아 전역, 호주 대부분, 서쪽 반구의 서부 지역 대부분이다. 이 지역들 중 다수는 물이 풍부한 해안 근처에 놓여 있다. 따라서 탈염분화 프로젝트에서 물 문제의 해결책을 찾으려는 유혹에 빠질 수 있다. 하지만 미국에 있는 가장 큰 탈염분화 공장은 연간 3,600만 세제곱미터에 못 미치는 담수만을 생산해낼 뿐이다. 이 양은 마을 주민 3,600명의 필요를 충족시킬 정도에 그친다. 소련에 있는 가장 큰 탈염분화 공장은 연간 5,500만 세제곱미터의 물을 생산해낼 것으로 기대되는데, 이는 5만 5,000명의 시민들에게 공급해줄 수 있는 양이다.

이런 수치들은 물이 가장 필요한 지역에서 엄청난 양의 담수가 바다로 그대로 흘러가는 것에 비하면 그야말로 매우 낮은 편이다. 예를 들면 아마존 강에서 방류되는 물(연간 6.8조 세제곱미터)은 지구 전체에 거주하는 현재 인구의 필요성을 두 배가량 충족시켜줄 양이다. 콩고 강은 아프리카 인구 네 배가 필요로 하는 물을 충족시켜줄 것이다(연간 1.35조 세제곱미터). 미시시피 강에서만 매년 미국 전체 소비량과 맞먹는 물이 바다로 방류된다(연간 5,600억 세제곱미터). 이런 낭비는 중동처럼 물이 가장 절실하게 요구되는 곳에서조차 계속된다. 중동에서, 티그리스-유프라테스 강은 이란의 전체 소비량에 맞먹는 물을 페르시아 만으로 내다 버린다. 만약 이 물이 도수관을 통해 아라비아로 운반된다면, 아라비아 반도의 전체 경제에 변화를 가져다줄 것이다.

유수의 통제를 통해서 한 나라의 경제 역량을 재고할 수 있었던 사례로, 이집트의 경우를 생각해보라. 그 나라는 문자 그대로 나일 강의 선물이다. 인구 3억 4,000만 명 중에서 3분의 2는 나일 강 삼각주 2만 5,000제곱킬로미터 안에 살고 있다. 나머지 3분의 1은 나일 강 제방을 따라서 약 1만 4,000제곱킬로미터 안에 살고 있다. 따라서 전체 인구는 총 100만 제곱킬로미터의 국토 면적 중에서 3만 9,000제곱킬로미터에 집중되어 있다. 나일 강은 아스완에서 평균적으로 연간 920억 세제곱미터의 강물을 방류하는데, 만약 전부를 효율적으로 이용할 수 있다면 인구 1억 명에게 공급해주기에 충분한 양이다. 1,550킬로미터에 걸쳐 이집트를 가로지르는 나일 강은 에티오피아 고원(84퍼센트)과 중앙 아프리카의 호수 분지(16퍼센트)에서 발원한다.

아스완에서의 하이댐 건설은 지중해로 빠져나가는 물의 양을 확실하게 줄여줄 것이다. 그 양이라면 2만 8,000제곱킬로미터의 사막에서 경작이 가능해질 것이다(이 중에서 8,000제곱킬로미터는 이집트에, 나머지는 수단에 있다). 그리고 1,000억 킬로와트시의 전기 에너지를 생산할 수 있을 것이다. 하지만 댐 후면에 있는 호수는 증발에 따른 손실이라는 새로운 위험을 피할 수 없다(침출은 지하수 대수층을 충전하는 데 도움을 주기 때문에 직접적 손실로 간주되지 않는다). 연간 3미터 비율로 증발이 일어난다고 가정하면 7,800제곱킬로미터의 호수 표면에서 해마다 240억 세제곱미터의 물이 증발되리라 예측할 수 있다. 이는 엄청난 양으로, 아스완에서의 나일 강 전체 방류량 약 4분의 1에 해당한다. 건조 지역에서는 그 같은 거대한 표면을 자유롭게 태양에 선보이는 물 저수지를 회피하거나 이에 대한 대책을 강구해야 한다. 증발을 없애거나 획기적으로 줄여주는 물질의 막, 가령 액체 핵사데카놀(hexadecanol)의 막, 플라스틱 커버, 나무 판, 열 흡수를 지체시키는 염료 등을 써서 증발하는 전체 표면을 덮는 실험을 해보는 것도 괜찮을 듯하다.

카이로에서 서쪽으로 약 200킬로미터, 지중해에서 남쪽으로 60킬로미터쯤 떨어져 있는 카타라 분지는 오랫동안 엔지니어와 과학자들을 매료했다. 그 분지는 해수면 표면적이 약 2만 제곱킬로미터에, 가장 낮은 지점은 해발 아래 134미터다. 지중해에서 그 분지로 해수를 받아들이면 전력 생산에 유용하다는 제안이 나왔다. 하지만 이 거대한 지역을 경작과 정착에 사용하면 큰 이익이 될 것이다. 나일 강을 9분의 1만 그곳으로 우회시킨다면, 분지는 1,000만 명에게 거주지를 제공할 수 있을 것이다. 나일 강에서 운반되는 진흙은 거대한 지역을 농토로 바꿔줄 것이다. 버려진 물은 증발을 통해 다시 물 순환 고리로 진입할 것이다.

지하수 통제

경사진 토양에서 강우량의 약 20퍼센트는 땅속으로 스며든다. 평편한 투과성 토양에서 그 수치는 80퍼센트까지 올라갈 수 있다. 이런 물들은 지하 대수층을 채우고, 천연 샘과 증발산의 손실분을 벌충한다.

이란, 아라비아, 북아프리카 등의 건조한 지역에서는 지하 바다가 발견된 바 있다. 고대인들은 이런 대수층과 이미 친숙해져 있었다. 예를 들면 약 3,000년 전 지하수를 이용하기 위해 지하 도수 터널 시스템 또는 지하 수로를 이란에 세웠다. 그 시스템은 이슬람 칼리프 통치하에서 나머지 중동 지역과 북아프리카로 퍼져나갔다. 지하 도수 터널 시스템은 고지대 대수층에서 저지대로 중력을 통해 물을 운반하는 단순한 지하 수로 망으로 이루어져 있다. 오늘날에도 이 시스템은 이란에 필요한 물 75퍼센트를 제공해준다.

아라비아에서는 석유를 채굴하는 과정에서 우연히 지하수가 발견되곤 한다. 현재 그 잠재성을 이끌어내어 개발하려는 방대한 노력이 이루어지는 중이다. 아라비아 반도 동쪽 지역에만 신생대와 중생대 지층에 일곱 개의 주요한 대수층이 있다. 이 지층에서는 서쪽에서 동쪽으로 수압이 점차 줄어들고 있다. 페르시아 만 중생대 지층 근처는 깊이가 1,000미터에 달한다. 이 지층은 너무 깊지 않아서 효과적 채굴이 가능하다.

앰브로기와 몇몇 연구자들이 발견한 사하라 사막의 엄청난 지하수 잠재력은 스타와 우리 중 한 명(페이소토)이 고층기상학의 성과에 기초하여 1958년에 했던 예언을 입증했다. 사하라 사막 지하에는 커다란 저수지가 일곱 개 있는데, 총면적이 450만 제곱킬로미터로 저수 용량은 총 15.3조 세제곱미터에 달한다. 일곱 개의 저수지는 서부 대사막, 동부 대사막, 알제리의 타네즈로프트, 말리의 니제르 분지, 리비아의 페잔 분지, 차드의 차드 분지, 이집트의 니제르와 니제리아, 서부 사막 분지 등이다. 마지막 저수지가 가장 큰데 총면적은 180만 제곱킬로미터이고 총저수 용량은 6조 세제곱미터다. 저수지는 이웃한 아프리카 국가들까지 뻗어 있다.

면적이 37만 5,000제곱킬로미터이고 저수 용량이 1.7조 세제곱미터인 알제리에 있는 동부 대사막을 살펴보자. 그 물의 대부분은 마지막 빙하기 이후에 집결된 화석수(化石水)다. 빙하기 때, 사하라 사막은 폭우가 쏟아지는 열대 우림 지역이었음에 틀림없다. 현재 대수층은 북쪽 텔 산맥에서 유입되는 홍수에 의해 재충전된다. 자연적으로 충전되는 총량은 연간 약 9억 세제곱미터로 추산된다. 대수층의 총용량이 눈에 띄게 변하지 않는 것으로 보아 일정한 방출이 있어야만 한다. 이 방출은 샤트 멜르히르-샤리드(Chott Melrhir-Djerid)라 불리는 넓은 저지대에서의 증발 때문이다. 샤트는 우기가 아닌 기간은 건조하고, 가장 낮은 지점은 해발 아래 31미터에 달한다. 이 소금 호수는 튀니지까지 확장되는데, 그곳에서는 약 20킬로미터의 모래흙이 소금 호수를 지중해와 분리한다. 샤트 멜르히르는 완전히 해발 아래에 있으며 넓이가 1만 제곱킬로미터에 달한다.

만약 샤트 멜르히르로 지중해의 물을 보낼 수 있다면, 증발을 통한 동부 대사막의 방출은 크게 줄어들테고, 이에 따라 사용 가능한 지하수의 손실을 막을 수 있을 것이다. 더욱이, 동부 알제리의 석유를 생산 지역에서 곧바로 선적할 수 있고, 엄청난 양의 소금 광물을 새롭게 형성된 만에서 추출할 수 있을 것이다. 이런 식으로 이용 가능하게 된 담수의 연간 공급은 현재 2만 명의 주민들이 흩어져 사는 지역에 약 100만 명이 정착하도록 지원하기에 충분할 것이다.

해양의 통제

바다 위 물 순환을 통제하기 위한 노력들이 일부 있었다. 바닷물의 탈염분화는 그런 시도들 가운데 하나의 사례에 불과하다. 더 큰 규모의 계획이 제안되었는데 '태양 수력 발전' 사업 등이다. 이 사업은 1970년에 우리들 중 한 명

(케타니)이 곤살베스(L. M. Gonsalves)와 협력해서 제안했다. 제안된 계획은 증발을 통해 페르시아 만에서 다왓 살와(Dawhat Salwah)라고 불리는 인공적으로 만든 저수지로 바닷물을 끌어들이기 위해 태양을 동력원으로 사용한다. 사우디아라비아와 바레인, 바레인과 카타르를 잇는 방조제를 건설함으로써 형성될 저수지는 총면적이 6,460제곱킬로미터에 달할 것이다.

형성된 발전 시스템은 도관으로 연결된 두 개의 저수지로 구성될 것이다. 갇힌 저수지에서 증발에 따른 급속한 물 손실은 도관 양쪽에 수압차(水壓差)를 발생시킬 것이다. 공해상의 해수면은 증발에 별다른 영향을 받지 않기 때문이다.* 따라서 도관을 가로지르는 물의 흐름을 적절하게 조절하면 전력 생산이 가능해진다. 도관에 유입되는 물의 양은 닫힌 저수지에서 발생하는 증발량에 맞춰질 것이다. 순증발 속도 연간 3.5미터와 최적 낙차 12.4미터가 보장되는 조건에서, 3억 킬로와트시의 전기를 생산할 수 있을 것이다. 네 개의 서로 다른 경제 개발 수단이 고려되었는데 광물 생산, 도로 교통, 농토 개간, 수산업 등이다.

*다왓 살와는 갇힌 저수지고, 페르시아 만은 공해다. 두 곳 모두에서 증발이 일어나지만, 공해에서는 해수면의 변화가 없는 반면, 갇힌 저수지는 해수면이 낮아지기 때문에 페르시아 만과 다왓 살와를 연결하는 도관에는 해수면 차이에 따른 수압차가 발생한다.

다왓 살와의 바다에서 확보한 주변 땅의 면적은 약 4,100제곱킬로미터에 달할 것이다. 이는 바레인에 상당한 영향을 미친다. 바레인의 국토 면적이 거의 네 배 증가하는 꼴이기 때문이다. 대기 중에 있는 물의 양은 증가할 수 없으므로 그러한 인공 저지대의 창출 효과는 전 세계 해수면 높이를 0.25밀리미터 상승시킬 것이다. 아마도 이 정도 상승을 반대할 사람은 없을 것이다.

이 사업은 사실상 중앙 아시아에 존재했던 자연 현상의 복사판이다. 카스피 해는 좁은 해협을 통해 카라 보가즈 골(Kara Bogaz Gol)이라 불리는 1만 400제곱킬로미터 사막 분지로 84억 세제곱미터의 물을 보냈다. 하지만 카스피 해는 내해인 관계로, 손실되는 모든 물은 직접 전체 물 순환에 편입된다. 그 결과, 카스피 해의 표면 수위는 지난 90년 동안 계속해서 떨어졌다. 카라 보가즈 골로의 유입이 증발률에 맞설 수 있을 정도로 충분히 크지 못했기 때문에 사막 호수의 면적도 계속 줄어든다.

남극 얼음은 개발을 기다리는 가장 중요한 담수의 원천이다. 남극의 빙산을 아메리카, 아프리카, 아시아, 호주에 있는 건조한 지역으로 견인하기 위한 아이디어가 제시되었다. 열 개의 빙산을 기차처럼 엮어서 견인하는 것도 그 중 하나다. 이때의 빙산에는 총량이 약 100억 세제곱미터에 달하는 담수가 포함되는데, 견인할 때 물 손실이 10퍼센트 정도만 된다면 남부 캘리포니아에 10개월 정도 물을 제공할 수 있을 것이다. 빙산은 목적지에 정박된 다음, 인간의 필요에 따라 잘리어 이용될 것이다.

대기 대순환과 수문학적 순환의 메커니즘

행성 규모에서 수문학적 순환은 지구 전체로 퍼져나가는 거대한 증류의 결과로 간주될 수 있다. 태양의 복사열을 통한 아열대 지역의 가열은 물의 연속적 증발을 낳는다. 증발된 물은 대기권으로 방출되고, 대부분의 대기권 하층 지역에서 바람의 순환에 의해 제거되어 북쪽과 남쪽의 다른 위도로 운반된다. 기체 상태로 운반되는 과정에서, 팽창에 따른 냉각 때문에 수증기 일부는 액화되면서 구름을 형성한다. 구름은 적도 지역과 중고위도 지역에 비를 쏟아붓는다. 마지막으로 해양, 하천, 지하수의 흐름이 서로 결합하면서 물은 액체나 기체 상태로 원래 지역에 되돌아간다. 이렇게 해서 물의 상태 변화를 포함한 자연 현상의 연쇄가 완성된다. 그 후 물은 다시 한 번 대기로 방출되고, 새로운 순환을 시작한다.

따라서 대기 대순환을 통해 수문학적 순환이 유지된다. 대기 대순환의 메커니즘을 이해하지 못하면 수문학적 순환의 메커니즘을 이해할 수 없고, 그 역도 마찬가지다. 이 복잡한 피드백 과정으로 인해 수문학적 순환과 대순환의 결합은 고도로 비선형적인 특징을 띠게 된다. 이 과정을 잘 이해한다면 더불어 메커니즘을 통제할 가능성도 높아질 것이다.

2-5 강의 염분화

아서 필스버리

곡식을 키우기 위해 하천을 우회시키거나 건조한 땅을 관개함으로써 비로소 고대 문명의 발생이 가능해졌다. 그런 사업을 성공시키기 위해 인류는 공동 목적을 향해 협력해서 일하는 방법을 터득해야만 했다. 고대의 시스템에서 가장 풍부한 결실을 맺었던 곳은 비옥한 초승달 지대의 남동쪽 끝, 즉 현재는 이라크에 속하는 티그리스-유프라테스 강이 형성한 폭넓은 계곡이었다. 그곳에서부터 오늘날 이란, 아프가니스탄, 파키스탄, 인도를 통해 동쪽으로 문명이 퍼졌고, 중국에 도달했다. 그 모든 곳의 강들은 계곡을 통해 최근에 쌓인 퇴적토를 토해냈다. 생산성이 극에 달했을 때, 각각의 관개 지역에는 아마도 100만 명은 족히 넘는 사람들이 살고 있었을 것이다. 하지만 이런 문명들은 모두 똑같은 이유로 붕괴되고 말았다. 토지에 소금기가 너무 많아서 더는 작물을 키울 수 없었다. 고지대에 있는 토양에서 씻겨 내려온 소금은, 물이 지표면에서 증발되고 곡물의 잎을 통해 발산됨에 따라 관개된 논밭에 집적되었다. 홍수, 전염병, 전쟁이 큰 타격을 입혔지만, 결국 관개에 기초한 문명은 염분화 때문에 사라져갔다.

이런 공통된 운명에서 눈에 띄는 예외가 있다. 비옥한 초승달 지대의 서쪽 끝에 있는 나일 강 계곡이다. 이를 다음과 같이 설명할 수 있다. 아주 최근까지도 나일 강 계곡에서는 사실상 관개를 하지 않았다. 대신 나일 강의 연례행

사인 홍수로 강이 범람하면서 계곡 전체에 넓게 퍼져 있는 농지가 물에 잠긴다. 그 결과, 해마다 비옥한 흙이 새로운 층으로 쌓이게 된다. 홍수는 소금이 쌓이는 것을 막았는데, 물이 토양으로 유입될 때 물은 토양 밖으로 소금을 밸어내고 밑으로 끌어내려서 지하수로 운반한다. 지하수는 바닥을 통해 다시 하천에 합류한다. 그 결과, 다소 자동적으로 소금의 균형이 달성된다. 소금은 농업의 여명이 오기 전 몇천 년 동안 그랬듯 세기를 이어 지중해에 보관되었다. 나일 강 상류에 아스완댐이 건설되고 전통적 관개가 도입됨과 동시에 이집트는 이제 소금이 관개 농지에 쌓이는 것을 막아야 한다는 보편적 문제에 직면하게 되었다.

물의 비용과 활용이 만만치 않다 해도 관개농업에는 습한 지역의 농업을 위한 많은 장점이 있다. 농부들은 곡물이나 채소처럼 성장이 빠른 식물로 해마다 둘 이상 작물을 키울 수 있다. 더욱이 건조한 기후는 경작, 파종, 수확, 질병 통제 등의 비용은 줄여주고, 수확량과 품질은 향상시킬 것으로 기대된다. 물은 최적의 성장을 보장하기 위해 필요하면 언제든 제공될 수 있다. 무엇보다도 염분화 문제를 해결할 수 있어서 관개농업을 거의 영속적으로 보장해주는 기술이 존재한다. 여기서 나는 세기가 바뀔 때부터 집약농업을 실행해온 미국 서부에서의 적용을 놓고 그 기술을 서술하고자 한다.

담수라고 표현된 것까지 포함해서 모든 천연수에는 소금이 포함되어 있다. 산의 수원에서 흘러나오는 최초의 물에는 50ppm 정도로 소량의 '소금' 또는 완전히 용해된 용질이 포함되어 있을 것이다. 바닷물에는 평균 약 3만

5,000ppm 또는 약 3.5퍼센트의 용질이 포함되어 있다. 물론, 나는 저녁 식탁에 놓인 소금처럼 순수한 소금(염화나트륨)을 말하는 것이 아니다. 식탁용 소금은 공교롭게도 모든 일반 염 중에서 가장 잘 녹고, 바닷물에서 발견되는 모든 염의 거의 3분의 1을 차지한다. 그러나 천연수에는 다른 많은 염들도 존재한다. 물에 녹아 있는 염의 대부분은 보통 탄산염, 칼슘의 염화물과 황산염, 마그네슘과 나트륨 등이다.

해분(海盆, 깊은 바다의 바닥)에 평균 농도 3만 5,000ppm의 용질로 3억 1,700만 세제곱 마일의 소금물이 포함되어 있다는 일반적으로 인용되는 측정치를 받아들인다면, 세계의 바다에는 약 3.2×10^{18}톤의 소금이 있는 셈이다. 주로 결정체로 존재하는 추가적인 거대한 양의 소금이 내륙의 웅덩이와 파묻힌 고대의 웅덩이에 격리되어 있다. 그런 소금 퇴적물은 풍화라는 단어로 요약되는 지질학적 과정의 결과다.

풍화는 산화해서 바위를 구성하는 광물의 결정화를 위한 충분한 기회가 주어진 환경에서 발생한다. 풍화는 물리적·화학적·생물학적 과정을 포괄하지만 물리적 과정이 지배적이고 중심적이다. 기계적 작용이 바위를 부수어 풍화의 작용 요소들에 노출되게 해준다. 예를 들면 바위의 갈라진 틈에서 냉동과 해동의 반복은 압축력과 팽창력으로 작용하여 가장 강력한 물체도 조각낼 수 있다. 하천 바닥과 빙하 바닥에서 흐르는 물, 바람과 바위의 갈기 작용 등은 물리적 풍화에 기여한다. 풍화는 염과 바위 조각 모두를 제조한다. 이때 바위 조각은 고지대에서 태어나 저지대로 운반되는데, 저지대에서 토양의 핵심 구성 요소가 된다.

물리적 힘은 가장 높은 지대에서 가장 강력하게 작용한다. 그곳에서 물리적 힘은 극대화된다. 그 결과, 풍화와 이어지는 염 생성은 가장 높은 고지에서 가장 활발하다. 풍화 과정의 핵심 구성 요소는 떨어지는 물로서, 염을 녹이는 데 기여한다. 물론 강수량이 높은 지역에서는 염이 묽어지는 경향이 있다.

비나 눈이 떨어질 때, 대부분의 물은 일반적으로 땅속에 스며든다. 물을 머금을 수 있는 땅의 수용 능력을 넘어선 초과분은 지표면 밑 일정한 깊이에서 지하수면을 형성한다. 지하수는 결국에는 하천으로 스며들거나, 샘물 형태로 지표면에 재등장한다. 강수의 간헐적 특징을 고려할 때 생각보다 하천이나 샘물이 꾸준히 지속적으로 흐를 수 있는 것은 바로 이런 지하수의 흐름 때문이다.

토양에 그리고 지하수면 상층부의 모관수대에 머물러 있는 많은 물은 식물의 뿌리가 삼투압을 통해 빨아올린다. 뿌리로 흡수된 대부분의 물은 식물의 잎을 통해 발산된다. 즉 증기 상태로 대기로 날아간다. 물은 토양의 표면에서 직접 증발하기도 한다. 기압이 변하거나 윈드시어(wind shear, 대기 중 짧은 수평, 수직 거리 내에서 바람의 방향과 속도가 갑자기 변하는 현상)로 압력이 급변할 때 토양은 '숨을 쉰다.' 토양에 있는 공기는 기본적으로 포화 상태이기 때문에 숨쉬기란 추가적 증발을 의미한다. 이런 이유로, 토양에서 사라지는 습기의 양 중에서 얼마만큼이 증발에 의한 것이고, 얼마만큼이 발산에 의한 것인지를 결정하는 것은 실용적이지 않다. 따라서 식물이 있는 땅의 표면에서 발생하는 물의 총손실을 증발과 발산을 합쳐서 증발산에 의한 것으로 나타낸다.

마찬가지로 물은 시냇물, 강물, 호수, 늪, 운하, 저수지 등 내륙의 해수면에서도 증발한다. 그런 모든 증발 과정의 결과는 순수한 물을 액체 상태로 증류하는 것과 같다. 그 결과, 모든 염은 뒤에 남아 있는 물속에 있게 된다. 미국 서부에 있는 대부분의 분수령 수계는 초목으로 꽤나 두껍게 덮여 있기 때문에, 담수에서 염의 자연적 농축은 광범위한 영역에 영향을 미치는 중요한 문제가 된다.

미국 서부의 핵심적 천연자원 가운데 하나는 강들이다. 그 강물은 댐 후면이나 천연 지하 대수층에 사용될 때까지 저장될 수 있다. 또 다른 주요한 자원은 성장하는 작물을 위한 뛰어난 기후에 있는, 관개농업에 적합한 건조하고 반건조한 계곡의 퇴적토다. 국가와 해외시장에서 음식과 섬유의 다양한 선택이 가능하도록 이러한 자원과 기후적 환경을 이용한 개발이 진행되었다. 이들은 습한 지역의 농업 생산물들을 보완해줄 것이다.

관개농업은 비싸다. 물을 가두기 위해 댐을 건설해야 하고, 물을 필요한 곳에 보내기 위해 수로를 파야 한다. 만약 물이 지하 대수층에 있다면, 그것을 지상으로 퍼 올리기 위해 에너지를 투입해야 한다. 캘리포니아에서만 몇십억 달러에 달하는 엄청난 공적·사적 자금이 농업용수 개발에 투자되었다. 캘리포니아 주 당국은 900만 에이커(미국의 관개 농토 5분의 1에 해당한다)에 달하는 지역에 물을 공급해주는 몇천 마일에 걸친 관개 수로와 콘크리트 도수관을 건설하기 위해 동분서주한다. 1980년, 캘리포니아의 곡물 가치는 92억 달러로, 미국 총곡물량 가치의 13퍼센트를 초과했다. 캘리포니아의 농장은 미국 국내에서 신선한 음식과 야채의 40퍼센트를 책임진다.

관개 농토에 1년 동안 공급해야 할 물의 양은 곡물과 기후에 따라 다르지만, 경작지를 1~5피트 물로 뒤덮는 것과 같다. 보통, 공급된 물 4분의 3은 증발산으로 잃고 만다. 용해된 모든 염(곡물 자체로 스며든 소량을 제외하고)을 포함한 나머지 물은 아래로 흙 속에 스며들거나 옆으로 토양을 가로지른다. 즉 물은 지하 대수층으로 스며들거나, 직접적으로 혹은 배수구를 거쳐 강물이나 소택지로 스며들어 하류 어딘가에서 다시 모습을 나타낼 것이다.

만약 서부 미국에서 관개에 공급되는 물의 연간 평균량이 경작지 3피트를 덮는 셈이라면 약 1억 2,000만 에이커-피트의 물이 4,000만 에이커의 토지에 해마다 공급되는 셈이라고 보면 합리적일 것이다. 총부피를 기준으로, 대략 9,000만 에이커-피트의 물이 증발산으로 사라진다. 뒤에 남은 3,000만 에이커-피트에 사실상 최초의 염분이 그대로 포함되어 있는 셈이다. 이는 네 배의 농축에 해당한다. (품질이 좋은 물은 추가 이용으로 소금기가 너무 많아지기 전에 직간접적으로 최소한 두 번 쓸 수 있다.) 집약적 관개의 결과, 곡물에 4,000만 에이커-피트 이상의 물을 공급하는 서부 주들, 특히 캘리포니아 주는 소금기 있는 물을 분리해서 처리해야 하는 큰 어려움에 직면했다.

증발산에 의한 염의 농축에 더해, 사용처에 도달하기 이전의 물 저장과 운반 과정에서 또 다른 종류의 농축이 일어난다. 댐 후면에 있는 저수지에서는, 길게 늘어서 있는 운반 수로를 따라 그리고 수많은 조절 저수지에서 증발이 일어난다. 만약 만들어진 새로운 수면이 강수량이 많고 땅이 숲과 초지로 뒤덮인 산악 지대에 있다면 증발의 증가가 그다지 큰 문제가 되지는 않을 것이다. 그 이유는 자연 초목의 증발산이 대략 비슷한 수준의 증발로 대체되는 것에 불과하기 때문이다. 하지만 현존하는 거대 저수지 대부분은 사막 지역에 있고 이전에는 드문드문 덤불, 목초-산림 지대 또는 관목 숲에 덮여 있었다. 그러므로 증발은 이전의 증발산을 크게 초과한다. 전형적인 예로는 콜로라도강에 있는 후버댐, 리오그란데 강에 있는 엘리펀트 버트댐, 컬럼비아 강의 쿨리지댐 후면의 저수지를 들 수 있다.

미국 서부의 큰 강들은 대체로 연간 강수량이 풍부한 산맥에서 기원한다. 산맥 속이나 인근에서는 용질의 농도가 낮은데, 일반적으로 대부분의 강에서 50ppm 정도 된다. 수많은 서부의 강들이 건조 또는 반건조 지역을 통과하면서 엄청나게 먼 거리를 흐르기 때문에 특히 저지대에 도착했을 때 증발을 통한 염분 농도는, 하류로 내려갈수록 점점 더 증가한다. 흐름의 일부가 관개를 위해서 취수된다면, 염분의 농축은 증발산 작용을 통해 증폭된다. 물은 점차 냉각 목적으로 이용된다. 가령, 화석 연료와 원자력 발전소의 냉각 시스템을 들 수 있는데 이런 냉각 시스템은 증발을 통해 물을 '소비하는' 관계로 염분을 농축시킨다.

몇 년 전, 나는 여러 개의 주요 강을 분석해보면 재미있겠다는 생각을 했다. 분석의 내용은 일정한 강의 한 지점에서 강물에 포함된 염분의 양과, 그 지점의 상류에서 유입되는 강물의 양 사이에 어떤 관계가 있는지 살펴보는 것이다. 이를 목적으로 나는, 강의 한 지점에서 제곱마일당 톤 단위로 수계의 연간 염분 생산량과 제곱마일당 에이커-피트 단위로 연간 물 생산량을 계산했다. 다양한 지점에서의 염분 내용물과 주요 강물의 수량은 미국 지질조사국이 운영하는 관측망을 통해 관측된다. 평균값을 구할 대상 기간을 10년으로 잡았는데, 이 정도를 유의미한 결과를 낼 수 있는 최장 기간으로 보았기 때문이다. 나는 다음과 같은 강들을 조사 대상으로 선택했다. 미주리 강, 아칸소 강, 리오그란데 강, 페코스 강, 콜로라도 강, 힐라 강, 솔트 강, 아구아 프리아 강, 시비어 강, 훔볼트 강, 산호아킨 강, 마켈럼니 강, 아메리칸 강, 컬럼비아 강, 윌래밋 강. 이 15개 강들은 서부 서쪽 끝에 있는 11개 미국의 주들에 떨어지는 강우를 운반한다.

로그자로 염분 생산과 물 생산을 두 축 삼아 표를 완성하면, 서로의 관계가 확연히 선형을 이룬다는 사실을 확인할 수 있다. 또한 더 건조한 지역을 통과하는 강물일수록 더 많은 염분을 운반할 것이라는 통상적 가정이 기각된다는 점도 알 수 있다. 실제로, 제곱마일당 물 생산량이 높을수록 염분 생산량도 높아진다. 여러 강바닥에 있는 암석들의 형태와 나이가 크게 다르다는 점, 활용할 수 있는 기록이 10년에 불과하다는 상대적 단기성, 수계를 가로지르는 우회 효과(이로 인해 저농도 염분을 지닌 물 상당량이 하나의 강 유역에서 다른 강 유역으로 전환된다) 등을 고려할 때, 이런 관계는 더욱더 획기적인 것임에 틀림없다.

염분과 물 모두에서 가장 생산성이 높은 강은 오리건 주에 있는 윌래밋 강으로, 강우량이 매우 높은 지역을 통과해서 흐른다. 둘 모두에서 생산성이 가장 낮은 강은 사막 지역인 남부 애리조나 주에 있는 길레스피댐 하류의 힐라강이다. 오늘날에도 아칸소 강, 페코스 강, 콜로라도 강 등은 비정상적으로 짠데, 그 강들에서는 고대에 파묻힌 소금 바닥이 서서히 누출되기 때문이다. 그런 주장을 뒷받침해주는 증거가 있는 것은 아니다. 강의 소금기는 소비를 통해 수증기로 전환되는 상대적 수량 문제에 불과하다. 이때 소비가 자연적인 것이든, 인간 활동의 결과이든 상관이 없다.

관개 토지에서 염분 균형을 유지하는 데 핵심이 되는 것은 적절한 배수다. 자연적이든 인공적이든, 배수는 필요가 없어진 한 장소에서 다른 장소로의 물 이동을 말한다. 이때 물은 지표면에 붙어서, 그 위나 밑으로 나 있는 파이프나 수로를 통해 이동한다. 농업 배수라는 용어는 특별히 지표면과 너무 근접해서 성공적인 곡물 재배가 어렵게 만드는 지하수면 깊이를 낮추기 위해 의도된 수단과 관련이 깊다. 습한 지역에서는 지하수면을 낮추어야 한다. 식물 뿌리 주변에 공기를 머금은 토양을 제공하고 곡물이나 여타 농사를 위한 토양의 견고함을 배가하기 위해서다. 이를 목적으로, 해당 지역에서는 대체로 배수구 또는 타일 배수구 망이 지하 3~5피트 깊이에 놓여 있다.

건조한 지역에서는 식물 뿌리 근처에서 만족스런 염분 균형을 유지하는 데 필요한 추가 기능을 하도록 배수를 통해 도움을 주어야만 한다. 비가 오거나 관개수가 제공될 때 물과 염분은 동시에 밑으로 투과된다. 마른 기후에서, 관개와 관개 사이에 물과 염분은 모세관 작용을 통해 위로 투과된다. 습한 지역에서 토양으로 유입되는 염분의 양은 처음부터 낮기 때문에 건조한 시기에 모세관 작용을 통해 위로 여행하는 양도 매우 적다. 더욱이, 습한 지역에서는 건조한 시기가 대체로 짧다. 건조한 기후에서는 배수 도랑이나 타일 배수관이 습한 지역보다 더 깊어야 한다. 염분의 상승 이동이 더 커지는 것을 막기 위해서다. 대체로 배수로가 최소한 표면 아래 6피트에 놓여 있어야 효과적이다. 배수로 망을 통한 배출은 관개수와 함께 유입된 염분이 하류 물 이용자들의 이익을 해치지 않는 범위에서 이뤄져야 한다.

소금기 있는 배출수를 처분하기 위한 뜻밖의 인상적 시설이 임페리얼 계곡 인근 남부 캘리포니아에 존재한다. 그곳은 서반구에서 단일 관개 농지로는 가장 광대하다. 50만 에이커 이상의 임페리얼 계곡을 관개하는 데 필요한 물은 전미 수로를 통해 80마일 떨어진 콜로라도 강에서 운반된다. 전미 수로는 코첼라 수로에도 물을 공급하는데, 그 수로는 콜로라도 강물을 추가로 123마일 운반해 6만 5,000에이커의 또 다른 비옥한 농토에 가 닿는다. (콜로라도 강은 남부 캘리포니아 주에서 이용되는 모든 물의 절반을 조금 상회하는 양을 공급한다. 여기에는 캘리포니아 주에서 가장 큰 두 도시 로스앤젤레스와 샌디에이고의 도시용수도 포함된다.) 임페리얼 계곡과 코첼라 농업 구역에서 배출되는 소금기 있는 관개수는 수로를 따라 솔턴 해로 흘러 들어간다. 현재 솔턴 해는 바다보다 조금 더 짜다. 솔턴 해로 유입되는 표면수의 90퍼센트는 임페리얼 계곡, 코첼라와 멕시칼리 구역에서 온 배출수다.

1955년 이래, 임페리얼 계곡 관개 구역은 염분의 순배출 지역으로 자리 잡고 있으며, 전미 수로가 콜로라도 강에서 관개 구역으로 옮기는 염분보다 약 15퍼센트 더 많은 양을 배출하고 있다. 솔턴 해로 유입되는 물에는 약 3,500ppm의 염분이 포함되어 있는데, 이는 솔턴 해 전체 염분 농도의 증가 속도를 늦추는 데 기여한다. 해발 아래 230피트에 자리 잡은 솔턴 해 자체는 1905년까지 건조하고, 염분이 뒤덮인 저지대였다. 그해, 콜로라도 강에서 홍수가 나서 자연 제방을 무너뜨렸다. 콜로라도 강의 강물이 이전 수로로 물길을 되돌리기 전까지 2년 동안 이 소택지로 쏟아져 들어왔다. 솔턴 해는 면적이 370제곱마일로 캘리포니아 주에서 가장 큰 호수이자 대표적인 휴양지다.

관개 농지에서 배수를 받아들이는 솔턴 해 같은 존재가 없는 곳에서는 염분 균형을 달성하는 문제가 더욱 복잡하다. 사람들은, 강물은 소금기가 없을 뿐 아니라 강 어귀나 후미의 출입구만 벗어나면 담수로 보존되어야 한다는 개념을 소중히 여긴다. 세계의 습한 지역에서 이런 생각을 출발점으로 삼는 것도 괜찮은 판단이라고 할 수 없지만, 건조한 지역에서는 이런 생각 자체가 비현실적이다. 이런 지역에서는 많은 강이 관개농업을 위해 개발된다. 인류가 강 이용을 시작하기 전에는 계절적으로 반복되는 홍수가 염분을 바다로 쓸어가 버려서 강 유역이 염분 균형을 양호하게 유지하는 데 실질적 도움을 주었다. 오늘날엔 사정이 다르다. 저장 시스템이 조절하는 강 흐름, 그리고 방류된 물의 고효율적 소비와 맞물리면서 염분 균형을 맞추는 데 이용할 충분한 여분의 물 흐름이 존재하지 않는다. 염분은 이런저런 방식으로 강 유역에 쌓인다.

염분이 수계 어딘가에서 가라앉을 뿐 아니라, 바다를 향해 가는 염분의 흐름을 정교하게 가로막는 다양한 조치들이 행해진다. 미국에서, 비록 영원히 '야생이자 비경'은 아닐지라도 최소한 강의 구간 전체가 담수로 남아 있어야 한다는 것은 땅의 법칙이 된다. 이는 환경주의자와 물 이용자 모두의 요구를 반영한 것이기도 하다. 이 이상을 이루고자 계획되고 실현되는 수단들은 미래를 위해서는 위험하다. 일반적 개념은 염분의 흐름이 발견되는 곳에서 강물을 증발 지대로 우회시키는 것이다. 그곳에서 물은 표면에서 증발하면서 뒤에 결정화된 소금층을 남겨둔다. 기반 지층에 이미 소금기가 끼어 있거나 토양이 비교적 비투과적인 곳을 최적의 증발 지대로 삼을 수 있다. 두 조건 모두를 만족시킬 수 없는 곳에서는 비투과성 물질로 내벽이 쳐진 연못을 생각해볼 수 있다. 염분을 강 유역에 쌓아두려는 설계는 몇 년 또는 몇십 년 동안은 괜찮겠지만 장기적으로 보면 재앙을 불러올 수 있다.

왜? 계획은 여러 가지 이유로 실패할 것이다. 증발 지대 밑에 있는 지하수에 소금기가 낀 것은 괜찮을지 몰라도 경사진 지형의 분지에 있는 모든 지하수는 더 낮은 곳 인근 어딘가에서 배출되어야 한다. 증발 지대에 있는 소금물은 밑에 있는 소금물의 '낙차' 또는 수압을 증가시키는 데 기여할 것이고, 따라서 자연적 배출구에서 방출 속도를 증가시킬 것이다. 이는 결국, 하류에 있는 지하수와 토지에 재앙을 가져다줄 것이다. 만약 배출 지대가 담수에 비투과적인 것처럼 보이는 토양 위에 위치해 있다면, 물에 소금기가 낄 때 토양은 점차 투과성이 커진다는 점에 유의할 필요가 있다. 이 사실은 잘 확립되어 있다. 증발 지대를 비투과성으로 만들어줄 것으로 예상되는 많은 형태의 물질들이 제시되었다. 고무와 플라스틱 시트, 아스팔트 혼합물, 특수 시멘트 등이다. 일부 안감들은 50년 정도는 효과적일 것으로 알려졌지만, 궁극적으로 모든 기대는 실패로 돌아갈 수밖에 없을 것이다. 모든 가능성을 고려하면 안감들이 소금기 있는 물에 노출되었을 때의 수명은 담수에 노출되었을 때의 수명보다 훨씬 짧아질 것이기 때문이다.

강-유역 시스템의 저지대에도 물을 담수로 유지하기 위해 설계된, 오늘날에 이뤄지는 또 다른 핵심적 시도가 있다. 바로 '소금 배출 라인' 건설이다. 바로 수로와 도관들을 연결해 소금기 있는 물이 이를 통해 바다나 다른 저지대로 운반되도록 한 것이다. 배출 라인은 소금기 있는 배출수가 담수를 재오염시키지 못하도록 반드시 강 또는 관개수 분배용 시스템 인근에서 솟아나게 해야 한다. 이는 관정에서 나온 소금기 있는 물과 함께 농지-배수 시스템에서 나온 배출수를 상당한 비용의 에너지를 투입해 소금 배출 라인으로 펌프질해야 한다는 것을 의미한다. 에너지 비용은 수용 가능하다고 해도, 소금 배출 라인만으로는 염분 균형을 달성할 수 없다는 문제가 있다. 배수 라인 밑으로, 또는 펌프질되는 소금기 있는 대수층 위로 여전히 지하수의 흐름이 존재할 것이기 때문이다.

미국 수력자원국(전신은 국토개발국)은 최근 캘리포니아 주에 있는 산호아킨강과 평행한 개방 수로 형태인 82마일에 달하는 소금 배출 라인을 완성했다. 이 라인은 산호아킨 계곡에 있는 최고의 농경지 3만 에이커의 배수를 위해서 설계되었다. 지금까지 세운 최장의 소금 배출 라인이라고 할 수 있는데, 현재

머데스토 남쪽에 위치한 케스터슨 저수지로 배출이 이루어진다. 그곳에서 소금기 있는 물은 샌프란시스코 만 어귀에 자리 잡은 '델타(the Delta)'로 보내지며 델타로 다가가면서 점차 산호아킨 강으로 스며들도록 설계되어 있다. 델타에서는 산호아킨 강과 새크라멘토 강이 합류한다. 이곳 델타로 직접 소금을 운반할 수 있는 배수 구간은 아직 만들어지지 않았다. 기존의 수로는 제안된 '마스터 드레인(Master Drain)'의 첫 번째 구간이다. 이는 연방정부와 주정부가 함께 자금을 지원하는 290마일의 공사 계획으로, 예상되는 비용은 12억 달러가 넘는다. 2005년까지, 제안된 배수구는 50만 에이커에 기여하고, 연간 300만 톤 이상의 염분을 제거하는 용량이 될 것이다.

물 소비가 큰 강 유역에서 염분 균형의 달성이 어려운 이유는 강 유역의 복잡한 수문학적 역사를 통해 더욱 잘 이해할 수 있다. 계곡과 범람원에는 홍수 때 운반된 퇴적토가 쌓인다. 오늘날 계곡과 범람원을 따라 휘감아 도는 강은 마치 영속적일 것 같은 착각을 불러일으킨다. 그러나 홍수가 나면 무거운 바위들이 강줄기의 가장 깊은 곳을 따라 구르고, 강물은 제방을 넘는다. 강물이 측면으로 이동하면 그 속도와 깊이는 현저하게 줄어든다. 그 결과, 모래와 자그만한 입자들이 가라앉으면서 자연 제방이 만들어진다. 가장 고운 토양 입자는 강줄기 중심에서 상당히 먼 거리에 매우 느린 속도로 가라앉는다. 따라서 계곡의 땅에 내려앉은 토양은 중간 크기의 입자들로, 주로 옥토들이다.

하류의 범람원에서 유속이 거의 제로로 떨어지면, 결정이 고운 진흙이 가라앉는다. 자연 제방을 포함해 강줄기 자체는 주변 땅에 비해 점차 지대가 상승하는 경향이 있다. 훗날 예외적으로 큰 홍수가 닥칠 때, 강은 제방을 범람해 제방 밑 경사로가 가파른 곳에서 새로운 강줄기를 형성한다. 그러면 새로운 강줄기가 상류를 잠식함에 따라 옛 강줄기를 잡아먹는 수계 변경 현상이 일어난다. 조만간, 연이은 홍수로 발생한 침전물이 이미 얽힌 상태로 파묻혀 있던 수로들을 다시 뒤덮는다. 얕고 깊은 지하수 모두 손가락 대수층으로 지칭되는 곳에서 모습을 드러내는 심층수를 동반하여 그렇게 뒤얽힌 수로를 따라 흐르는 경향이 있다. 특히 범람원에서, 얕은 지하수는 현재의 강줄기로 스며든다. 그렇게 확산된 흐름은 농업 배수를 위해 건설된 도랑이나 타일 배수관보다 더 깊게 흐른다.

'반쯤 불안한' 지하수면이 6~7피트보다 표면에 더 가깝게 상승한 유역 그리고 유역 경계 토지와 층을 이룬 토양에서는 타일 배수관이 가장 효율적이라 할 수 있다. 강에 퇴적된 토양의 다양한 층이 더 깊은 지하에 자리 잡고 있는 지하수의 본체에서 나온 표면 근처의 물을 고립시키는 경향이 있을 때 지하수면이 반쯤 불안하다고 말한다. 그런 환경에서라면 염분이 풍부한 관개수가 밑으로 침투해 심층 지하수를 오염시킬 기회가 거의 존재하지 않으며, 따라서 심층 지하수는 관개용이나 그 밖의 용도로 계속해서 활용될 수 있다. 범람원보다 상류에 있는 선상지에서, 지하 구조상 지표면에 가까운 물은 심층 지하수에서 고립될 수 없기 때문에 도랑이나 타일-배수 시스템은 지하수의 질을 보존하는 데 위력을 발휘할 수 없다.

집약적 관개가 도래하기 이전에, 서쪽 계곡과 분지의 지하수는 거의 예외

없이 고품질이었다. 지하 대수층은 강물이 세차게 분출되는 계곡의 상류 쪽 끝부분에서 재충전되었다. 이어서 지하수는 범람원으로 방류되었는데, 그 대부분은 확산되는 흐름의 형태로 강줄기로 되돌아간다. 농부들이 대수층에서 관개수를 뽑아내기 시작하자, 그 영향으로 관개수를 뽑아낸 지역의 하류에서 지하수면이 낮아졌다. 마침내 지하수면이 너무 낮아진 나머지 방류가 완전히 사라지면서 대수층은 고립된 웅덩이가 되었다. 따라서 염분이 더는 하류로 빠져나가지 못하고 그대로 쌓이게 되었다.

대부분의 지역에서, 대수층에서 퍼 올린 물은 관개를 위해, 그리고 도시의 생활용수를 위해 쓰인다. 하수도를 통해 모인 도시 생활 폐수에는 염분 농도가 300~350ppm으로 증가해 있다. 이러한 생활 폐수는 직접 바다로 방류되지 않고, 강 유역으로 들어오는 모든 염분은 그 속에 갇힌 채 쌓이게 된다.

농업용과 도시 생활용수로 퍼 올린 대수층이 해안 근처에 있을 때, 지하수면은 종종 해발 아래에 놓이게 되고, 그 결과 바닷물이 지하수 웅덩이로 침입할 수 있다. 침입을 막기 위해 보통 해안선과 평행하게 연속적으로 관정을 파는 조치를 행한다. 관정에서 퍼 올린 물은 다소 소금기를 띠며, 일부 도시에서는 하수 처리에 이용하기도 한다. 바닷물을 격퇴하는 물의 '언덕'을 만들 수 있는 기술이 성공적으로 개발되었다. 그렇지만 이런 계획은 반대에 직면했다. 그런 '언덕'이 지하수를 통해 바다로 운반될 염분을 완전히 차단할 가능성이 있기 때문이다. 반드시 보완 조치가 필요하다는 점만은 분명하다.

지하수 웅덩이를 담수로 유지하는 데 효과적인 단 한 가지 방식은 염분 농도가 가장 높은 강 유역 하류 끝 인근에 있는 우물에서 물을 퍼 올리거나, 배출수가 서둘러서 바다 또는 저지대로 가도록 길을 재촉하는 것이다. 동시에 강 유역의 상류 끝 인근에서 재충전량을 늘리는 것이 중요하다. 이런 단계들이 없으면 염분이 대수층을 파괴하는 암담한 미래를 떠올릴 수밖에 없다.

수자원 개발과 관련해 미국에서 관례처럼 추종되는 관습에 따르면, 강은 자체적으로 담수를 강의 어귀 직전에 있는 전환 지점까지 운반한다. 그런 설계는 보편적으로 가장 비용이 적게 들고, 상류에서 저장할 때 놓칠 수 있는 홍수로 인한 물을 잡을 수 있다는 것이 장점이다. 이는 상류에서 물의 공급을 해결하고 하류의 강물에는 소금기가 끼는 것을 허용하는, 장기적으로는 핵심적일 기초 원리를 무시한 것이다. 리오그란데 강, 콜로라도 강 수계, 샌프란시스코 만 동부 삼각주 등 세 가지 사례를 통해 그 개요를 살펴보도록 하자.

콜로라도 주 남서부에서 발원하는 리오그란데 강은 거의 1,900마일을 달려서 멕시코 만으로 강물을 쏟아낸다. 이 강은 미국에서 세 번째로 길고, 콜로라도 강과는 달리 가장 방류량이 많은 33개의 강 가운데 하나로 지질조사국의 목록에 포함될 자격이 주어지지 않았다. 전체 길이에서 마지막 800마일 이상이 미국과 멕시코의 주요 국경선이고, 강물의 할당 문제는 오랫동안 두 나라의 다툼거리가 되어왔다. 홍수기를 제외하고 리오그란데 강 상류의 모든 강물은 본질적으로 저장되며, 미국-멕시코 국경 최서단에 있는 엘패소가 그 상류를 이용한다. 염분 균형에 접근 가능하게 해주었을 폐수도 거의 존재하지 않는다. 심각한 염분 문제가 뉴멕시코 주 남부와 텍사스 주 서부에서 서서히 생기고 있다. 엘패소와 멕시코 만 어귀 사이에 있는 강 하류를 따라서 국제적 규모의 댐 세 개가 서 있는데 아메스타드는 저장용이고, 팔콘은 저장용과 수력 발전용이며, 안잘두아스는 주로 관개를 위한 취수용이다. (멕시코는 엘패소에서 멕시코 만까지의 강 하류를 리오브라보 델 노르테라고 부른다. 이 강에 유입되는 대부분의 물은 멕시코에 있는 산맥에서 온 지표수다.) 현재의 개발 계획은 엘패소 상류든, 하류든 염분 균형을 달성할 수 있는 모든 기회를 제거한다.

길이가 1,450마일에 달하는 콜로라도 강은 미국에 있는 어떤 강보다 소비용으로 많은 수량을 공급한다. 꽤 유명한 후버댐은 250제곱마일에 달하는 저수지와 휴양지 미드 호를 창출했다. 후버댐과 그에 딸린 1,345메가와트의 수력 발전소 밑에도 댐이 일곱 개 더 있다. 그중 두 개에서는 전력을 생산해내기도 한다. 가장 낮은 곳에 위치한 댐은 모렐로스댐으로, 멕시코에 있는 멕시칼리 계곡에 대줄 관개용 물을 저장한다. 강 근처 관개 지역에서는 염분이 네 배 더 풍부해진 물을 배출해서 강으로 되돌려 보낸다. 후버댐 하류에서는 총 유수량의 약 70퍼센트(염분 약 700ppm을 포함한다)가 로스앤젤레스와 샌디에이고에 물을 공급해주는 콜로라도 강 도수관과 임페리얼 계곡과 코첼라 농업 지구에 물을 공급해주는 전미 수로를 통해 캘리포니아 주로 취수된다.

너무 많은 물(그리고 염분)이 배출되는 까닭에 콜로라도 강 하류 지점은 합리적으로 염분 균형을 이룰 수 있다. 문제는 하류의 염분 농도가 800ppm보다 높다는 것이다. 1974년, 환경청(EPA)의 명령으로 콜로라도 강 유역 일곱 개 주는 1972년에 측정된 농도(후버댐 하류의 723ppm, 파커댐 하류의 747ppm,

임페리얼댐 하류의 879ppm) 또는 그 밑으로 하류에서의 염분 농도를 유지하기 위한 프로그램에 합의했다.

같은 해, 1944년 멕시코 물 협정에 대해 부분적으로 만족하는 가운데 미국이 멕시코 모렐로스댐으로 전달되는 콜로라도 강물의 염분 농도가 임페리얼댐에 도착하는 물의 평균 염분 농도인 115(±50)ppm를 초과해서는 안 된다는 의무 조항에 동의했다. 멕시코와의 협약에 따르면, 미국은 멕시코로 1,360만 에이커-피트의 콜로라도 강물과 미국-멕시코 국경선에서 콜로라도 강에 인접한 우물밭(well fields)으로부터 추가로 14만 에이커-피트를 전달해주어야 한다. 합의된 염분 농도로 요구되는 유수량을 보장하기 위해서, 수력자원국은 애리조나 주 유마에 탈염 공장을 세웠다. 그 공장은 애리조나 주에 있는 웰턴-모호크 관개 배수 구역에서 나오는 소금기를 머금은 대량의 물을 처리할 것이다. 소금기 먹은 물은 이전에는 모렐로스댐 하류의 콜로라도 강으로 배출되었다. 지금은 길이가 51마일인 우회 배수로를 통해 캘리포니아 만으로 배출된다. 이 우회 배수로 대부분은 멕시코에 있는데, 공사 비용 2,700만 달러를 미국이 지불해서 1977년에 완성했다.

탈염 공장은 1980년대 중반에 추정 비용 2억 1,600만 달러로 완성되면 동종 가운데 가장 큰 것으로 기록된다. 공장은 연간 약 10만 7,000에이커-피트의 물(염분 평균 농도가 2,800ppm)을 받아들여, 염분 농도가 255ppm에 불과한 7만 3,000에이커-피트(하루 6,500만 갤런)의 정화수와 염분 농도 8,200ppm인 3만 4,000에이커-피트의 소금물을 생산하게 될 것이다. 소금물은 계속해서 캘리포니아 만으로 내보내질 것이다. 만약 저염분 제조수가 조약 의무를 충족시키는 데 필요하다면, 유마의 콜로라도 강으로 희석되지 않은 채 정화수를 되돌려 보낼 수 있다. 하지만 통상적으로 정화수는 처리되지 않은 배출수와 섞여 염분 농도 800ppm 이하인 9만 2,000에이커-피트의 물을 생산하게 될 것이다. 교정수 비용은 에이커-피트당 약 250달러가 들 텐데, 그 비용은 임페리얼 계곡의 관개수에 드는 비용을 30배 초과한다. 탈염분화는 역삼투압 방법으로 염분을 제거하는 플라스틱 막을 통해 이루어질 것이다.

멕시코로의 흐름을 더욱 확실히 보장하고 캘리포니아 주의 취수량을 줄이기 위해, 49마일의 코첼라 수로가 최근에 재건설되었으며, 내부는 콘크리트로 처리했다. 총비용은 4,500만 달러로, 이는 이전에 주변 사막에 누출되던 연간 13만 2,000에이커-피트의 물을 절약하기 위한 노력의 일환이다. 전미 수로를 거쳐 콜로라도 강에서 취수되는 양은 연간 49만 8,000에이커-피트에서 36만 6,000에이커-피트로 감소될 것으로 예측되었다. 수로의 내벽 작업을 통해서는 캘리포니아 주가 콜로라도 강물의 궁극적 할당량인 440만 에이커-피트의 물로도 살아가도록 도울 수 있을 것이다(캘리포니아 주는 최근 연간 530만 에이커-피트를 끌어오며, 가뭄이 들었던 1977년에는 560만 에이커-피트를 끌어왔다). 이렇게 다양하고 값비싼 수단들을 동원해서라도 미국은 멕시코와의 협약 의무 사항을 충족시켜야겠지만, 분명한 것은 콜로라도 강이 농업의 팽창을 위해 어떤 추가적 물도 생산해낼 수 없다는 사실이다.

삼각주는 새크라멘토 강, 산요하킨 강, 풍요로운 센터럴 계곡 농업 지구 중심부 근처의 작은 강들 여러 개가 합류해 형성된 면적 1,200제곱마일의 강어구 지역이다. 이 널다란 지역은 해발 지역이거나 그에 근접한 곳으로 원래는 골풀이 뒤덮인 소택지였다. 1850년 '캘리포니아 습지 홍수법(California Swamp and Overflow Act)'이 통과된 후 어느 시점에 작은 규모로 시작되었지만, 1861~1862년 보기 드문 대홍수가 있고 나서 강과 늪지대로 윤곽이 그려지는 수많은 작은 섬들 둘레에 제방들을 건설함으로써 지역 개발이 궤도에 오르기 시작했다. 이번 세기의 전환기에 더 나은 펌프를 이용하게 되면서 그 과정은 엄청나게 가속화되었다. 개발 사업은 1920년대 들어서도 계속되었다. 강과 늪을 준설함으로써 제방을 위한 물질을 얻을 수 있었다. 네덜란드의 간척지들처럼, 개발을 위해서는 배출수와 빗물이 계속해서 인접한 수로로 펌프질이 될 필요가 있었다. 관개수는 제방 너머로 물을 퍼 올림으로써 쉽게 얻을 수 있다. 델타 종합 단지에는 55만 에이커의 농지가 있고, 여가를 위해 미로 같은 수로를 집중적으로 개발해놓았다.

그 땅은 원래 토탄(土炭) 지형으로, 깊이가 35피트 이상에 달한다. 토탄 토양에서는 배수가 일어날 때면 지면의 광범위한 침하가 발생하며 그 양이 연간 약 3인치에 달한다. 땅의 일부는 현재 평균 해수면보다 21피트나 낮다. 제방 붕괴가 여러번 일어났다는 사실도 놀랍지 않다. 지난 2년 동안, 제방이 무너지면서 커다란 섬 네 개가 침수되었다. 주정부와 연방정부 기관들은 이제 관련된 제방의 수리와 보강에 공공 자금을 지출하기 위해 노력 중이다. 침하 문제가 장기적이라는 것이 분명해진 지금, 그 비용 지출의 정당함을 묻는 것

또한 당연하다.

델타 문제에 대한 대안적 접근이 몇 년 전에 제시되었다. 계획된 퍼리퍼럴 수로에서 육상을 통해 델타에서 가장 안정적인 농토에 담수를 제공하는 것이다. 그 수로는 델타 북쪽에 있는 페더 강으로부터 델타 동쪽 끝 주변을 돌아 남쪽에 있는 산호아킨 계곡으로 물을 운반하는 데도 기여할 것이다. 캘리포니아 주의회가 작년에 퍼리퍼럴 수로의 건설을 승인했지만 그 사업은 환경 단체들의 강력한 반대에 부딪혔다. 그들은 이 사업에 대해 주 전체에서 주민투표를 실시할 것을 요구한다. 현재 추산 비용이 7억~13억 달러에 이를 것으로 여겨지는 퍼리퍼럴 수로의 건설에 더해, 주의회는 다음 사반세기 동안 캘리포니아 주 북쪽 지역에서 댐과 여타 물-개발 시설의 건설을 위해 41억 달러의 지출을 승인했다.

현재 남쪽과 서쪽으로 배출되는 물은 펌프에 도착하기 전에 반드시 델타 습지를 통해 움직여야 한다. 펌프는 그 물을 최종적으로 이용자들에게 보낸다. 주기적으로 델타를 통해 하류로 흐르던 담수는 샌프란시스코 만에서 짠물이 들어오면 방향을 바꾸어 배출 펌프를 향해 거슬러 올라간다. 그 결과, 델타의 물과 관개용 물은 모두 심하게 품질이 훼손된다.

퍼리퍼럴 수로는 캘리포니아 주 북부에 사는 많은 사람들의 반대에 직면해 있다. 그들은 캘리포니아 주 물 프로젝트의 물 계약자들이 오랫동안 페더 강에 있는 오로빌댐 복합 시설에 대한 물 사용액 전액을 지불하고 있다는 사실을 확실히 인지하지 못했다. 이 댐은 수로용으로 예정된 '새로운' 통제수를 창출하기 위해 설계되었다. 델타에 있는 배출용 펌프는 퍼리퍼럴 수로가 세워지지 않았다면 주정부가 공급 계약을 맺은 양만큼 물을 제공할 수 없었을 것이다. 현재 반대하는 사람들은 물은 '태초의 영역'에 속하므로 물값을 지불하는 자들이 물에 대한 권리를 포기해야 한다는 개념을 발전시킨다.

관개농업의 생존력을 장기간 유지하고 보장하기 위해서, 그리고 염분을 바다나 일부 다른 자연적 웅덩이로 운반하기에 충분한 물을 제공하기 위해서 수자원 개발이 강화되어야 한다는 점을 분명히 해야 할 것이다. 먼저, 지역적 차원에서 더 많은 개발이 있어야 하며, 지역적 실행에 더 많은 관심을 두어야 한다. 하지만 궁극적으로, 몇 가지 대규모 물-취수 개념이 필요해질 것이다. 텍사스 주와 뉴멕시코 주의 고원과 그로부터 북쪽으로 네브래스카 주를 관통하는 대부분의 서부 지역에는 물이 부족하기 때문이다. 관개의 잠재력을 지닌 북부 멕시코, 미국, 캐나다의 모든 지역은 적절한 물 공급 체계를 갖춰야 하는데, 이는 곧 모든 염분을 바다나 천연 웅덩이로 씻어 내리기에 충분한 물 공급을 의미한다. 규모의 경제의 중요성도 인식해야 한다. 즉 사업을 통해 공급되는 물의 양이 두 배로 늘어나도 비용은 두 배로 늘지 않는다. 비용 증가는 두 배가 아니라 1.5배에 채 못 미친다.

지난 몇 년 동안, 미국의 습한 북서부에 있는 강에서 건조한 남부 지역으로 물을 보내기 위한 다수의 비전 있는 계획들이 제시되었다. 사설 엔지니어 윌리엄 던(Willian G. Dunn)이 제안한 계획은 연간 240만 에이커-피트의 물을 아이다호 주에 있는 스네이크 강에서 콜로라도 강에 있는 후버댐 하류 지점으로 운반하자는 것이다. 그 거리는 약 600마일이다. 연간 약 3,000에이커-피트를 컬럼비아 강으로 방류하는 스네이크 강은 미국에서 열두 번째로 큰 강이다. 후버댐 하류에서 콜로라도 강의 현재 수량은 연간 약 1,400만 에이커-피트이고, 1985년 정도에 시작하는 센트럴 애리조나 프로젝트 완수 이후 캘리포니아 주를 위해 440만 에이커-피트가 그중에서 배당될 것이다. 경험이 풍부한 또 다른 컨설팅 엔지니어 프랭크 퍼키(Frank Z. Pirkey)가 제출한 야심찬 계획은 컬럼비아 강에서 후버댐 후면 저수지인 미드 호까지 연간 1,500만 에이커-피트를 전송하자는 것이다. 퍼키의 계획을 보면 먼저 오리건-캘리포니아 주 경계에 있는 산중 호수 구스 호까지 펌프를 이용해서 물을 4,900피트 끌어올린 다음, 캘리포니아 주 북부 샤스타댐 후면 저수지인 샤스타 호로 보낸다. 그곳에서 최종적으로 미드 호에 물을 보낸다. 운반 과정에서 상당한 양의 물을 관개수로 활용할 수 있을 것이다.

지금까지 진전은 없었지만 가장 대담한 계획은 1964년에 캘리포니아 주 패서디나에 위치한 랠프엠파슨스사가 제안한 바 있다. 이 기업은 1930년 초반에 후버댐을 세웠던 엔지니어링 기업들 중 하나다. 북미수력연합(NAWAPA)으로 알려진 이 계획은, 알래스카와 북부 캐나다에서 캐나다, 미국, 멕시코의 여러 지역으로 물을 보내는 것이다. 건설에 30년이 걸리고 비용이 2,000억 달러 이상일 것으로 예측되는 이 사업이 완성된 후에는 수력 용량이 추가로 약 7만 메가와트 제공될 것이다. 이 용량은 현재 미국의 평균 전기 생산량 25퍼센트에 근접한 것이다.

실로 어마어마한 규모인 북미수력연합 계획은 실행에 옮기기 전 매우 어려운 정치적 난관들을 극복해야 한다. 하지만 이것은 내가 보기에 서부 강들의 하류에서 서부 농업의 장기적 건강에 필수적인 염분 균형을 이루게 해줄, 현재까지 진전된 유일한 개념이다. 미국 전체, 더 나아가 세계는 서부 농업에 크게 의존한다. 강 하류가 바다로 염분을 배출하는 자신들 본연의 임무에 충실하도록 보장받을 수 없다면, 오늘날에는 생산성이 높은 토지들도 결국에는 염분으로 뒤덮여 황무지가 되고 말 것이다.

3

변하는 경로

3-1 물

로버트 앰브로기

지구상에서 담수의 총량은 인간 인구의 필요성으로 치면 으뜸이 되는 것이다. 많은 물이 접근이 불가능하거나 이용될 수 없고, 나머지도 장소에 따라, 계절에 따라 고르지 않게 분포된다. 따라서 세계 대부분의 지역에서 적절하고 믿을 수 있는 물의 공급은 적극적인 수자원 관리를 통해서만 얻을 수 있다. 거대한 농업과 산업에서의 수요와 적지만 절대적으로 필요한 가정 소비의 요구를 충족시키려면 물은 반드시 모이고, 저장되고, 할당되고, 분배되어야 한다. 물 자체는 하늘에서 떨어지지만 공짜는 아니다. 자연적인 물 순환에 대한 인간의 개입에는 항상 비용이 뒤따르는데, 이따금씩은 결코 적지 않은 비용이 든다.

현재까지, 물 공급을 통제하고 늘리는 가장 일반적인 방법은 개울과 강에서 계절적으로 발생하는 홍수를 가둬두기 위해 댐을 건설하는 것이다. 실제로, 신석기 이후부터 인간은 주요한 강 유역에 정착했다. 그곳에서는 물을 쉽게 이용할 수 있었기 때문이다. 마찬가지로 오늘날에는 물 관리의 다른 기법을 적용하는 것이 가능하다. 가령, 지하 저수지를 이용하거나 강물을 이쪽 유역에서 저쪽 유역으로 보내는 것 등이다. 수요를 제한하고 최종 사용지로 물을 전달하는 과정의 효율성 향상이 얼마나 중요한지도 최근 들어 인식된다. 이러한 거의 모든 물 관리 방법의 공통 요소로는 거대 자본 투자의 필요성을 꼽을 수 있다. 자본의 필요성은 피할 수 없다. 즉 물 순환을 조절하기 위한 댐,

수로, 여타 장치들은 인류에게는 가장 큰 규모의 사업에 속한다.

수자원의 지리적 차이를 감안하더라도 물 부족으로 경제 발전을 희생시킬 나라는 없다. 수요와 공급의 적절한 관리와 충분한 투자를 통해, 모든 국가는 본질적으로 물이 부족한 환경 속에서도 물에 대한 국민들의 필요에 답할 수 있다. 따라서 향후 20년, 30개국 정도가 심각한 물 부족에 직면한다는 사실은 더욱 용서받을 수 없을 것이다. 거대 물 관리 사업의 리드 타임이 약 20년이므로 이런 결핍을 극복하려는 모든 노력을 지금 곧 실행에 옮겨야 한다.

전 세계 담수 저수지를 모두 합치면 3,700만 세제곱킬로미터 이상으로 지중해를 열 번 채우기에 충분한 양이다. 그렇지만 이 물의 4분의 3은 빙하와 극지방 얼음으로 갇혀 있는데, 현재 우리의 기술로는 접근이 힘들다. 나머지 거의 모두는 지하 대수층에 포함되어 있다. 이것도 아직 집중 개발되지 않고 있다. 이런 이유로, 호수와 강의 물과 대기의 수증기 등 주요 공급원은 전체의 1퍼센트에도 채 미치지 못한다.

담수의 궁극적 원천은 태양 복사열에 의한 바닷물의 계속적인 증류다. 연간 물 증발량(식물에 의한 발산량을 포함)은 대략 50만 세제곱킬로미터인데, 그 중에서 43만 세제곱킬로미터는 바다에서 오고, 나머지 7만 세제곱킬로미터는 대륙의 물에서 온다. 대기 중의 수증기 양이 기본적으로 일정하기 때문에, 같은 양의 물이 반드시 비와 눈으로 떨어져서 지표면으로 되돌아와야 한다. 땅에 떨어지는 이러한 강우의 불균등한 공유는 지상 생물의 생존에 중요성을 지닌다. 대륙은 증발로 물 7만 세제곱킬로미터를 잃지만 강우로 11만 세제곱킬로미터를 받기 때문에 수문학적 순환의 총효과로 볼 때 매년 해양에서 대륙으로 담수 4만 세제곱킬로미터가 이동하는 셈이다.

대륙의 총유입량이 연간 4만 세제곱킬로미터에 달하지만, 이 모든 것을 인간이 활용하는 것은 아니다. 대부분은 홍수를 통해 사라지거나 토지 혹은 늪에 갇힌다. 인간의 목적에 그런대로 활용될 수 있는 최대치는 연간 약 1만 4,000세제곱킬로미터로, 세계의 모든 강과 개울 그리고 직접 증발을 통해 방출되는 고립된 지하 대수층 중에서 기저 유량* 또는 홍수를 배제한 안정적 지표수다. 이 부피 중에서 약 5,000세제곱킬로미터는 사람이 거주하지 않고 인간 정착에 적합하지 않은 기후라서 개방지로 남아 있는 지역으로 흘러간다. 따라서 앞으로 다가올 몇 년 동안 모든 필요성을 효과적으로 충족시켜줄 세계 수자원은 연간 약 9,000세제곱킬로미터다.

*강우가 없는 시기의 하천의 자연 유량.

이런 총공급량의 적합성은 1인당 물 필요량에 대한 간단한 분석을 통해 계측할 수 있다. 이를 위해 더 작은 단위(세제곱킬로미터보다는 세제곱미터)의 물 부피를 측정하는 것이 편리하다. (1세제곱킬로미터는 10억 세제곱미터와 같다.) 수용 가능한 삶의 질을 유지할 목적으로, 사회는 구성원들에게 가정용 소비를 위해 연간 1인당 약 30세제곱미터를 직접적으로 제공해야만 한다. 이 할당량 중에서 식수용은 1세제곱미터가 채 되지 않는다. (만약 식수의 양이 적게 느껴진다면, 이것이 절대적으로 필요하다는 점을 염두에 둘 필요가 있다. 식수는 유예될 수 없고, 더욱이 최고의 순도를 유지해야 한다.)

고도 산업 국가들 외부의 국가들에서 산업에는 연간 1인당 약 20세제곱미터의 물이 요구된다. 현재까지, 공급되는 물의 가장 큰 몫은 농업이다. 하루당 2,500칼로리의 식사를 유지하려면 연간 300세제곱미터의 물이 필요하다. 부유한 국가들에서는 일일 식사 열량이 보통 3,000칼로리가 넘고, 농업용수의 필요량은 연간 400세제곱미터가 넘는다. 실제로, 대부분의 농업 수요를 직접 강수가 공급하므로 그것은 물 경제의 외부에 존재한다. 모든 농사가 전적으로 관개에 의존하는 경우에도 가정, 산업, 농업에서의 필요를 포함한 물 수요량의 총량은 연간 1일당 350~450세제곱미터에 불과할 것이다. 평균 소비율을 기준으로, 연간 9,000세제곱킬로미터(9억 세제곱미터)의 국제 물 공급량은 세계 인구 200~250억 명을 뒷받침해줄 것이다.

이러한 분석은 물이 전 세계에 걸쳐 인구수와 동일한 방식으로 퍼져 있음을 암묵적으로 가정한다는 결점이 있다. 실제 분포도는 꽤나 다르다. 말라가시공화국 서남부에 사는 시골 주민들은 1인당 연간 2세제곱미터 이하의 물로 연명하는데, 이는 생물학적 최소 필요량보다 적다. 그들은 이처럼 질 낮은 주변부 물을 공급하는 데 1세제곱미터당 20달러를 지불한다. 이와 대조적으로, 미국과 그 밖의 선진국들에서 도시민은 1인당 연간 180세제곱미터의 물을 소비하고 있고, 그들이 지불하는 돈은 1세제곱미터당 0.1~0.25달러에 불과하다. 이런 불평등을 바로잡는 것이 경제 발전의 목적 중 하나다.

담수의 최대 수요처인 농업도 공급 변동에 가장 민감하다. 전 세계 경작지 85퍼센트 이상이 강우에만 의존한다. 이런 천수답(天水畓) 곡물은 기본적으로 얻는 데 비용이 들지 않는 엄청난 양의 물 공급을 통해 득을 본다. 그러지 않았다면 그토록 많은 물이 인간에게 별다른 도움을 주지 못했을 것이다. 1970년, 천수답 농업은 1만 1,500세제곱킬로미터의 물을 소비했는데, 같은 해에 전 세계 경작지 12퍼센트에 해당하는 관개농업에 투입된 물은 2,600세제곱킬로미터다.

필요한 물의 양을 고려하면, 관개는 그것이 바람직한 경우에도 전 세계 농지로 확대될 수 없음이 분명하다. 그렇지만 경제적 유용성이 있는 곳에서는 관개로 최소한 네 가지 이득을 볼 수 있다. 관개는 경작 지역의 절대적 증가를 가져다준다. 특히, 관개가 없으면 전혀 농사를 지을 수 없는 건조한 지역에서 그러하다.

관개는 곡물의 수확량(즉 파종된 헥타르당 얻는 곡물의 양)을 증가시킬 수도 있다. 관개가 농업의 효율을 증대시키기 위한 다른 실천적 방법, 즉 개량된 곡물 종자 심기, 비료와 살충제 살포 등과 결합될 때, 수확량은 서너 배 증가할 수 있다.

관개가 식량 총생산량을 증가시킬 수 있는 세 번째 방식은 주어진 면적의 땅에서 해마다 하나 이상의 곡물을 재배하게 만드는 것이다. 그런 다작 곡물의 생장은 식량 공급에서 경작지 증가와 동일한 효과를 지닌다. 실제로, 수확된 농지를 측정할 때 다작 곡물의 효과는 두 가지 곡물을 산출하는 농지의 면적을 두 배로, 세 가지 곡물을 산출하는 농지의 면적을 세 배로 계산하는 방식으로 얻는다. 이런 절차는 경작 강도, 즉 전체 경작지 면적 중에서 수확된 면적의 비율을 간단하게 측정하게 해준다. 농지의 일부가 해마다 한 번 이상 수확될 수 있기 때문에 비율은 1을 초과할 수 있다. 천수답 농업에서 전 세계 경작 강도는 현재 0.71이고, 이 값은 이번 세기 말에는 0.76에 도달할 것으로 기대된다. 관개하에서 경작 강도는 현재 1.11이고, 2000년에는 1.29로 증가할 것으로 예상된다. 경작지가 귀하고 오랜 전통의 집약농업이 주가 되는 방글라데시, 중국, 이집트 세 국가에서 경작 강도는 이미 1.5를 넘어섰다. 이번 세기 말에 관개 농지는 경작지의 13퍼센트만을 차지하지만, 경작 강도의 차이 덕분에 그 수치는 수확 면적의 22퍼센트에 해당하게 될 것이다.

관개를 통한 네 번째 이익은 농부를 위한 강화된 안전이다. 계절에 따른 강수를 높은 신뢰도로 예측하기는 힘들고, 따라서 천수답 농업에서는 곡물을 심은 후 산출을 위한 충분한 습기가 제공되지 않을 위험이 항상 존재한다. 커다란 면적에 걸친 흉년은 기아를 초래하고, 설령 고립된 면적일지라도 농부에게는 경제적 재앙이 된다. 댐 후면이나 지하 대수층에 물을 가두어놓은 거대한 물 저장고를 동반하는 관개 시스템은 그런 위험을 대부분 제거해준다. 강수량이 부족한 해에도 생산량을 감소시킬 필요가 없는데, 저장고가 몇 년 또는 여러 해 동안 물을 저장할 수 있기 때문이다. 적절한 물 공급이 보장되는 것을 알면, 농부는 고산출 변종(가뭄에 저항력이 떨어지는 경향을 보이는)을 심으려는 경향이 강해질 것이다. 그리고 비료, 살충제, 농기계에도 적극 투자할 것이다.

관개농업의 대성공 사례는 주로 아시아에서 나타난다. 실제로, 세계 관개 용량의 63퍼센트가 남아시아에 있다. 이 지역 대부분에서 쌀과 밀의 산출량은 두 배로 증가했고, 경작 강도도 거의 두 배로 증가했는데, 그 평균값이 1.3에 달한다. 그 결과, 총생산량은 거의 네 배 증가했다. 세계에서 가장 효율적인 농업 시스템은 아시아에 있는데, 거의 전적으로 관개에 의존한다. 그것이 바로 일본의 쌀 재배 시스템으로, 그곳에서는 땅 0.045헥타르면 날마다 일인당 2,500칼로리를 제공하기에 충분하다. 미국에서 동일한 식단을 제공하기 위해서는 두 배의 농지가 필요하다. 인도의 농업 시스템에서는 거의 일곱 배나 많은 땅이 요구된다.

세계의 다른 지역에서의 관개 사업은 식량 총생산량을 끌어올리는 데 대단히 비효과적이다. 아프리카, 남아메리카, 중동 지방에서 관개 농지의 경작 강도는 0.77~1.07에 이르는데, 천수답 농업으로 이룰 수 있는 산출량과 비교하면 확연히 드러나는 증가세를 거의 찾아볼 수 없다. 아프리카는 수자원을 통제하기 위한 야심 찬 계획을 실행에 옮겨왔지만 아직 농업에 대한 효과(나일강 제외)가 실망스럽다는 점에서 특별히 교훈적이다.

남아시아 관개농업의 어떤 특징을 나머지 개발도상국의 특징과 구분할 수 있을까? 단일한 요소가 모든 차이를 설명할 가능성은 없어 보이지만, 개별 농부를 둘러싼 경제 환경을 조사함으로써 설득력 있는 분석이 시작될 듯하다. 인구 밀도가 높은 남아시아 대부분의 지역에서 경작지는 귀하고 비싸다. 생산량을 늘릴 길을 찾는 농부는 더 많은 땅을 확보하는 방법을 택할 수 없다. 따라서 그는 더 많은 수확이나 높아진 경작 강도를 보장해주는 방법을 채택하려는 강력한 동기를 갖는다. 아프리카와 라틴 아메리카에서는 경작지가 부족한 경우가 드물어서 자본을 추가할 방법을 찾는 성공한 농부들은 개량된 농업 기술보다는 더 많은 농토가 투자 안전을 보장하는 길이라는 결론에 도달할 것이다. 향후 몇십 년 안에 이런 상황이 변할 것으로 예상된다는 점은 주목할 만하다. 인구가 증가함에 따라 경작지의 더 많은 부분에서 재배가 이루어질 것이고, 따라서 경제적으로 집약농업이 더 매력적이 될 것이다.

지난 20년 동안 수행된 관개 사업의 균일하지 않은 결과를 통해 농업 수자원 개발에는 댐을 건설하고 물을 경작지로 보내는 것 이상이 필요하다는 사실을 비교적 분명하게 알 수 있다. 실제로, 농부의 요구와 실천을 고려하지 않거나 토지의 수문학에 대한 이해가 없다면 관개는 때때로 이익이 아니라 손해가 될 수 있다. 토양의 침수가 그 한 가지 예다. 많은 양의 물을 오랜 기간 배수가 취약한 평야에 공급한 결과 토양 침수가 나타난다. 물은 배수될 수 없기 때문에 토양을 침투하여 지하수면의 수위를 높인다. 지하수가 표면에 도달할 때 토양은 침수당하고 농사에 부적합해진다. 표면에 있는 물이 증발되면 뒤에는 염분 잔여물이 남고, 그로 인해 토지의 비옥함은 사라진다. 파키스탄에 있는 인더스 강의 범람원에는 200만 헥타르의 관개 농토가 있는데, 이런 과정을 거치면서 쓸모없는 땅으로 변하고 있다.

파키스탄에서 토양의 배수를 개량함으로써, 그리고 관개를 위해서 강물을 끌어들이는 것이 아니라 지하수를 직접 퍼 올림으로써 침수와 염분 형성이라는 재앙을 피할 수 있을지 모른다. 현재 이미 광범위한 지역이 피해를 입었으며, 치료는 즉각적이지만 비싸고 시간도 많이 소요된다. 지하수면을 더 낮추기 위해서 물은 반드시 넓은 지역의 지하수에서 퍼 올려야 한다. 그리고 추출된 물 일부는 염분이 제거되도록 피해를 입은 토지에 반복해서 투입해야 한다.

관개의 또 다른 위험은 수인성(水因性) 질병과 기생 생물의 부주의한 전파다. 이런 질병 중에서 가장 악명이 높은 것은 주혈흡충증이다. 이 질병의 특징은 주혈흡충(schistosome)의* 체내 침입으로 서서히 몸이 쇠약해지는 것이다. 주혈흡충은 생애주기 대부분을 수생 달팽이의 기생충으로 보낸다.

*인체의 혈관 내에 기생하는 흡충류.

수생 달팽이는 연중 공급되는 안전한 물에서만 번창한다. 다 자란 주혈흡충은 물속에 들어온 사람을 감염시키고, 그 알은 인간의 배설물을 통해 다시 물로 되돌아간다. 주혈흡충증은 인공적 질병이라고 불리는데, 대중적 물 작업과 자주 연동되는 질병이기 때문이다. 그런 식의 책임 전가에 과장된 측면이 없진 않지만 최근 아프리카, 아시아, 남아메리카에서의 질병 확산은 실제로 거대 관개 사업의 완성과 관련이 있다.

주혈흡충증의 치솟는 발병률은 특별히 이집트와 수단에 잘 기록되어 있다. 이 질병은 나일 강가의 지역 사회에서 몇천 년 동안 만연해 있었다(주혈흡충 알들이 기원전 2,800년 전으로 거슬러 올라가는 미라에서 발견된 적도 있다). 계절적 홍수를 통해 토지에 관개를 하던 동안에는 이 질병의 발병률이 낮았다. 그러나 최근 영속적 관개로 전환되면서 이전에 비해 훨씬 높은 감염률을 보이기 시작했다. 현재 일부 지역에서는 절반 이상이 감염된 상태이고, 이집트에서 다섯 명 중 한 명은 주혈흡충증 때문에 사망한다.

개발도상국 농촌 지역의 환경 대부분은 주혈흡충증 치료를 매우 어렵게 한다. 달팽이 군집을 통제하는 데 기초한 예방책은 마찬가지로 실망스런 결과를 내놓았다. 수단에서는 청나일 강을 따라 주혈흡충증과의 전투를 위한 10년 계획이 최근에 시작되었다. 그 계획은 위생과 지표수의 통제를 강조한다. 결국, 풍토병인 주혈흡충증을 위한 가장 효과적 치료책은 삶의 기준을 향상시키는 일일 것이다. 물론, 그것이 바로 정확히 관개를 통해 얻고자 하는 것이다.

개발도상국에서, 농업은 종종 이용 가능한 거의 모든 물을 요청한다. 예를 들면 인도와 멕시코에서 농업으로 가는 비중은 전체 90퍼센트 이상을 차지한다. 반면에, 미국에서는 산업과 농업이 엇비슷한 수요를 창출한다. 실제로 더욱 면밀한 분석이 이루어진다면, 같은 부피의 물이 산업과 농업에서 반복적으로 이용되며, 바다로 방류되기 전에 항해와 수력 발전의 생산 등 그 밖의 목적에도 이용된다는 사실을 알게 될 것이다.

개발도상국에서 물에 대한 산업 수요는 일반적으로 1일당 연간 20~40세제곱미터로, 가정용 소비의 부피와 비교 가능하다. 미국에서 산업 수요는 대략 그보다 100배가 큰 1일당 연간 2,300세제곱미터다. 소수의 산업에 모든 수요의 3분의 2가 할당되는데 금속, 화학, 원유 정제, 펄프와 제지 제조, 식품 가공 등이다.

사용된 대부분의 물이 통상적 의미에서 '소비된' 것은 아니다. 산업 수요의

60~80퍼센트는 냉각수로서 주로 전력 생산에 이용된다. 냉각에 사용된 거의 대부분의 물은 온도 상승을 제외하곤 변한 게 없이 다시 강물로 되돌아온다. 그런 경우조차, 이 물의 수요가 물수지에서 제거되지 않았다는 점을 인식할 필요가 있다. 만약 발전소가 댐 하류에 건설되었다면 그 발전소의 냉각 필요성을 만족시키기에 충분한 물을 공급하기 위해 저수지에서 계속 물을 방류해야 하고, 따라서 상류에서 물을 더 많이 사용할 기회를 잃고 말 것이다.

종종 산업수는 오염 물질과 함께 강물로 되돌아오곤 한다. 그런 경우, 총수요에는 실제로 취수된 물만이 아니라 오염 물질을 희석시켜 수용 가능한 수준으로 만들기에 충분한 강물의 양도 함께 포함되어야 한다. 동일한 계산이 가정용 소비를 위한 물에도 적용되어야 한다. 가정용으로 소비되는 물도 폐기물과 함께 강물로 되돌아올 수 있기 때문이다. 호수나 강의 오염 부하는 통상적으로 폐기물의 생물학적 분해 시 소모되는 용존 산소로 측정된다. 분해 과정이 연속적 과정이 되어야 한다면, 용존 산소의 농도가 호기성 생물 형태를 뒷받침하는 데 필요한 수준 밑으로 떨어지는 것을 허용해서는 안 된다. 독성 오염 물질은 특별하게 다룰 필요가 있다. 오염 물질로 인해 물을 더는 다른 용도로 쓰는 것이 부적합해지기 때문이다.

전력 생산은 자원을 파괴하지 않는다는 점에서 특이한 물 이용이다. 물론, 물은 전력 생산을 위해 저수지에서 배출되어야 하고, 따라서 수력 발전은 공급을 통해 형성된 수요로 계산되어야 한다. 그렇지만 통상적으로 물은 하류에 있는 산업체와 지역 사회의 필요성에 기여하기 위해 방류됐어야 했을 것이다.

만약 물이 방류되었다면 떨어지는 물은 터빈에서는 유용했을 자신의 위치 에너지를 포기했어야 할 것이다. 우연히도 수력 발전의 경제학은 너무나 매력적이어서 거의 모든 최상의 후보지에서는 이미 개발이 완료되었다. 추출된 에너지가 건설 자본 비용을 회수해줄지 불분명해서 의구심을 품게 하는 후보지들도 있다. 용량이 작은 후보지들은 화석 연료의 가격이 계속 오르면 여타 에너지원에 대한 경쟁력을 갖게 될 것이다.

내륙 수로의 항해는 수자원에 대한 막대한 수요를 만들어내지만 자원을 파괴하지 않는 이용이다. 항해가 가능하게 만들기 위해 댐 후면에 높은 수면을 유지하는 것은 저수지의 표면적을 확대하고, 따라서 증발을 통한 물의 손실을 증가시킨다. 댐 하류에서 강의 항해성을 유지하려면 대체로 많은 양의 물을 방류할 필요가 있다. 수위 변화용 수문이 장착된 통제된 수로는 이런 수요를 어느 정도 줄일 수 있지만 수문 자체가 작동할 때 물을 필요로 한다.

물 관리 종합 계획에서 어업 등 물의 또 다른 이용을 무시할 수는 없다. 야생 생물을 위해 늪과 습지대를 보존한다는 것은 곧 수자원에 대한 커다란 수요를 의미한다. 증발률과 식물을 통한 발산율이 그런 환경에서는 예외적으로 높기 때문이다. 일부 환경에서 물은 극적이고, 장식적이고, 여가적인 가치를 지닐 수도 있다. 물에 대한 이런 수요들 중 일부는 서로 배치되지 않고, 같은 물을 여러 차례 재사용함으로써 충족될 수 있다는 사실이 계획과 할당 임무를 복잡하게 만든다. 다중적 또는 연속적 이용을 위한 모든 기회를 활용함으로써 물 공급은 효과적으로 확대될 수 있다.

3-1

물 공급을 조절하는 주요 방법, 즉 강에 댐을 건설하는 것은 여러 가지 필요성을 한꺼번에 만족시킨다는 중요한 이점이 있다. 홍수를 통제함으로써, 댐은 주요한 강 계곡의 범람원에 있는 세계의 가장 비옥한 토지 일부를 안전한 거주가 가능한 곳으로 만들 수 있다. 바다로 곧바로 내달렸을 홍수로 인한 물을 붙잡아둠으로써, 댐은 존재하는 기존 저수지에 단순히 물을 가둬놓는 다른 기술과는 달리 인간이 이용 가능한 총체적 물 공급을 실제로 증가시킨다. 몬순에 영향을 받는 지역에서는 1년 강우량의 거의 모두가 몇 주 안에 채워지는데, 그런 곳에서는 물 관리가 필수다. 즉 홍수는 반드시 가둬놓아야 하고, 1년이라는 일련의 과정을 두고 분배를 계산해야 한다. 수위를 올림으로써 댐도 중력차 관개 시스템에 대한 물의 배송에 도움을 준다. 물론, 그 물은 수력발전을 위한 잠재력도 보유한다.

중국은 20세기에 세운 탁월한 댐 시스템을 보유한다. 중국에서는 7만 개의 댐과 저수지가 지난 30년 동안 완성되었다. 주로 작은 댐들이지만 집합적 저장 용량은 300세제곱킬로미터가 넘는다. 만약 현재의 속도로 건설이 계속되면 다가오는 10년 동안 5만 개의 저수지가 만들어질 것이다. 또한 저장 용량은 150세제곱킬로미터가 더 추가될 것이다. 중국은 건설 비용을 줄이려고 소형 댐을 건설해왔다. 적용된 기술은 단순하다. 그래서 거의 모든 작업이 지역 차원에서 이루어질 수 있었다.

대형 댐의 건설 비용은 가파르게 증가한다. 대형 댐으로 형성된 저수지의 저장 용량 1세제곱킬로미터당 자본 지출액은 현재 1억 2,000만 달러에 달할 것으로 추정된다. 1세제곱킬로미터의 물로 평균 8만 5,000헥타르의 수확 면적을 관개할 수 있을 것이다. 이 가격에서조차, 대형 댐과 관련된 관개 시스템이 선택과 관련된 기술이 되는 경우가 일부 있다. 관개 사업의 경제적 편익을 추산하는 데 있어서, 해당 지역의 농업 생산에 대한 부가가치가 투자를 벌충해줄지에 대한 답변이 이뤄져야 한다. 오늘날, 그 밖의 원천에서 기원한 일부 물을 통해 적은 초기 비용으로 동일한 부가가치를 제공할 바람직한 가능성이 존재한다.

댐 건설에 있어서 저수지에 쌓이는 진흙 문제는 또 다른 경제적·기술적 쟁점이 된다. 진흙은 강바닥 토양에서 강물에 의해 교란된 후 강물이 이동하는 동안 부유 상태로 남아 있다가 인공 호수의 고인 물에 다다르면 바닥으로 가라앉는다. 만약 누적된 침전물이 제거되지 않는다면, 그리고 침전물을 그대로 방치한다면 결국 저수지 전체가 진흙으로 가득 차버릴 것이다. 강물 속에서 부유하는 진흙의 양에 따라서 채워지는 시간은 몇 주 혹은 몇 세기가 될 것이다.

진흙 문제에 대한 해답에는 비용이 요구된다. 저수지를 확대하기 위해 댐의 높이를 높이고 퇴적물을 배출하거나 상류에 보조 댐을 건설해서 미리 진흙을 걸러낼 수도 있다. 장기적으로 볼 때 가장 효과적인 해법은 강바닥의 토양을 보존하는 방법이다. 이런 수단들 중 어떤 것이라도 선택한다면 그 사업 비용 또한 관개 사업 비용에 포함되어야 한다. 진흙 문제가 통제되지 않는다면 저수지는 고갈될 수 있고 한정한 기간 내에 대체가 필요한 한정된 자원이라는 사실을 명심할 필요가 있다. 따라서 댐의 가치는 그 기간을 두고 감가상각을 산정해야 한다.

이렇게 비용이 발생하는데도 주요한 강 계곡은 6,000년 동안 그랬던 것처럼 인류 문명의 최우선 관심으로 남을 게 분명하다. 강 계곡은 관개농업에 필요한 땅과 수자원 모두를 제공해준다. 더욱이, 강들은 소비와 운송 모두를 위해서 풍부한 물을 제공하기 때문에 주요 산업 발전을 위한 최적의 장소가 된다. 도시들은 같은 이유로 강의 제방 위에서 성장해왔다.

세계 주요 강들은 개발 수준에서 폭넓은 차이를 보인다. 유수량이 가장 큰 두 강은 아마존 강(5,600세제곱킬로미터)과 콩고 강(1,250세제곱킬로미터)이다. 이 두 강에 대한 개발은 거의 이루어지지 않았는데, 두 강이 우호적이지 않은 열대우림으로 흘러 들어가기 때문이다. 캐나다에 있는 맥킨지 강과 소련에 있는 오브 강과 예니세이 강처럼 북극해로 방류되는 큰 강들도 사실상 거의 이용되지 않는다. 반대편 극단에 나일 강이 있다. 나일 강의 자연 수량은 연간 90세제곱킬로미터에 불과한데, 완벽한 개발이 이루어졌다. 아스완 하이댐 배후 저수지에 물이 채워진 1970년 중반 이래로, 나일 강은 전체가 바다로 흐르는 것을 멈췄다. 그 물은 500만 헥타르에 달하는 세계에서 가장 큰 관개 지역에 제공된다. 아프리카의 또 다른 곳에 있는 볼타 강과 잠베지 강에도 거대한 저수지를 창출하기 위해 댐이 건설되었다. 실제로 잠베지 강에 있는 카리바 호는 세계에서 가장 큰 인공 저수지다. 이런 강들과 접한 국가들의 위원회가 니제르 강과 세나갈 강 유역과 차드 호로 흘러드는 여러 강들의 관리를 계획 중이다.

아시아는 댐으로 조절되는 유수량이 가장 많은 대륙이다. 그 양은 연간 560세제곱킬로미터에 달하고, 그 대부분이 관개에 이용된다. 양쯔 강, 메콩 강, 이라와디 강, 브라마푸트라 강, 갠지스 강, 인더스 강 등 남부 아시아와 남동부 아시아에 있는 모든 큰 강들은 일정하게 개발되었지만 아직도 개발되지 않은 부분이 많다.

유럽과 미국에서 몇몇 강들은 큰 규모의 관개 사업을 뒷받침한다. 그중 가장 유명한 것으로는 콜로라도 강과 티서 강을 들 수 있다. 티서 강은 다뉴브 강의 지류로, 그곳에서 19세기 중반에 개발이 시작되었고 대략 2,050년이면 완벽한 통제가 이루어질 것으로 예상된다. 그 밖에도 다수의 강에서 광범위한 홍수 통제 및 전력 사업을 위해 댐을 건설해왔다. 그 예로 컬럼비아 강과 테네시 강을 들 수 있다. 하지만 대부분의 경우 이와 다른 패턴의 강 유역 개발이 우세하게 이루어졌는데 산업, 항해, 폐기물 처분 등이 강조되었다. 라인 강, 루르 강, 미시시피 강 등 유럽과 미국에 있는 많은 강들은 주로 상업 통로로 기능한다.

댐을 이용한 자연 하천과 개울의 통제는 몇십 년 동안 물 관리의 지배적 방법으로 남겠지만 다른 공급의 원천들도 고려할 가치가 있다. 이러한 원천들 가운데 가장 중요한 것은 지하수다. 지하수는 극지방을 빼면 세계의 담수 저장고의 핵심을 이룬다. 대체로 증발량이 강우량을 초과하는 건조한 국가에서 지하수는 유일하게 안정화된 자생적 공급원이다. 그렇지만 지표수를 이용할 수 있는 경우조차, 지하수를 퍼 올리는 편이 가격이 싸고 바람직할 수도 있다.

리비아 사막의 사리르 사업에서는 사막 토지 1만 5,000헥타르를 관개하기 위해 자연 지하 저수지를 개발했다. 이 사업에서는 길고 회전하는 스프링클러의 팔을 통해 원형의 밭에 물을 공급하는 중앙 회전식 관개라는 기술로 곡물에 물을 전달한다. 이때 중심부에 자리한 물에 잠기는 펌프를 통해 스프링클러의 팔에 물이 공급된다. 1976년에는 4,000헥타르의 시범 지대에서 곡물 1만 2,000톤이 생산되었는데, 대수층에서 퍼 올린 물 4,000만 세제곱미터가 여기에 공급되었다.

사리르 프로그램은 고비용에 고기술 사업이지만 비용이 들지 않는 몇몇 경우는 지하수 개발의 매력을 잘 보여준다. 큰 댐을 건설해서 1세제곱킬로미터의 물을 얻으려면 1조 2,000달러가 들지만, 같은 양의 물을 지하 저수지에서 추출해내는 데 필요한 자본 비용은 3,000~5,000만 달러에 불과하다. 방글라데시는 높은 지하수면과 부드러운 퇴적토 때문에 지하수 개발을 선호한다. 단순한 우물이나 관정을 통해서 저장된 지하수를 이용하는데, 우물을 팔 때마다 비용이 들기는 한다. 세 명의 일꾼만 있으면 세 시간 만에 우물을 파고 손 펌프를 조립해낼 수 있다. 방글라데시에는 현재 그런 우물이 45만 개 있는데, 그런 우물은 70퍼센트나 되는 농촌 인구에 식수를 제공한다. 목표는 1985년까지 70만 개의 우물을 통해 전체 농촌 인구에 식수를 제공하는 것이다.

모든 물 사업 가운데 가장 야심 찬 것으로 북부 아시아에서 제일 큰 두 강인 오브 강과 예니세이 강의 물길을 돌리려는 사업을 들 수 있다. 그 강들은 현재 인적이 드문 영구 동토층을 몇천 킬로미터 가로질러 북극해로 배수된다. 물을 남서쪽으로 운반해 더 따뜻하고 잠재적으로 경작 가능한 영토를 가로지른 다음 아랄 해에 방류하도록 해주는 거대한 댐과 수로들의 시스템을 구축하려는 것이 사업 계획이다. 현재 캐나다 북극을 가로지르는 매켄지 강의 수로를 변경하려는 비슷한 계획이 제출되어 있다. 물 순환에 대한 이처럼 큰 규모의 개입이 북극 환경이나 지구 기후에 어떤 영향을 미칠 것인지는 아직 잘 알려져 있지 않다.

지속적인 물 부족이 경제 발전에 심각한 제한 요소로 작용하는 지역에서는 더욱 색다른 수단들을 고려해볼 수 있을 것이다. 구름 씨앗 뿌리기나 그 밖의 기후 통제 기법을 통해 강우의 분배 변화를 모색해볼 수도 있다. 저수지에서의 증발 손실은 건조한 기후에서 수자원 고갈의 주원인이 되는데, 수면 위에 기름이나 특정한 물질을 뿌려서 이를 감소시킬 수도 있다. 하수는 재생될 수 있고, 지하 저수지는 처리된 하수의 공급을 포함한 표면 공급을 통해 재충전될 수 있다. 비록 값이 비싸고, 연료 가격이 올라갈수록 더 비싸질 가능성은 높지만 바닷물의 탈염분화는 확립된 기술이다. 초대형 유조선으로 물을 실어 나르는 것은 심각하게 고려할 가치가 있는 아이디어다. 사우디아라비아는 북극이나 남극의 바다에서 페르시아 만으로 빙산들을 연결해서 끌고 올 가능성을 실험하기도 했다.

이런 계획들 중 소수는 부분적으로 미래를 보장받지만, 엄청난 부자 나라가 아니면 채택하기가 쉽지 않아 보인다. 부자 나라들에서도 이 계획들은 부차적 수준에 그칠 공산이 크다. 예를 들면 지난 10년 동안 사우디아라비아는 연간 1억 5,000만 세제곱미터의 바닷물을 탈염분화할 수 있는 공장을 건설했다. 그런데 같은 기간에 그 나라의 물 수요는 9억 세제곱미터나 증가했다.

이번 세기 말에 이르면, 30개국 정도에서 지속 가능한 공급의 최대치를 초과하는 물 수요량이 발생할 것으로 예측된다. 당분간 축적된 저장수(지하수 등)를 고갈시키는 방식으로 수요가 충족될 것이다. 그러나 천연자원의 초과 인출은 무한정 계속될 수 없다. 따라서 공급은 물론 수요를 관리할 필요가 있고, 따라서 이용 가능한 물은 그것이 가장 필요한 사람들에게, 그리고 가장 큰 경제적 이익을 약속하는 이용에 배당될 수 있어야 한다.

이런 관점에서 볼 때 이스라엘의 경험은 교훈을 준다. 이스라엘은 이미 자연 수자원의 95퍼센트를 이용 중이고, 공급을 늘리기 위해 비상한 수단을 채택하기 시작했다. 탈염분화와 대수층의 인공적 재충전이 이에 포함된다. 하수의 재생은 물수지에 중요한 기여를 했는데, 산업용·가정용 하수의 20퍼센트를 재생해서 주로 관개에 이용한다. 추가적 공급 증가가 확실히 가능하다 해도 얻을 수 있는 물에 대한 비용이 그로부터 파생되는 경제적 이익보다 크다면 고민할 필요가 있다. 물 이용의 효율성을 높이기 위해 소비를 통제함으로써 더 나은 결과를 얻을 수도 있다. 그런 정책 덕분에 공급된 물 단위당 수확된 곡물의 가치는 매년 7퍼센트씩 증가한다. 산업에서 100달러어치 철 생산량을 위해 소비된 물의 양은 1962년 20세제곱미터에서 1975년 7.8세제곱미터로 떨어졌다(이 양은 인플레이션을 반영해 조정된 것으로 1975년을 기준으로 한

항구적 달러로 표현된다).

카나리아 제도의 물 소비는 이미 모든 재생 가능한 공급을 크게 초과했으며, 지하수를 파서 벌충하는 것이 결핍에 대한 해결책이다. 카나리아 제도의 경제는 토마토와 바나나를 대상으로 한 관개 경작과 성장하는 관광 산업을 기반으로 한다. 그렇지만 최근 들어 물이 가장 중요한 시장 상품이 되었는데 많은 양의 물이 사적 소유가 되어 있다. 물 판매는 연간 2억 달러에 달하는데, 이는 농업 생산의 가치와 맞먹는다. 하지만 투자 수익률은 물의 경우에는 50퍼센트인 반면 농업은 정부가 보조금을 지불해도 1.5퍼센트에 불과하다. 현재의 배출 속도라면 이용 가능한 모든 물이 20년 안에 고갈될 것이다. 농업이 카나리아 제도에서 살아남으려면 물 정책의 획기적 변화가 있어야 한다. 아마도 가장 중요한 변화는 물이 덜 필요하고 화폐 가치가 높은 작물을 재배하는 것이리라.

만성적 물 부족은 미래의 캘리포니아 주 모습이기도 하다. 이 주에서 연간 41.3세제곱킬로미터에 달하는 현재 소비량은 재생 가능한 공급의 약 12퍼센트를 초과한다. 캘리포니아 주가 더는 경제 성장을 하지 않는다고 해도, 수요는 계속 증가해서 2000년이면 43.8세제곱킬로미터에 달할 것이다. 이용되지 않은 채 남아 있는 실제적 공급원들이 있다 해도 이를 개발하기 위한 모든 프로그램에는 약 20년의 리드 타임이 필요하다. 경제적 기준만을 고려할 때 캘리포니아 주에서 물 이용을 위한 최고 전략은 관개농업에서 산업으로 전환하는 것이다. 관개농업의 경우 부가가치가 물 1세제곱킬로미터당 7,500만 달러지만 산업의 경우 부가가치가 같은 양의 물당 50억 달러이기 때문이다.

수자원 개발에 대한 투자가 국민총생산의 1~2퍼센트를 초과하는 예는 드물다. 대부분의 나라에서 경제의 다른 곳에서 어려움을 발생시키지 않고서는 1~2퍼센트 수준을 상회할 수 없다. 자본은 물보다 공급 기간이 짧은 자원이고, 그 보존을 위해서도 동일한 전략이 수립되어야 한다. 물이 가장 큰 경제적 수익을 제공해주는 이용에 할당되는 것처럼, 물 기술에 대한 투자는 물의 양이나 질을 가장 크게 개선할 수 있는 곳을 대상으로 삼아야 한다.

농업에서 기존 관개 시설의 회복은 새로운 땅에 관개를 확장하는 것보다 투자 대비 더 많은 이익을 약속한다. 개발도상국에서 저수지와 분배 수로의 혁신에는 헥타르당 680달러가 들고, 추가로 배수로 개량과 토양의 염분 균형 개선에 헥타르당 240달러가 들 것으로 추산된다. 유엔 식량농업기구는 다가오는 몇십 년 동안 그러한 회복에 높은 우선권을 부여할 것이다. 배수 시스템을 포함해 같은 종류의 새로운 관개 시설을 건설하는 데는 헥타르 당 비용이 3,800달러 들 것이다. 고기술 대형 댐에 기초한 관개에 드는 비용은 8,000달러에 이를 것이다.

많은 개발도상국에서, 특히 농촌 지역에서 가장 긴급한 요구는 안전한 식수와 하수 처리 시설에 대한 것이다. 1990년에 이르면 10억 명 이상의 사람들이 질(質)이 허용 가능한 수준의 식수에 제대로 접근할 수 없을 것이다. 요구되는 양은 농업의 수요에 비해 크지 않지만 1인당 분배 비용은 매우 클 수 있다. 이런 필요성을 충족시키기 위한 야심 찬 계획이 1976년 밴쿠버에서 열린 해비타트(HABITAT) 컨퍼런스에서 공식화되었다. 그리고 그다음 해에 아르헨티나 마르델플라타에서 열린 세계 물 회의에서 승인을 받았다. 이는 1990년까지 세계의 모든 곳에서 지역 사회에 적절한 물 공급을 보장하기 위해 저수탑, 화장실, 하수도, 여타 시설 등을 건설하려는 계획이다. 목표는 모범적이었지만 달성될 것 같지는 않다. 비용이 2,000억 달러에 달할 텐데, 도시 지역에서의 투자 비율을 두 배로 늘리고, 농촌 지역에서의 투자 비율을 네 배로 올려야만 지불이 가능해지기 때문이다. 덜 정교한 기술과 지역 주민들의 더 활발한 참여를 요청하는 현실적인 계획은 300억 달러의 비용으로 상당한 정도의 수질 개선을 이뤄낼 것으로 나타났다.

추산된 국제적 물 수요는 다가오는 몇 년 동안 잠재적으로 이용 가능한 총량에 훨씬 못 미치는 상태로 남겠지만, 국제적 잉여가 존재한다는 사실이 만성적 물 부족에 직면한 국가와 지역에 위로가 될 순 없다. 그런 지역들을 위해서는 오직 두 가지 전략만이 이용 가능하다. 물 순환을 통제하기 위해 댐과 그 밖의 수단들에 투자함으로써 공급을 늘리는 것, 그리고 수요를 관리해서 이용 가능한 물이 가장 긴급히 필요할 때 제공되어 최적의 효율성 속에서 이용되도록 하는 것이다. 두 가지 접근 모두 필요하겠지만 증가하는 투자 자본의 비용을 고려할 때, 특히 개발도상국의 경우에는 후자가 더 매력적인 것이 되고 있다.

3-2 오갈라라 대수층 구하기

제인 브랙스턴 리틀

초여름, 미국의 고원 위 곡물들은 지평선 저 멀리까지 펼쳐져 있고, 옥수수, 수수, 콩, 밀, 면화 등의 녹색 들판이 꼬리를 물고 있다. 푸른 바탕에 보라색 줄무늬가 나 있는 광대한 하늘을 배경으로, 이 광활한 800마일의 농업 공간은 영원할 것만 같다.

하지만 그럴 수 없다.

이 들판에 생명을 주는 광대한 지하 저수지, 오갈라라 대수층이 사라져간다. 일부 지역에서 지하수는 이미 사라졌다. 이곳은 미국의 곡창 지대로, 미국의 연간 농업 총수확량 가운데 최소한 5분의 1을 책임진다. 대수층이 마른다면 200억 달러 가치 이상의 식품과 섬유가 세계 시장에서 사라질 것이다. 과학자들은 자연적 과정으로 저수지가 다시 채워지는 데는 6,000년이 걸릴 것이라고 말한다.

오갈라라는 사우스다코타 주에서 텍사스 주까지 여덟 개 주의 지하에 자리잡은 물의 층에 대한 인간의 수요를 관리하는 법에 도전한다. 남은 층을 보존하기 위해 투쟁하는 땅 소유자들은 경제 성장과 줄어드는 천연자원의 줄다리기에 직면한 셈이다. 이곳에서 일어나는 일, 즉 문제와 해결은 지구 행성의 나머지를 위한 길잡이 양*이 되어줄 것이다.

다행스럽게도 고원 농부들은 한 세대 전만 해

*목에 방울을 달고 다른 양들을 이끄는 양.

도 이미 딜레마가 드러나 있다는 사실을 인식하지 못했다. 1950년대 초반, 로저 펑크(Rodger Funk)가 캔자스 주 가든 시 근처에서 농업을 시작했을 때 모든 사람은 물이 마르지 않을 것으로 믿었다. 그는 말했다. "사람들은 우물을 팠어요. 당신은 원하는 만큼의 물을 언제든 퍼 올릴 수 있었어요."

그들은 그렇게 했다. 이제 81세가 된 펑크의 모든 것을 변화시킨 것은 1960년대 후반 가든시티커뮤니티대학에서 열린 공공 회의였다. 대수층의 물의 기원과 출처를 연구해왔던 주정부와 연방정부 지질학자들은 냉혹한 발견 결과를 발표했다. "그들은 그것이 지질학적 물이라고 말했어요. 사라지면 사라지고 만다는 것이죠." 펑크가 말한다. "집에 오면서 대단히 낙담했던 일이 기억나요."

오늘날 남부 캔자스 주에 있는 그의 지역 사회는 위치토에서 서쪽으로 180마일 떨어져 있는데, 고원 지역들 가운데서는 대수층의 하락으로 가장 큰 곤경에 처한 곳에 속한다. 지하수 수위가 150피트 이상 떨어지면서 많은 농부들은 자신의 우물을 포기하지 않을 수 없게 되었다. 남서부 캔자스 지하수관리국 책임자 마크 루드(Mark Rude)는 말한다. "원인은 분명합니다. 남용이죠."

자신들 발밑에 있는 액체 보물과 그 생산물에 열중하는 글로벌 시장을 고려한다면 그 지역에 흩어져 사는 농부들은 파우스트의 거래를 해왔다고 할 수 있다. 즉 단기간의 이익을 위해 장기간의 보존을 포기해왔다. 경제적 기회를 이용하기 위해 땅 소유자들은 유한한 자원을 교할하게 '채굴한다.'

세계에서 가장 큰 대수층을 지하에 남겨두지 않고 물을 이용하는 선택이 무책임한 것은 아니라고, 뉴햄프셔 주 콩코드에 있는 미국 지하수 트러스트(American Groundwater Trust) 책임자 앤드루 스톤(Andrew Stone)이 말한다. "사용하지 않은 채 차가운 저장소에 그대로 남겨둔다고 인류가 얻는 이익은 없어요." 미래 세대의 농부들과 그들의 생산물에 의존하는 사람들에게는 이익을 위한 대수층의 생명 연장이 과제가 된다.

하지만 가든 시에서는 환경의 심각성이 너무 커져서 농부들이 더는 행동을 미룰 수 없었다. 그들은 점점 더 적은 물에 의존하면서 성공적으로 농사일을 유지하는 방법을 찾느라 씨름했다. 지역 전체, 나아가 세계 전체의 물 이용자들이 반드시 이 쟁점에 직면할 수밖에 없다고 루드는 말한다. "물 이용자 공동체는 이 점을 계산에 넣어야만 합니다." 그가 덧붙인다. "우리는 이런저런 식으로 지속 가능성을 확보하겠지만 그것은 오갈라라 대수층 없이 경제를 지속하는 것을 의미할 수도 있습니다."

대수층 이용하기

수로학의 지도상에서 오갈라라는 어떤 사람들은 버섯 모양으로 묘사하고, 어떤 사람들은 남아메리카 대륙으로 묘사하는 로르샤흐 잉크 반점이다.* 몇백만 년 전 남부 로키 산맥이 여전히 용암을 토해낼 때, 강과 개울들은 산맥의 돌조각들을 동쪽으로 옮기던 통로를 잘라냈다. 마침내 침전물이 그 지역을 뒤덮었고, 고대의 통로를 채우면서 거대한 평원을 형성했다. 파묻힌

*단순히 잉크가 떨어져서 생긴 모양을 보고, 어떤 것을 연상하는지 묻는 테스트를 로르샤흐 잉크 반점 테스트라고 한다.

자갈을 투과하는 물은 대부분 사라진 강에서 왔고 그곳에서 최소한 300만 년 동안 밑에 있다가 천천히 자갈로 채워진 바닥을 투과했다. 자갈 바닥의 북쪽은 1,000피트보다 더 두꺼운 반면, 남서쪽은 몇 피트에 불과했다.

최근까지, 대부분의 지역에는 영구적 정착촌이 없었다. 계절에 맞춘 사냥을 위해 광활한 평원을 이용하던 미국 원주민 부족들은 텐트를 높이 세우기 위해서 강 계곡으로 물러났다.* 스페인 정복자 프란시스코 바스퀘즈 데 코로나도(Francisco Vazquez de Coronado)가 1541년에 황금도시 시볼라를 찾으려고 들어왔을 때, 그는 행군을 강행해 자신의 철갑 병사들을 고갈 직전까지 몰아붙였다. 미치기 직전에 갈증을 끊어줄 물이 자신들 장화 밑 지하 몇 야드에 존재한다는 사실은 까마득히 모르는 채였다. 이와 비슷하게 1860~1870년대의 방목은 엄청난 가뭄의 습격, 과도한 방목, 고기값의 폭락 등으로 붕괴되고 말았다. 그리고 농사를 지으려는 초기의 시도는, 1930년대의 먼지 폭풍에서 절정을 이루었던 토양 침식과 주기적 가뭄 때문에 곤경에 처했다.

*식수를 이용할 수 없었다는 뜻이다.

산업적 규모로 대수층 추출이 이뤄진 것은 2차 세계대전 이후였다. 디젤 펌프가 풍차를 대체하면서 성과물은 분당 몇 갤런에서 몇백 갤런으로 증가했다. 그다음 20년 동안, 고원은 갈색에서 녹색으로 변했다. 서부 텍사스에서만 관정의 수는 1937년의 1,166개에서 1971년에는 6만 6,000개 이상으로 폭증했다. 1977년, 미국에서 가장 가난하던 농업 지대는 가장 부유하고, 미국의 농업 수출 대부분을 재배하며, 곡물을 먹이는 소의 40퍼센트를 살찌우는 곳으로 변했다.

그러나 새로운 펌프 기술의 기적은 초원 아래에서 대가를 치렀다. 1980년, 전 지역에 걸쳐 평균 10피트 가까이 수위가 떨어졌다. 고원 중심부와 남부 지역들 중에는 하락이 100피트를 초과하는 지역도 있었다. 우려가 된 공무원들은 미국 지질조사국에 눈길을 보냈다. 이 기관은 1900년대 초반부터 대수층을 연구해오고 있었다. 주정부와 연방정부의 해당 부서와 함께, 지질조사국 관리들은 연간 수위 변화를 평가하기 위해 7,000개 이상의 우물들을 모니터링하기 시작했다.

그들은 다음과 같은 경고에 직면하게 되었다. 지하수는 해마다 하락해서 1949~1974년 다섯 배나 줄어들었다. 일부 지역에서, 농부들은 연간 4~6피트를 퍼서 썼지만 자연이 다시 채워놓은 것은 연간 0.5인치에 불과했다. 1975년의 초과 인출량은 콜로라도 강의 유수량과 맞먹었다. 오늘날 오갈라라 대수층은 연간 콜로라도 강 18개를 합친 것 같은 속도로 줄어든다. 강우와 강 시스템이 북부 대수층의 일부분을 재충전하지만 대부분의 지역에서 자연은 인간의 수요를 유지해줄 수 없다. "몇 군데는 괜찮을 수 있어요. 하지만 나머지 지역에서 우리는 끝을 볼 수 있어요." 캔자스 주의 수석 엔지니어로 1983~2007년 지하수 규제를 관리했던 데이비드 포프(David Pope)의 말이다.

지속 가능한 해결책들

다행스럽게도 펀크가 가든 시 모임에서 집으로 가져왔던 낙담스러운 자료들에 변화가 일고 있다. 다른 농부들은 줄어드는 수위에 관정을 추가하는 방식으로 대응했지만 펀크는 우물을 제거했다. "우리는 건조 지역을 받아들이기로 결정했어요." 오늘날 그는 자신의 농지 6,000헥타르에 물을 거의 퍼 올리지 않는다. 밭에는 주로 밀과 수수를 심었다. 이런 곡물들은 옥수수처럼 환금성이 뛰어나지는 않지만 펀크의 가족을 먹여 살리기엔 충분하다. 지하수 없이 농사를 짓기 위해 펀크는 방법을 변경했다. 수확 후에 밭에 쟁기질을 하는 대신 잔가지를 땅에 그대로 두고 여분의 땅에 새로운 곡물을 심었다. 이런 기술은 토양 침식을 줄일 뿐 아니라 증발을 감소시키고, 맨땅에서보다 몰아치는 눈을 더 많이 포획해낼 수 있다. 밭에 곡물 잔여물을 놔두면 연간 1인치를 상회하는 강수량과 똑같은 양의 습기 손실을 줄일 수 있다. 펀크는 캔자스 주 남서부에 떨어지는 18인치의 강우를 빠짐없이 포획하는 것을 목표로 삼았다. 그가 말한다. "해냈어요. 그것이 우리가 여기서 하고자 했던 바예요."

펀크가 한 일은 지하수 의존성에서 벗어나려는 작지만 꾸준한 운동의 일부다. 오갈라라의 하락에서 드러난 과학적 확실성은 그 지역 전체의 보존 활동에 대한 관심을 촉발했다. 연구자들은 가뭄에 강한 옥수수를 비롯해 물 소비가 크지 않은 곡물을 개발하고 있다. 그들의 목적은 옥수수 곡물에 필요한 물의 양을 최소한 10퍼센트 줄이는 것이라고 텍사스 A&T대학교의 연구과학자 웬웨이 주(Wenwei Xu)는 말한다. 미국 농무부가 추진하는 오갈라라 이니셔티

브는 농업, 그리고 그에 의존하는 농촌 지역들을 더욱 지속 가능하게 만들기 위해 설계된 연구들에 자금을 지원한다. 연간 의회 예산 360만 달러를 연구에 지원하며 그 범위는 관개 기법과 강우 관리, 가축 사육장 운영을 포함한다.

텍사스 주 애머릴로 근처에 있는 미국 농무부 연구소의 과학자들은 펀크와 농부들에게 저(低)경작 또는 무(無)경작 농법(곡물 잔여물이 썩도록 그대로 둔다)을 활용하도록 격려하는 자료를 쌓아놓고 있다고 연구소 책임자이자 농업 엔지니어인 놀런 클라크(Nolan Clark)는 말한다. 첨단 기술을 집에서 쓰게끔 가져오는 것을 목적으로 하는 프로젝트들도 있다. 엔지니어들은 연구 구상을 통해 목화를 관개하는 데 사용되는 중앙 회전 시스템의 팔에 16개의 무선 적외선 센서를 설치했다. 센서를 이용해 잎의 온도를 측정해냄으로써, 식물이 언제 목이 마른지 파악해내고 컴퓨터의 통제를 받는 관개 장비를 통해 물을 공급해줄 수 있다. 즉 과학적으로 설정된 문턱 값에 도달하면 자동적으로 스프링클러가 켜진다. 시험장에서 확인한 결과, 필요할 때만 이런 로봇 관개 시스템이 작동하기 때문에 계절마다, 또는 곡물마다 물 2인치를 절약할 수 있다. 역시 클라크의 말이다.

증발산은 식물들이 첨단 관개 시스템과 소통하는 또 다른 방법이다. 연구자들은 곡물에서 발생하는 열파동에 따른 교란을 측정하기 위해 레이저를 사용하는 장비를 설계한다. 교란이 커질수록 식물에는 더 많은 물이 필요하다. 레이저 장비는 결국 지역적 차원에서 일일 증발산 비율을 측정하게 될 것이다. 인터넷에 올라간 이 비율은 농부들에게 정보를 제공해줄 것이다. 농부들은 그 정보를 이용해 곡물에 필요한 관개를 조정할 수 있다.

그런 장비들이 엄청난 양의 물을 절약해주진 않는다 해도 오갈라라가 빠르게 하강하는 서부 텍사스 주에서의 중요성은 더욱 커진다. 계절당, 곡물당 몇백만 에이커에 걸쳐 10~15퍼센트의 절약이 이루어진다. "실로 상당한 양입니다." 클라크가 말한다. "우리가 대수층을 지속 가능하게 만들지는 못하겠죠. 하지만 그것에 또 다른 100년의 생명을 부여할 수는 있습니다."

지하수에 대한 새로운 수요

생산 현장에 대한 실험을 구상하며 이러한 혁신을 꾀한다 해도, 지하수에 대한 새로운 수요가 효율성 개선을 상쇄하고 말 것이다. 바이오디젤은 옥수수 재배를 부추기는 가장 최근의 유인 요소다. 옥수수는 식물성 지방을 뽑아내는 데 용이하지만 다른 곡물에 비해 더 많은 물을 필요로 한다. 고원 지대에 에탄올 생산 시설의 수를 두 배로 늘리는 계획은 이미 지하수가 부족한 상태인데도 농부들로 하여금 옥수수 생산을 늘리도록 부추긴다. 환경보호기금의 보고서에 따르면 옥수수 생산에는 연간 1,200억 갤런의 오갈라라 물이 추가로 필요할 것이다.

대고원 지대 전역에 걸쳐 늘어나는 인구 또한 이용 가능한 유일한 생활용수의 원천인 오갈라라 대수층에서 더 많은 물을 뽑아내게 만든다. 억만장자 석유상이자 최근에는 대안 에너지 전도사가 된 분 피켄스(T. Boone Pickens)는 국내 물 시장에 뛰어든 기업가들 중 한 명이다. 땅주인들에게 땅 밑의 물에 대한 무제한적 권리를 부여하는 텍사스 주법에 따라, 피킨스는 텍사스 주의 팬손잡이* 지역에 위치한 자신의 2만 4,000에이커나 되는 메사비스타 목장에서 뽑아낸 지하수를 댈러스와 엘패소처럼 멀리 떨어진 대도시에 팔 수 있게 되었다. 그가 엘패소까지 건설하려는 654마일의 수도관에는 21억 달러가 소요될 예정이다. 그러나 에이커-피트당 1,000달러 이상인 물 판매 가격을 고려하면 이미 엄청난 수익이 보장된 셈이다.

*좁고 길게 타주(他州) 사이에 끼어든 모양새의 지역.

오갈라라의 공급이 이토록 한정되었는데도 기후 변화는 이러한 새로운 수요에 대한 판단을 흐리게 한다. 대수층 북쪽 끝에 있는 네브래스카 주에서의 강수는 증가할 듯도 하지만 과학자들은 대수층 남부 지역은 현재의 연간 강수량인 16인치에도 못 미칠 것으로 예측한다.

이미 남용되는 대수층에 대한 이런 추가적 수요에 직면하여, 고원의 수많은 물 이용자들은 자신들의 미래를 재평가하고 펀크와의 결합을 시도한다. 얼마나 효과적으로 대수층을 이용하느냐 여부와는 상관없이, 결국에는 지하수가 사라져버릴 것을 그들은 안다. 자신들과 지역 사회, 바로 그 지역을 고온 건조한 상태로 남겨놓은 채……. 푼크처럼, 그들은 오갈라라가 자신들의 경제적 요구를 충족시켜주지 못할 때를 대비해 계획을 세우기 시작했다. 일부 농부들은 건조 지대 농업으로의 전환을 시도한다는 점에서 펀크와 공통점이 있다. 즉 그들은 관개가 필요하지 않은 밀과 그 밖의 작물을 심는다. 동부 콜로라도 주에서 농부들은 내구력이 있는 해바라기를 심는데, 그것은 옥수수보다

30퍼센트나 물을 적게 요구한다.

경제적 대안으로 토착 초지로의 전환을 시도하는 농부들도 있다. 유럽의 정착민들이 도착하기 이전 고원을 뒤덮었던 몇십만 에이커의 풀들은 버팔로는 물론 가지뿔영양과 스위프트여우, 작은초원뇌조, 올빼미 등의 고향이었다. 목초, 녹색바늘풀, 여타 가뭄에 강한 식물들이 짧은 성장 기간에 번창했다. 2007년 미국회계감사원 연구에 따르면 1982년 이래, 거의 2,500만 에이커가 포함되는 이런 토착 초지의 절반 이상이 농지로 전환되었다.

초지로의 복귀는 잠재적인 수입원이 될 수 있다고 아미 하드버거(Amy Hardberger)는 말한다. 그녀는 텍사스 주 오스틴에 있는 환경보호기금의 변호사다. 그녀가 진행하는 프로젝트에서, 농부들은 지하수 고갈로 어쩔 수 없이 농사를 포기할 수밖에 없는 농지를 초지로 회복시키는 것을 경험하고 있다. 야생 서식지를 제공하고 초지에서 소나 버팔로를 키울 수도 있다. 사냥, 생태관광, 휴양 목장 등은 초지에서 얻을 수 있는 잠재적 수입원이다. 일단 국가 탄소시장이 세워지면 농부들은 초지 토양에 탄소를 축적시킨 성과를 인정받아 크레디트를 팔 수 있을 것이다. "거친 환경을 버텨낸 강한 분들이에요." 하드버거가 말한다. 그의 할아버지는 텍사스 주 러벅 근처에서 목화를 길렀다. "그들은 자신의 땅을 떠나고 싶어 하지 않아요. 그렇게 하지 않을 거고요."

이미 존재하는 초지를 보호할 목적으로 경제적 인센티브를 제공하는 연방정부 프로그램들이 여럿 있다. 침식을 줄이고, 탄소를 가두고, 작은초원뇌조와 여타 멸종 위기에 있는 종에게 서식지를 제공하는 초지의 역할이 이미 인정받은 셈이다. 그러나 이런 프로그램들은 옥수수와 다른 생필품의 생산을 독려하는 연방정부의 가격 지원 정책과 종종 목적이 겹칠 때가 많다. 대체로 곡물 지원금이 초지 보존 지원금보다 많다. 이런 이유로 대부분의 농부들은 뻔한 선택을 강요당한다.

이러한 연방정부의 프로그램에 참여하는 계약자들은 오갈라라 대수층에 대한 미국의 양면성을 반영한다. 결국엔 미국이 이 유한한 자원에 대한 의존성을 끝내는 전략이 필요할 거라고 지하수 트러스트의 책임자 스톤은 말한다. 그러나 지금 당장, 대부분의 고원 지역에서 사업의 관성은 지속된다. 즉 오갈라라의 시대가 결코 끝나지 않을 것처럼 땅을 뚫어서 물을 퍼 올리고, 관개를 해서 곡물을 키운다.

가든 시의 펀크에게는 이미 그런 시대가 끝나간다. 기술과 예측 기법을 이용해서 그는 자신의 농장을 오갈라라의 물을 빼내지 않고도 꽤 먼 미래에도 계속할 수 있는 사업의 터전으로 바꾸고 있다. 그는 말한다. "영원할까? 우리는 그러길 원하죠. 그것이 우리의 목표입니다."

3-3 그랜드캐니언에서의 실험 홍수

마이클 콜리어·로버트 웹·에드먼드 앤드루스

글렌캐니언댐은 30년 이상에 걸쳐 자연 세계의 최고 경이라 할 수 있는 미국 남서부 사막의 거대하게 굽이치는 계곡 그랜드캐니언 위에서 콜로라도 강의 물을 가둬두고 있었다. 댐 건설이 강 상류를 파괴하리란 사실을 인식한 사람들은 많았지만, 하류에 일련의 환경적 영향이 발생하리라 예상했던 사람들은 많지 않았다. 그러나 세월이 지나면서 과학자들, 정부 관리들, 전문 강 가이드들은 그랜드캐니언 내부에서 문제를 일으킬 수 있는 변화의 징조들을 점차 감지하기 시작했다.

이런 변화가 일어난 이유는 무엇보다도, 댐이 강력한 여름 홍수라는 콜로라도 강의 자연적 패턴을 전적으로 먼 도시들의 전력 수요에 맞춘 일정한 조수 차이로 대체해버렸기 때문이다. 따라서 댐은 강물에서 정상적인 계절적 변동을 제거했고, 해마다 계곡 전체를 씻어낸 엄청난 홍수를 끝장냈다. 이런 홍수들은 1년에 몇 주 동안 지속될 뿐이지만 강의 회랑을 조각하는 강력한 힘이었다. 홍수는 수로 제방에서 가장 높은 곳에 있는 식생을 제외한 거의 모든 것을 주기적으로 벗겨내고, 모래톱을 만들고, 급류 밖으로 자갈을 건져냈다. 글렌캐니언 댐이 가동하기 시작한 후 외래 식물들이 침입했고, 모래톱은 사라졌으며, 자갈 더미들이 본류를 가로막았다.

우리 세 명을 포함한 열두 명의 과학 관찰자들의 계획에 따라서 1996년

3-3

3월 오전 6시 20분에, 내무부장관 브루스 배빗(Bruce Babbitt)은 글렌캐니언댐에 있는 네 개의 거대한 '제트 관' 중 첫 번째 것을 열어 환경 복구 분야에서 과감한 실험을 개시했다. 이후 아홉 시간 동안 나머지 관 세 개와 수력 터빈 여덟 개가 분출을 더했고, 급류는 초당 1,270세제곱미터로 불어났다. 이는 터빈을 통해서 흐르는 수량의 최대치보다 50퍼센트 더 큰 방류였다. 급류가 상승함에 따라서 강 수위는 평상시보다 5미터 상승했다. 그 결과, 9억 세제곱미터의 물이 실험이 이루어진 일주일 동안 계곡을 통과해서 흘러 내려갔다. 이전에는 환경적 이득을 보려는 의도로 많은 물을 특별히 방류한 적이 없었기 때문에 우리는 실험 결과 평가에 도움을 주고자 열과 성을 다했다.

강의 변화

실험 홍수를 모니터링한 다른 많은 과학자들과 마찬가지로 우리는 계곡의 환경이 글렌캐니언댐이 운영을 시작한 1963년 이래 극단적으로 진화해왔음을 알고 있었다. 댐 건설 후 상류에서 오는 거의 모든 퇴적물은 댐 위에 새로 조성된 포웰 호에 갇혔고, 그랜드캐니언에 있는 대부분의 모래사장은 느리지만 계속해서 사라지기 시작했다. 시험 홍수가 계획될 당시, 강의 일부 급류 구간들을 계곡 양쪽 측면에서 쓸려 내려온 거친 잡석들이 심하게 막아 항해가 매우 어려운 지경이었다. 고삐 채운 강은 자갈이 가득한 침전물을 깨끗하게 쓸어버릴 만큼 충분한 힘을 갖지 못했다. 계곡을 잘 아는 많은 사람들은 댐이 건설된 이래 극적인 식생의 변화도 관찰할 수 있었다. 외래종 위성류(渭城柳), 낙

타가시나무, 버뮤다그래스 등은 물론 재래종 코요테버드나무가 이전에는 벗겨져 있던 강변에 뿌리를 내렸다. 과거의 고수위에 자랐던 다 자란 메스키트나무는 죽어가기 시작했다.

그러나 댐이 강물을 막으면서 생긴 모든 변화가 아무런 쓸모가 없다고 볼 일은 아니다. 비교적 따뜻하고 혼탁했던 댐 이전의 강물에서는 살 수 없었던 송어들이 댐 아래의 차갑고 깨끗한 물에서 번창했다. 유속의 안정화가 강변에 사는 나무와 관목들에게 유리하게 작용했고, 그들은 일부 멸종 위기 새들에게 새로운 집을 제공해주었다. 한때 벌거벗었던 계곡은 새로운 식생의 녹색 리본으로 다른 야생종들에게도 더욱 우호적이 되었다. 물론 여가 생활을 즐기려고 강을 여행하는 수많은 야영자에게도 마찬가지였다.

실제로 계곡의 생태계에 대한 많은 좋은 변화들이 더 많은 교란적 경향들에서 관심을 돌리게 했을 수 있다. 많은 과학자와 환경주의자들이 계곡의 형성에서 홍수가 수행했을 중요한 역할에 대해 제대로 알아챈 것은 1983년이 되어서였다. 그해 6월, 갑작스레 녹아내린 겨울 눈덩이가 포웰 호를 빠른 속도로 채우자, 글렌캐니언댐 운영자들은 초당 2,750세제곱미터의 물을 방류하지 않을 수 없었다. 이 방류는 기록된 몇 번의 홍수 사건들에 비하면 훨씬 적은 것이었지만 그래도 여전히 중대한 사건으로 남아 있다.

이 1983년의 비상 방류로 '여수로'가 최초로 사용되었다. 이는 댐과 나란히 글렌 계곡의 벽 속을 파서 만든 거대한 배수 터널이다. 댐 운영자들은 처음에는 유출수가 빨간색으로 변하는 것을 보고 당황했다. 빠른 속도의 물이 여수로 터널에서 처음에는 콘크리트, 다음에는 커다란 사암 블록들을 잡아 뽑았기 때문에 생긴 일이다. 일부는 여수로의 파괴가 댐에 파괴적 손상을 입힐 수 있음을 우려했다. 다행스럽게도 위기는 지나갔고 엔지니어들은 '공동화'가 최소화되도록 여수로를 재설계할 수 있었다. 이 현상(흐르는 액체 속에서 부분적 진공의 형성)은 터널 벽에서 물질을 흡수하고, 놀라운 속도로 벽을 침식하는 원인으로 작용한다.

1983년 홍수의 하류 효과는 그 밖의 사람들도 놀라게 했다. 홍수가 범람한 제방에서 물러갈 때, 강을 잘 아는 과학자들과 가이드들은 이전에는 관목이 많았던 강변이 신선한 모래로 뒤덮인 것을 보고는 깜짝 놀랐다. 홍수는 인공적으로 풍부하게 성장한 몇 가지 외래 식물을 죽이고, 많은 지점에서 강변 동물 서식지들을 부분적으로 회복시켰다. 몇 년 동안 정상적 댐 운영이 이어졌다면 많은 사람들은 계곡의 환경 개선에 힘을 써준 1983년 홍수에 환호했을 것이다. 안타깝게도 그 후 3년 동안 콜로라도 강 유역 지표수의 수위가 꽤 높은 상태였기 때문에 글렌캐니언댐 운영자들은 매년 평균 2억 3,000만 세제곱미터라는 막대한 양의 물을 방류할 수밖에 없었다. 유속은 대체로 초당 1,270세제곱미터에 달했고, 1983년에 생겨난 것들은 순식간에 씻겨 내려갔다. 한 번의 홍수는 강변을 새롭게 조성하지만 자주 반복되는 홍수는 그런 강변을 파괴하는 듯하다.

또 다른 홍수를 위한 시간?

과학자들이 계곡의 홍수로 인한 위험과 편익에 대해 더 많은 것을 배워나감에 따라서 강의 운명에 관심을 보인 다수의 과학자들은 몇 가지 형태의 홍수를 복원할 필요가 있다는 사실을 깨달았다. 콜로라도 강에 의한 퇴적물의 이동을 연구해왔던 대부분의 지질학자들은 인공 홍수가 계곡에 편익을 안겨줄 것을 확신하게 되었고, 1991년 과학자 사회 내부에 그 아이디어를 퍼트리기 시작했다. 그러나 토론 과정에서 일부 생물학자들은 홍수가 계곡 내에서 멸종위기의 여러 종들이 만들어놓은 이점을 없앰으로써 그들을 위험에 빠트릴지 모른다고 우려를 표했다. 마찬가지로, 일부 지질학자들은 글렌캐니언댐 지근거리에 있는 강변들이 부주의로 씻겨나갈까 봐 우려했다. 그리고 계곡에서 일하는 인류학자들은 새로운 홍수가 침식을 가속화하여 강 주변의 고고학적 현장의 보전을 위협할 것을 걱정했다.

그럼에도 전반적인 정서는 목적 홍수가 손해보다는 편익이 크고, 실시될 필요가 있다는 것이었다. 1993년이 되면서 홍수에 우호적인 웅얼거림은 외침으로 변했다. 가장 큰 목소리는 강 가이드들에게서 나왔는데, 그들은 점점 더 좁아지는 강변에서 캠핑 장소를 찾아야만 했다. 매년 몇백만 톤의 모래가 댐 하류에 있는 두 개의 대표적 지류 리틀콜로라도 강과 파리아 강을 통해 콜로라도 강에 투입되는 상황이었다. 글렌캐니언댐의 정상적 운영 체제하에서는 이 모래 중 45만 톤만이 하류로 씻겨 내려가서 그랜드캐니언을 빠져나간다. 따라서 모래는 계곡을 채우지만 제방에 쌓이지는 않는다. 눈에 보이지 않게 강바닥에 가라앉기 때문이다.

우리는 미국 지질조사국과 국토개발국의 글렌캐니언 환경 연구 프로그램에서 일하는 과학자들과 함께 홍수가 이런 퇴적물을 휘저어 제방을 따라가며 걸쳐놓을 거라고 확신했다. 그것은 댐이 강의 고삐를 잡아서 속도를 늦추기 전에 강이 하던 일이기 때문이다. 그러나 어떤 종류의 홍수가 가장 적절할까? 이 질문을 두고 논쟁을 펼쳤던 과학자들은 최초의 실험을 위한 최고의 시간은 한 해 중 3월 말의 짧은 기간일 수 있다는 점에 동의했다. 어류들이 알을 낳을 가능성이 가장 낮고, 골칫거리 위성류가 아직 싹을 틔우지 못할 때였다. 그 시기가 되면 계곡에서 겨울을 났던 대부분의 민머리독수리와 물새들이 확실히 자리를 뜰 것이다. 여전히, 홍수의 크기를 위한 최적의 선택은 결정되지 못한 채 남아 있었다.

강이 운반하는 모래의 양이 방류 속도에 따라 꽤 크게 변한다는 점은 어려움 가운데 하나였다. 즉 방류 속도가 두 배일 때, 모래 유동량은 여덟 배 증가한다. 결과적으로 홍수량이 일정한 경우, 짧은 시간 동안의 큰 홍수가 오랜 기간에 걸친 작은 홍수보다 더 많은 모래를 휘저어서 강변에 더 많이 침전시킬 것이다. 우리들 중 한 명(앤드루스)은 초당 1,500세제곱미터 속도로 방류할 것을 주장했다. 그러한 속도는 댐이 건설되기 전에 통상적으로 발생하는 홍수의 3분의 2 크기에 해당된다. 무엇보다도, 핵심적인 자연적 과정을 복구하는 것이 목적이라면 대략 그와 근사한 수준에서 실험하는 게 당연하지 않을까?

그러나 중요한 물류적 한계가 있었다. 즉 댐을 통해 초당 1,270세제곱미터 이상 방류하려면 여수로를 활용해야 했다. 국토개발국 공무원들은 수리와 개선이 이뤄졌다지만 1983년의 살 떨리는 경험을 반복하고 싶지 않았다. 초당 1,270세제곱미터로 홍수를 제한하는 것은 댐 근처에 사는 멸종 위기종인 달팽이에 대한 위협을 최소화하는 것이기도 했다. 대부분의 홍수 주창자들은 이 수준이 합리적 타협이라고 느꼈다. 그들은 홍수가 일주일 동안 지속되어야 한다는 데 의견 일치를 보았다. 이 기간은 상당한 양의 모래를 재분배하기에 충분한 시간이었지만 강바닥에 있는 모래 저장고를 비우기에는 충분히 긴 시간이 아니었다.

시험 하루 전, 우리의 가장 큰 걱정거리는 상당한 크기의 강변을 형성하기엔 홍수의 힘이 턱없이 모자랄 수 있다는 점이었다. 그러나 홍수 실험에 우호적이었던 유타주립대학교의 지질학자 존 슈미트(John C. Schmidt)는 더 큰 걱정에 빠졌다. 그는 전혀 예상치 못했던 뭔가가 일을 망칠 수 있다고 걱정했다. 거만한 과학자들이 그랜드캐니언의 핵심으로 남겨둬야 할 무언가를 파괴하고 마는 건 아닐까?

실험 홍수의 개시와 차오르는 강물

3월 26일, 계획대로 홍수가 개시되었다. 강물은 차오르고 계곡을 질주해 내려갔다. 지질조사국에서 온 과학자들은 신호를 위해 댐에서 얼마 멀지 않은 하류에 30킬로그램의 무독성 형광 염료를 풀어놓았다. 그들은 계곡 전체에 걸쳐 여섯 개 지점에서 자신들이 설치해놓은 감도 높은 형광 측정기를 통해 이 염료가 도착하는 지점을 측정하는 방식으로 구간별로 물의 속도를 추적하고자 했다. 지질조사국 연구자들이 개발한 수치 모델은 홍수의 진행 과정을 예측해주었다. 모델과 측정값은 홍수가 계곡을 통과하면서 가속을 받고, 물을 꽤나 멀리까지 밀어냄으로써 홍수의 본류가 도착하기 거의 하루 전 계곡 하류 끝에 있는 미드 호에 첫 번째 물마루가 도착한다는 사실을 보여주었다.

미드 호를 향해 가면서, 홍수는 강의 많은 부분을 재형성한다. 예를 들면 댐 하류 약 300킬로미터 지점에 있는 라바 폭포라고 불리는 급류 구간에서 느슨한 진흙과 둥근 돌로 이루어진 부채 모양 제방을 만나자 강물은 다시 상승했다. 이 제방은 1년 전에 작은 지류 계곡을 따라 잡석이 맹렬하게 내려와서 쌓인 것이다. 돌과 진흙이 계단식으로 침전되면서 형성된 구조물로 이 때문에 콜로라도 강의 강폭은 거의 20미터로 좁혀져 있었다. 정상적이었을 때는 폭이 50미터에 달한다. 그런 장애물을 쓸어내려면 매우 큰 홍수가 필요하다고 결론 내린 일부 지질학자들도 이전에 있었지만 우리는 이 정도 홍수면 그런 일을 해내는 데 충분하다고 믿었다.

그렇기 때문에 우리는 꽤나 기쁜 마음으로 실험 홍수가 얼마나 효과적으로 증명될지 살펴보고자 했다. 3월 27일, 라바 폭포에서 강물의 방류량이 초당 850세제곱미터를 넘어서자 힘을 얻은 물은 빠르게 부채꼴 모양의 잡석 덩어리를 치고 나가면서 크기를 3분의 1로 줄였다. 처음에 우리는 급류 전면에 위치한 열 개의 큰 돌에 무선 송신기를 다는 방식으로 그 사건을 연구했다. 크기(최고 지름이 0.75미터)가 상당했는데도, 열 개의 바위 모두는 홍수 때 하류로 떠내려갔다. 방향 안테나를 사용해 우리는 둥근 돌 여덟 개의 연속적 위치를 파악했다. 큰 돌들은 평균 230미터를 이동했다.

라바 폭포에서 둥근 돌을 추적하는 것 말고도 우리는 여러 동료들과 함께 다른 몇 군데 핵심 위치에서 모래의 퇴적을 추적했다. 이를 위해 우리는 강이 갑자기 넓어지면서 제방 근처에서 물이 상류로 소용돌이치는 다섯 개의 소용돌이 구간을 선택했다. 레이저 추적 장비와 음파 심도 측정기를 갖춘 작은 보트를 이용해 홍수 기간 동안 강바닥 모래 지도를 그렸는데 결과는 꽤 놀라웠다. 우리는 엄청난 양의 모래가 최초 36시간에서 48시간 사이에 축적된다는 사실을 알게 되었다. 그러나 모래의 유입이 느려지면 소용돌이 바닥이 느슨해지면서 모래는 다시 본류로 돌아갔다.

이런 행동은 처음에 우리를 당혹스럽게 만들었지만 좀 더 신중하게 측정치를 검토한 후에, 우리는 퇴적물 대부분이 안식각을* 이루고 있었음을 알게 되었다. 안식각은 불안한 배열에 기초해 만들어져 있는데 새롭게 모래가 쌓이기도 하지만 언제든지 본류로 떨어져나갈 수도 있다. 그럼에도 우리는 홍수 후 모래 총량이 우리가 대상으로 삼았던 다섯 군데 모두 증가했음을 알게 되었다.

*모래나 자갈 등을 쌓아올릴 때 무너지지 않게 유지시킬 수 있는 최대 경사각.

다른 많은 과학자들이 홍수의 과정 동안 중요한 관찰을 수행했다. 그랜드캐니언 하류 끝 쪽에서 우리의 동료 둔간 스미스(J. Dungan Smith)는 강물의 속도와 요동치는 물에서 부유하는 침전물의 속도를 측정했다. 그의 목적은 홍수 기간에 계곡 밖으로 운반되는 침전물의 양과 파리아 강과 리틀콜로라도 강을 통해 계곡 안으로 운반되는 양을 비교해보는 것이었다. 스미스는 아직 자료 분석 중이지만, 존재하는 모래의 비축분을 모두 고갈시키지 않으려면 얼마나 자주 홍수를 무대에 올려야 할지 조만간 예측해낼 수 있을 것이다.

모래의 움직임에 특별히 주목한 여러 과학자가 있다. 지질조사국에 있는 해양학자 동료들에게 빌린 광학 센서와 음향 장비를 사용해 데이비드 루빈(David M. Rubin)은 소용돌이에 들어오는 물의 퇴적물 농도를 연구하고, 이 모래 침전의 미세-척도 패턴을 확립했다. 같은 자리에서 일한 존 넬슨(John M. Nelson)은 하류로 향하는 본류가 느려지고 상류로 흐르는 소용돌이를 지나쳐 달리는 곳에 일렬로 늘어서 있는 회오리들의 신기한 행동을 기록했다. 넬슨은 본류가 이런 회오리들을 하류로 밀어낼 때 회오리들이 넘어지는 현상을 관찰했는데, 이는 저항이 최대가 되는 강바닥 근처에서 유속이 느려지기 때문이다. 그는 이렇게 기울어진 위치에서라면 회오리들은 본류에서 침전물을 쓸어내어 소용돌이 속으로 집어넣을 수밖에 없다고 추론했다.

그러나 퇴적물은 예상했던 것보다 훨씬 빠른 속도로 소용돌이 속으로 들어오고 나갔다. 루빈과 넬슨은 7만 달러나 나가는 빌린 장비가 처음에는 파묻히고, 그런 다음 처박히고, 마침내 급류에 쓸려나가는 것을 장비와 함께 가라앉는 심정으로 지켜보았다. 그들은 회오리 '퇴적물 펌프'가 자신들의 예측대로 작동한다는 것을 보여주는 충분한 자료를 수집할 수 있었던 행운아였다. 이처럼 그들의 아이디어는 실험 홍수를 잘 견뎌냈다. 비록 그들의 장비 대부분은 그렇지 못했지만…….

예상대로 새롭게 퇴적된 상당량의 모래가 빠르게 침식되었지만, 몇 달 뒤에는 그중 많은 양이 과학자들이 모니터링 대상으로 삼았던 곳에 여전히 남아 있었다. 다른 많은 장소에서도 마찬가지였다. 1996년 여름 동안, 장시간 관찰한 많은 사람들은 콜로라도 강이 자신의 본모습 일부를 그대로 지니고 있으리라 믿었다. 국토개발국을 위해 일하는 생물학자 리사 키어슬리(Lisa H. Kearsley)의 신중한 평가에는 그러한 인상이 반영되었다. 그녀는 계곡 전역에 있는 100개 정도 되는 강변들의 운명을 추적한 후, 그들 중 10퍼센트가 홍수에 의해 사라진 반면, 50퍼센트는 커지고, 나머지는 영향을 받지 않았다고 결론지었다. 홍수 6개월 후, 그녀는 많은 모래가 강물로 미끄러져 돌아왔다고는 해도 이전보다 더 많은 강변 지대가 여전히 존재하고 있음을 알아냈다.

확장된 강변이 향후 몇 년 동안 야영자들에게 분명히 기쁨을 주겠지만 과학자들은 홍수가 목소리를 내지 못하는 많은 계곡의 거주민들에게 어떤 영향을 미치는지 알고 싶어 했다. 의도적이지 않았던 앞서의 1983년 홍수가 송어 어업에 피해를 입혔기에 일부 생물학자들은 1996년의 실험 홍수가 많은 고기를 하류 먼 곳으로 떠내려 보냈는지 특별한 관심을 보이기도 했다. 결과를 확인하고자 실험 홍수 기간 동안 라바 폭포 아래 배치된 생물학자들은 강에 그물을 설치했다. 이들 과학자들은 평상시보다 조금 더 많은 송어를 잡았지만 그들의 실험에서 쏟아져 나온 토종 어류를 볼 수는 없었다. 토종 어류의 조상들은 결국 이보다 더 큰 수많은 자연 홍수 속에서 살아남은 바 있다. 생물학자들은 토착종(그리고 대부분의 송어)은 강둑을 따라 나 있는 안전 구역으로 재빨리 피한 게 틀림없다고 추론했다. 홍수가 지천에 깔린 대마디말류 조류와 연관된 무척추동물을 거의 교란하지 않았다고 판단한 조사자들도 있다. 이들은 어류의 중요한 먹잇감이 된다.

그러나 지역 생물상(生物相)의 여타 요소들에 미치는 영향에 대해서는 여전히 집중적 토론이 이뤄진다. 국토개발국과 함께 일하는 생물학자 로렌스 스티븐스(Lawrence E. Stevens)는 25년 동안 동물 생태계 전체의 관점에서 이 강을 연구해왔다. 강의 동물들 일부는 멸종 위기종인데, 이들은 그랜드캐니언으로 이주해서 글렌캐니언댐이 창조한 인공적 환경 속에 살아남았다. 그는 의도적 홍수가 곱사등이 황어(어류), 남서부 버들솔딱새(조류), 캐나브 앰버달팽이 등 '멸종 위기종 보호법'의 보호 대상인 종들을 위험에 빠뜨릴 수 있다는 점에 우려를 표했다. 그러나 우리는 과거에는 홍수가 콜로라도 강 자연 순환의 일부였고, 일반적이든 멸종 위기에 처했든 많은 종들은 그랜드캐니언에 자리를 잡은 약 500만 년 동안 그런 과정에 적응해왔다고 주장하고 싶다. 홍수의 복귀는 일부 생명체들에게는 해가 될지도 모르지만 수많은 우리의 동료들이 주장하듯이 토착 동물상(相)에 더욱 가까운 생태계를 되돌려줄 것이다.

실험 홍수의 에필로그

홍수는 제대로 일을 했는가? 홍수는 상당히 많은 양의 모래를 정상 시기 고

수위 선 이상에 퇴적시키고, 물고기 산란에 중요한 배수지 서식지를 활성화했다. 홍수는 강줄기에서 두 개의 가장 큰 급류의 폭을 넓혔다. 강가와 나란히 있는 고고학 현장은 높은 물에 의해 도움을 받지도, 피해를 입지도 않았다. 대부분의 외래 식물들도 마찬가지로 별다른 영향을 받지 않았다.

따라서 우리의 관점에서 보면, 환경 편익은 모든 피해를 초과했다. 그러나 마찬가지로 다른 비용들도 고려할 필요가 있다. 국토개발국의 경제학자 데이비드 하프먼(David A. Harpman)은 홍수 5개월 후 최종 가격표에 영향을 주는 요소들을 분석한 바 있다. 수요가 낮을 때조차 홍수 기간 동안 계속 전력을 생산할 수밖에 없었고, 제트 관을 통해 방류된 엄청난 양의 물은 전기 생산에 전혀 도움이 될 수 없었다. 때문에 그는 국토개발국이 약 180만 달러(이 금액은 전기 판매를 통해 얻는 연간 총수입액의 약 1퍼센트에 해당한다)를 손해 봤다고 추산했다. 이 비용에 과학 연구 비용을 더해야 하는데, 실험의 총비용은 그 두 배에 달할 것이다.

비슷한 지출이 미래의 홍수 기간 동안 발생할 수 있을 테니 국토개발국은 환경 지원을 위해 얼마나 크게, 얼마나 자주 홍수가 필요할지 정확히 알고 싶을 것이다. 분명한 대답은 나오지 않는다. 관련된 모든 과학자들은 미래 홍수가 7일 동안 지속될 필요가 없다는 데 동의한다. 스미스는 그랜드캐니언 강변들이 매년 무대에 오르는 홍수를 통해 개선될 수 있다고 믿는다. 파리아 강과 리틀콜로라도 강에서 유입된 침전물이 최소한 홍수 기간 동안에는 계곡에서 밖으로 운반되는 침전물의 양만큼 된다고 가정했을 때다. 우리 중 한 명

(웹)은 선상지를 쓸어버리기 위해서 초당 2,800세제곱미터의 최초 방류를 주장한다. 선상지를 쓸어버린 다음에는 곧바로 수위가 떨어져 강변 형성에 적합한 정도가 될 것으로 보았다. 앤드루스는 모든 시나리오에서 인공 홍수가 자연의 변동성을 더욱 잘 흉내 낼 수 있도록 해마다 강도를 변화시켜야 한다는 점을 강조한다.

그랜드캐니언과 다른 모든 곳에서 앞으로 더 많은 홍수가 있을까? 우리는 댐으로 통제되는 미국의 몇몇 강들을 연구해왔다. 마찬가지로, 강들은 주기적 홍수를 통해 이득을 본다. 1996년 실험 홍수 기간에 그랜드캐니언에서 일했던 과학자들이 개발한 아이디어와 장비들은 곧 미국을 가로지르는, 아마도 전 세계를 관통하는 수많은 강 내부와 주변의 자연환경을 복구하는 데 도움이 될 것이다.

3-4 댐을 내려놓자

제인 마크스

20세기가 시작될 때, 샘물에서 발원하는 포슬 샛강은 애리조나 사막의 한가운데에서 오아시스를 계속 유지해주고 있었다. 야생의 강과 푸르른 강변 생태계는 다른 환경이라면 생존할 수 없었을 어류와 동식물들을 한 무리 끌어들였다. 샛강과 주변 환경은 탐사자들과 정착민들도 미국 남서부로 끌어들였다. 1916년, 엔지니어들은 포슬 샛강에 댐을 건설해 가파른 산허리를 휘감아 도는 홈통을 통해 수력 발전소 두 곳에 물을 대주었다. 그 발전소들은 애리조나주의 경제 성장을 이끌고, 피닉스라는 도시의 급속한 팽창을 뒷받침해주었던 광산 운영에 에너지를 제공했다. 하지만 2001년 현재, 포슬 샛강의 발전소에서 생산하는 전력량은 애리조나 주 전력 공급량의 0.1퍼센트에도 못 미친다.

거의 2년 전, 발전소는 문을 닫았다. 그리고 실험이 펼쳐지기 시작했다. 2005년 여름, 발전소 노동자들은 댐과 홈통을 철거했고, 그렇게 함으로써 거의 1세기 동안 많은 물을 볼 수 없었던 포슬 샛강의 22.5킬로미터에 달하는 강줄기 대부분이 복원되었다. 실개천은 폭포가 되었고, 정체된 여울은 깊은 청록색 물웅덩이가 되었다. 현재, 과학자들은 오랜 기간 동안의 부분적 천이(遷移)를 통해 생태계가 회복될 수 있는지, 토종 어류와 식물이 다시 주도권을 잡을 수 있는지 살펴보기 위해 생태계를 모니터링한다. 그들은 또한 그 프로그램의 의도하지 않은 생태학적 결과에도 관심을 기울인다.

3-4

댐(포슬 샛강의 경우처럼, 특별히 작은 댐)의 해체는 시설 수명에 따라 그리고 지역 사회의 판단에 따라 정상적 과정으로 자리 잡아간다. 지역의 전력에서 차지하는 비중이 대수롭지 않은 조건에서, 시설이 노후해서 안전이 문제가 되고 수리에 너무 많은 비용이 들어가기 때문이다. 혹은 강이 다시 야생으로 돌아가서 물고기들이 가득 차기를 바라는 지역 사회의 결정 때문이다. 그러나 단순히 댐을 제거한다는 것이 자동적으로 오랫동안 변경돼온 생태계를 다시 한 번 번창시킬 수 있음을 의미하지는 않는다. 자연이 본디 그렇듯, 현실은 예상보다 꽤나 복잡하고 서로 뒤엉켜 있다. 댐 철거로 기대하지 않았던 많은 결과들을 목도한 사람들은 미래에 발생할 부정적 결과를 최소화하기 위해 지금 그런 지식을 사용하고 있다.

글로벌 트렌드가 된 댐 해체

오늘날 약 80만 개의 댐이 전 세계에 걸쳐 운영되는데 그중 4만 5,000개는 대형 댐이다. 즉 높이가 15미터 이상이다. 대부분은 지난 세기에 세웠는데, 특히 2차 세계대전 이후에 집중 건설했다. 댐으로 인한 편익은 분명하다. 수력은 전 세계 전기 공급량 20퍼센트를 차지하며, 그 에너지는 대체로 깨끗하고 재생 가능하다. 특히 다른 에너지원과 대조했을 때 더욱 그러하다. 댐은 홍수를 통제하고, 저수지는 관개, 식수, 여가를 위한 믿을 수 있는 물 공급을 보장한다. 일부 댐은 물 흐름을 안정화함으로써 항해를 돕기도 한다.

마찬가지로 댐으로 지불해야 할 비용도 분명하다. 댐은 사람들을 이주시키고, 그 결과 개발도상국에서는 댐을 둘러싼 논쟁이 커져간다. 댐의 구조물은 경치를 파괴하고, 퇴적물(삼각주, 제방, 강변 등에 필요한)을 가두고, 회유어를 방해하고, 수로와 그 주변 생태계를 파괴한다. 환경보호주의자들이 댐을 반대해온 오래 역사가 있다. 존 뮤어(John Muir)는 요세미티의 헤치헤치 계곡에서 댐을 막으려고 노력했고, 에드워드 아베이(Edward Abbey)의 소설《몽키 렌치 갱(The Monkey Wrench Gang)》에서 애리조나 주 글렌캐니언댐은 게릴라식 파괴의 목표물이 되었다. 최근 몇 년 사이에 댐 하류가 더 큰 관심을 받게 되면서 시설 관리자, 행정 규제자, 정책 입안자, 환경보호주의자, 원주민, 연구자, 일반 시민 등 여러 이해 당사자로 이루어진 집단이 오래된 댐의 해체를 위해 싸운다.

미국에서 수력 댐은 30~50년마다 반드시 면허를 갱신해야 한다. 이런 미국에서, 지난 10여 년 동안 댐 철거 비율이 댐 건설 비율을 초과했다. 이전 2년만 살펴보면, 약 80개의 댐이 해체되었고, 연구자들은 추세를 좇아 댐, 특히 작은 댐의 수가 계속해서 줄어들 것으로 예측한다. 현재 미국이 그런 노력을 주도하지만 미국만이 아니다. 프랑스는 루아르 계곡에 있는 댐들을 해체했고 호주와 캐나다, 일본 역시 댐을 해체했거나 해체할 계획이다.

명백한 성공은 이러한 활동의 많은 부분을 이끌어냈다. 1999년, 엔지니어들은 메인 주 케네벡 강에 있는 에드워즈댐을 해체했다. 이는 환경주의자들이 수행한 오랜 전투 덕분이었다. 이 전투는 연방에너지규제위원회가 갱신 허가를 거부하자 절정에 이르렀다. 여러 해 동안, 생물학자들은 줄무늬 배스, 청어, 미국 청어, 대서양 연어, 철갑상어, 물수리, 킹피셔, 가마우지, 민머리독수리 등 일군의 동물들이 복귀하는 것을 놀라워하며 관찰했다. 그들은 또한 강물에 대한 산소 공급이 원활해지고 하루살이, 강도래, 날도래 등 중요한 먹이사슬 곤충 군집이 증가했음을 알게 되었다.

루아르 계곡에서의 이야기도 비슷하다. 19세기에는 매년 10만 마리가 회귀할 정도로 연어가 풍부했지만, 1997년에는 여행 중인 것으로 발견된 연어가 고작 389마리에 불과했다. 물고기 계단과 엘리베이터를 설치했으나 루아르 강과 주요 지류를 따라 나 있는 여덟 개의 댐은 댐의 터빈, 펌프와 함께 계속 연어 군집을 죽여왔다. 유럽 강 네트워크 등 비정부 기구들이 연어를 돌아오게 하자는 캠페인을 주도했다. 그에 반응하여, 프랑스 정부는 두 개는 1998년에, 하나는 2003년에, 또 하나는 2005년에 해체하는 등 댐 네 개를 해체했다. 각 댐이 해체된 후 몇 달 안에, 다섯 종의 물고기(대서양 연어와 청어도 포함되어 있었다)가 자신들의 역사적 회귀로를 재확립하기 시작했다.

댐이 제거된 대부분의 장소에서 케네벡 강과 루아르 강의 이야기들이 반복된다. 흐름이 되돌아오자 물의 투명도와 산소 농도가 상승했고, 수중 곤충도 다시 번창했다. 미지근하고 정체된 물이 댐 후면에서 그런 물을 좋아하는 외래종 잉어와 함께 하류로 흐른다. 물이 자유롭게 움직이자 물 온도가 떨어졌고, 송어처럼 찬물을 좋아하는 어종들이 번창하거나 되돌아왔다. 다른 종들을 위협하는 경향이 있는 잉어 군집은 줄어들었고, 때로는 완전히 사라지기도 했다. 동식물상(相)에 더해, 사람들도 강을 즐기기 위해 되돌아왔다. 생물학자들은 작은 댐 제거에 있어서 미국의 선두주자 중 하나였던 위스콘신 주에서 호주의 뉴사우스웨일즈까지 이러한 이점들을 관찰할 수 있었다. 댐을 제거하지 않고 강물에 물만 되돌려놔도 긍정적 효과가 나타났다.

해체 이전의 안전 전략

생물학자들은 예상치 못했던 문제들도 기록해왔다. 댐의 벽 뒤에 갇힌 퇴적물을 방류하면 수로의 목을 조일 수 있다. 주변을 진흙투성이로 만들고 어류의 중요한 먹이인 곤충과 조류(藻類)를 쓸어가버리는 것이다. 이 혼탁한 물결은 담수 홍합 같은 고착성 여과섭식 동물의 서식지를 없애버릴 수도 있다. 댐 구조물에 의해 갇힌 진흙에 오염물이 많이 포함된 경우도 이따금씩 있다. 1973년 엔지니어들이 허드슨 강 포트에드워드댐을 해체할 때 하류 어류의 PCB 농도가 높게 나왔으며, 여러 해 동안 계속 높은 수치가 유지되었다. 줄무늬 배스 어업은 오늘날에도 고농도 PCB 때문에 중단되어 있다.

마찬가지로 밑으로 씻겨 내려가지 않는 퇴적물들도 문제가 될 수 있다. 그 퇴적물은 말라가면서 잠재적으로 해로운 외래 식물들에게 비옥한 땅을 제공해줄 수 있다. 위스콘신 주 오크스트리트댐이 무너진 후, 복원과학자들이 자생 평야 식물종을 심었음에도 자생 식물종과의 경쟁에서 이겨 습지를 획일화하는 유라시아 갈풀이 폭발적으로 자라났다.

강의 상류 쪽으로, 그리고 댐 위 지역으로 이동하려는 침략종을 댐이 가로막아온 일부 경우도 있다. 예를 들면 포슬 샛강에 있는 댐은 배스, 개복치 등

외생 어류의 전진을 가로막았다. 그렇게 해서 구조물 상류에 황어와 얼룩무늬 황어를 포함해 멸종 위기 남서부 어류를 위한 서식지가 마련되었다. 저수지는 지역적으로 위협에 처해 있는 종인 저지대 표범개구리를 위한 서식지를 제공해주기도 한다.

댐 제거는 근처에 사는 사람들을 위협할 수도 있다. 홍수 통제가 중요한 곳에서, 정부 조직들은 댐을 무너뜨리기 전에 안전 전략을 고안해내야만 한다. 루아르 유역의 경우 정부는 기상 패턴, 강우, 강 수위 등에 관한 자료를 디지털화함으로써 위험 발생 네 시간 전에는 홍수 경보를 발령하도록 대비할 수 있었다. 또한 엔지니어들은 강바닥을 넓고 깊게 재설계해서 루아르 계곡의 홍수물이 제방을 넘어서는 일 없이 더욱 자유롭게 이동하도록 조치했다.

포슬 샛강의 회복

포슬 샛강 복원 사업은 댐 제거에 따른 피해를 최소화하는 데 도움을 줄 만한 계획의 우수한 사례를 보여준다. 연구자들은 작업 과정에서 발생할 수 있는 불이익을 통제할 계획을 신중하게 짠다. 그들의 가장 큰 관심은 쌓인 퇴적물로 무엇을 할 수 있는가, 토착종으로 어업을 관리할 수 있는가(이는 곧 외래종의 제거를 의미한다), 저수지에 거주하는 개구리를 어떻게 보호할 것인가 등이다. 결국 엔지니어들은 댐을 우회하는 물길을 새로 냄으로써 외래종에게는 댐이 계속 장벽으로 남고, 배수 과정에서 개구리들이 덜 위협받게 할 것을 결정했다.

이에 더해 생물학자들은 토착 어류를 적극적으로 관리하기로 결심했다. 그들은 샛강에서 가능한 많은 토착 어류를 붙잡은 다음 보관 탱크로 공수했다. 그런 다음 외래종을 죽이기 위해 샛강에 물고기 독약을 풀고, 독성이 사라지고 나서 샛강에 토착 물고기를 풀어놓았다. 미국 국토개발국은 외래종을 추가로 막기 위해서 기존 댐 밑에 12킬로미터의 물고기 장벽을 세웠다. 이제 관리자들은 포슬 샛강의 종들이 어떻게 반응하는지 보려고 기다린다. 댐의 운명은 2010년에 결정될 것이다. 만약 표범개구리가 하류에 자리를 잡고, 외래 물고기가 샛강으로 재침범하지 않는다면 댐은 사라질 것이다. 그렇지 않다면 댐은 낮아지겠지만 제거되지는 않을 것이다.

흥미롭게도, 포슬 샛강을 회복하는 것은 더 많은 댐의 창조와 관련되어 있다. 그러나 댐들은 동석(travertine)으로 이루어지게 될 것이다. 동석은 탄화칼슘이 풍부한 샘물이 조류(藻類)와 반응하여 석회암 층들을 형성함으로써 자연스럽게 만들어진다. 이런 장애물들은 깊고 작은 물웅덩이를 만드는데, 이런 물웅덩이는 가지각색의 어류와 곤충들에게 완벽한 서식지가 되어준다. 물웅덩이는 나뭇잎 찌꺼기를 가두고 이는 강의 서식 생물들에게 중요한 식량원이 된다. 이러한 것들은 인공 댐의 존재가 종종 장애물의 후면에 영원히 가둠으로써 사라져버렸던 것들이다.

퇴적물을 둘러싼 논쟁

댐 후면에 들러붙은 퇴적물이 댐을 해체하는 데 중요한 변수가 된다는 사실이 드러나고 있다. 종종 관리자들은 그동안 축적된 엄청난 진흙과 파편 덩어리가 야기하는 문제에 어떻게 대응할 것인가 하는 쟁점에 직면해왔다. 허드슨강에서 PCB를 하류로 방류한 전력이 있었던 과학자들은 이런 물질에 대한 독성 시험을 통상적 절차로 여긴다. 만약 퇴적물에 고농도 오염 물질이 포함되어 있다면, 그 물질을 씻어내는 수로의 능력에 견주어 제거 비용을 계산할 필요가 있다. 만약 퇴적물 부하가 매우 높고 강물의 세척력이 낮다면, 엔지니어들은 단계적으로 댐을 제거하는 선택을 통해 소량의 퇴적물이 순차적으로 배출되도록 할 것이다. 가끔씩 엔지니어들은 저수지를 통과하는 수로를 건설하거나, 식물을 심어 퇴적물을 안정화하거나, 바위나 임시 펜스 등 물리적 장애물을 세워 진흙을 제자리에 붙잡아두려 하기도 한다.

포슬 샛강에서는 대략 2만 5,000세제곱야드의 퇴적물이 댐 후면에 쌓여 있었는데, 지질학자와 여타 과학자들은 강이 부작용 없이 10년 내에 자연스럽게 퇴적물을 하류로 씻어낼 것으로 예측했다. 따라서 프로젝트는 중장비를 황무지로 운송하는 비용과 부정적 환경 영향에 무게를 두지 않을 수 없었다.

퇴적물이 더 큰 문제를 일으키는 장소들도 많다. 600만 세제곱야드의 진흙이 남부 캘리포니아 주 마틸랴 샛강에 있는 마틸랴댐 후면에 쌓여 있다. (사실, 퇴적물이 너무 많아서 댐은 더는 관개나 식수를 위한 물 저장에 기여할 수 없다.) 동시에 하류의 강변은 퇴적물에 굶주린다. 그곳에서는 바람과 비를 통해 지속되는 침식을 모면하려면 진흙과 모래가 절실히 필요하다.

마틸랴댐은 2009년에 해체되기로 계획되어 있고, 관리자들은 섬세한 침전물 계획을 고안했다. 그들의 의도는 고운 침전물을 댐 후면에서 슬러리 파이프를 통해 5~11킬로미터 하류에 있는 현장으로 보내는 것이다. 거기서부터 강물은 홍수 기간 동안 이런 물질들을 재분배함으로써 강변과 모래톱을 형성하는 일을 할 것이다. 댐 상류에 쌓인 크고 입자가 거친 침전물은 제자리에 남겠지만, 엔지니어들은 상류의 강 수로를 자연 하천에 가깝게 더욱 꾸불꾸불하게 만들어줄 수 있을 것이다. 그러한 만곡은 침전물을 가라앉히고, 제방을 다시 세우게 해주어 홍수에 대한 방어력을 키워줄 것이다.

생태학과 엔지니어링의 화해

포슬 샛강이나 그 밖의 곳에서, 관리자와 과학자들은 올바른 판단을 위해 분수령의 전체 수계에 대해 자신들이 아는 사실은 물론 댐 제거와 복구 생태계에 대한 모든 이용 가능한 정보를 사용한다. 그러나 생태계에 대해 우리가 알지 못하는 지식들이 꽤나 많기 때문에 댐 해체 작업자들은 자신들이 결과를 예측하기 힘든 장기적 실험에 돌입했음을 자각해야 했다. 예를 들면 포슬 샛강은 외래종 물고기 제거에 나선 최초의 프로젝트였다. 만약 성공한다면, 이 전략은 최소한 화학적 처리가 가능한 작은 샛강에서는 통상적 절차가 될 것이다.

포슬 샛강에서 우리 연구팀은 이제 강이 어떤 과정을 거쳐 회복되는지 기록하게 될 것이다. 답이 나오지 않은 많은 질문들 중에서, 우리는 향후 5~10년에 초점을 맞추길 희망한다. 즉 토종 어류는 간섭 없이 번창할 수 있을까?

외래종 어류는 다시 돌아올까? 포슬 샛강의 이야기에서 흥미롭지만 이상하게 뒤틀린 한 가지 사실은 외래종 어류를 제거하기 위해 사용된 화학 물질이 외래종인 가재에게는 해가 없었다는 점이다. 이 가재는 먹이사슬에 큰 파국을 가져오는 것으로 악명이 높다. 외래종 어류는 가재를 잡아먹고, 따라서 갑각류의 군집수를 낮게 유지해준다. 어쩌면 우리는 하나의 나쁜 상황을 또 다른 나쁜 상황으로 대체한 것일 수 있다. 덧붙여 포슬 샛강의 복원에 따라 그곳의 방문자 수도 복원되고 있다. 강을 따라 적재적소에 더 많은 하이킹 코스가 생겨나면서, 관리자들은 이제 사람들의 접근성을 허용하는 동시에 깨지기 쉬운 생태계를 보호할 규칙을 고안해야 하는 난관에 봉착했다.

포슬 샛강 같은 현장 실험을 보완하기 위해, 연구자들은 컴퓨터 시뮬레이션을 사용해 실내 연구를 실시한다. 미네소타 주에 있는 국립지표면동력학센터는 소형 하천, 댐, 저수지의 모형 생태계를 창조했다. 그곳의 탐구자들은 댐이 서로 다른 방식으로, 다른 정도로 제거될 때 침전물이 어떻게 하류로 움직이는지 결정하려고 시간차 사진기를 사용한다.

한때 댐 건설에 이바지해왔던 많은 엔지니어들은 이제 댐 해체에 나서는 자신을 발견하곤 한다. 국토개발국과 육군 공병대 등의 미국 정부 기관은 성격이 같은 유럽 쪽 관련 기구와 마찬가지로 댐의 제거 방법뿐만 아니라 부정적 영향 없이 구조물의 편익을 취할 방법을 연구한다. 예를 들면 강을 봉쇄하지 않은 채 강에서 물을 추출하는 법 등이다. 세계댐위원회의 2000년 보고서에 대응해 엔지니어들은 미래 댐의 청사진 속에 해체 작업을 통합하려 노력한다.

사회는 댐의 찬성과 반대를 사이에 두고 계속해서 평행선을 달리며 댐의 유용성과 편익을 그 파괴적 비용과 저울질할 것이다. 그리고 과학자들은 자연 생태계와 인간 공동체 모두가 번창할 수 있도록 댐을 가장 잘 제거하는 방법을 계속 배워야 할 것이다. 향후 몇 년 동안, 대형 댐을 여러 개 해체함으로써 중요한 지식을 더 많이 얻을 것이다. 2009년에는 워싱턴 주의 올림픽국립공원에서 댐 두 개를 해체할 것이다. 210피트 높이의 글라인스캐니언댐과 108피트 높이의 엘화댐이 그것이다. 두 댐에서 작업하는 과학자들은 산소 농도, 곤충 군집, 침전물의 무게 등은 물론 연어와 옥새송어에 대한 기초 자료를 수집한다. 일본 아라세댐은 2010년 철거할 예정인데, 이는 빈약한 수질과 수산업의 저하를 우려한 시민 활동가들의 오랜 캠페인이 불러온 결과다. 호주는 댐을 제거함으로써 1만 9,500에이커의 모코언 호를 다시 습지로 돌리려 한다. 한편, 프랑스는 루아르 계곡에서 다섯 번째 댐을 해체할 것을 심사숙고 중이다.

대부분의 경우 댐 해체에 대한 논쟁이 일어난다. 이따금 예기치 않았던 논쟁이 발생하기도 한다. 루아르 계곡에서, 아버지와 아들은 반대편에 서서 분열하기도 했다. 아버지는 야생의 강과 펄떡이는 연어를 기억했지만, 아들은 그 저수지에서 헤엄 치고 배를 타고 놀면서 자랐다. 포슬 샛강의 경우, 지역사회는 발전소, 즉 차일즈어빙(Childs-Irving) 설비를 보존하고 싶어 했다. 그 당시 소수였던 여성 엔지니어 이바 터트(Iva Tutt)가 세운 곳으로, 그 자리에 가족들과 함께 살았던 몇 세대의 엔지니어들이 유지해온 역사성을 인정받아 그 보존은 복원 사업 계획의 일부가 되었다.

이는 호주의 뉴사우스웨일즈 주에 있는 웰링턴댐에서도 사실로 입증되었다. 2002년, 주수자원공사는 부시레인저스 샛강을 가로지르는 1미터 높이의 구조물(강물이 흐를 수 있도록 약간의 편차를 둔)의 족적을 남겨두기로 결정했다. 그래서 시민들은 1898년에 세운 그 댐을 여전히 감상할 수 있게 되었다. 이 같은 타협 속에서만, 깊은 생태학적 통찰력이 유연한 엔지니어링과 함께할 것이다. 세계의 물길이 식물에서 사람까지 모든 이해 당사자들을 위한 계약을 궁극적으로 만족시켜준다고 생각할 길이 열리게 되는 것이다.

3-5 대홍수 후

존 캐리

한 세기 동안, 일꾼들이 아이오와 주 더뷰크로 몰려들었다. 그들은 새로운 세대의 노동자들을 키우면서 집, 가게, 거리를 건설했다. 그리고 결국에는 비브랜치 샛강을 완전히 복개했다. 강물은 지하 하수관을 통해 콸콸거리며 흐르고, 시야에 가려졌고, 대부분의 기억에서도 사라졌다, 큰비가 오기 전까지는.

1999년 5월 16일, 24시간 만에 5.6인치(약 142밀리미터)의 폭우가 쏟아졌다. 샛상의 노수관들과 폭우 내비 하수관이 넘치면서 맨홀 뚜껑을 날려버렸다. 도로는 가슴까지 차오르는 폭주하는 강으로 변해 있었다. 몇백 채의 집과 사무실이 침수당했다.

로이 부올(Roy Buol) 시장은 몇 주 후에 열린 마을 주민 모임을 생생하게 기억한다. "모두 화가 났어요." 그가 말했다. 2001년까지 마을은 홍수를 해결할 수 있는 마스터플랜을 세웠다. 즉 복개된 샛강을 다시 자연 하천으로 돌리고, 홍수를 통제하도록 제방을 강화할 것. 물론, 그 계획을 위해서는 몇 채의 집을 철거해야 했다. "계획은 잘 받아들여지지 않았어요." 더뷰크 시 토목 공사 담당 엔지니어인 데론 뮤링(Deron Muehring)이 말한다. 계획은 지체되었다.

그러고 나서 2002년 6월, 이틀에 걸쳐 6인치(약 152밀리미터)가 넘는 비가 내렸다. 폭우가 과거 침수를 당한 바 있었던 바로 그 집과 사무실들을 덮쳐서 열심히 수선한 집을 다시 엉망으로 만들었다. 이 사건은 정치적 정체를 돌파

하고, 시의 지도자들이 2,100만 달러의 계획에 힘을 합치도록 했다. 이 계획은 주변을 재정비하기 위한 것으로, 집들을 철거하고 두 개의 하천에 푸른 숲의 수변 공원을 추가로 조성하는 안이 여기에 포함되었다. 기후 변화나 미래 세대를 위해 지구를 살릴 필요성은 그들의 의사 결정에 결정적 역할을 하지 않았다. 주민들은 진절머리가 났고, 지역 지도자들은 그 지역이 낙후되어 회복 불가능해지는 것을 우려했다. 시는 74채의 건물을 매입했고, 2010년의 또 다른 침수 이후에 공사가 시작되었다. 엔지니어들은 현재 2,000피트(약 1킬로미터)에 달하는 비브랜치 샛강을 복원했다. 프로젝트가 끝나는 2013년이 되면, 시는 몇백만 달러의 피해를 입혔던 올해 7월처럼 10인치(약 254밀리미터) 이상의 폭우가 반복된다고 해도 견뎌낼 능력을 갖출 것이다.

기후 변화와 맞서려는 미국 연방정부의 정책은 전반적으로 정체되고 있으며, 일부 의원들은 괜한 소란을 일으킨다며 과학자들을 비판한다. 더뷰크 시의 행동은 이런 현실을 담고 있는 커다란 이야기의 소우주라고 할 수 있다. 그러나 크고 작은 도시, 물 당국자, 수송 기관, 여타 지방 기구들은 기후 변화가 실재하느냐를 둘러싼 논쟁에 관심을 기울이기보다는 직접 행동에 나선다. 더뷰크 시처럼 그들은 이미 전례가 없는 홍수, 가뭄, 열파, 해수면 상승 등을 경험하고 있으며, 이런 사건들이 가져올 수 있는 죽음과 파괴에 직면했다. "우리는 적응 문제를 심각하게 생각합니다." 아이오와 주 상원의원 롭 호그(Rob Hogg)의 말이다.

실제로, 약 16개 주가 기후 적응 계획을 수립해놓았거나 개발 중에 있다.

여러 주들과 함께 일하고 있는 워싱턴 D.C. 조지타운기후센터의 증언이며 필자의 아내 빅키 아료요(Vicki Arroyo)가 이 센터의 책임자이기도 하다. 아무도 정확한 수를 기록해두지 않았지만 지역 사회와 기관들 몇백 곳이 점차 심각해지는 기후 대응에 나선다. 그렇지 않은 지역과 기관들은 "맹목적으로 이전의 관행대로 일을 처리하고 있습니다." 도시 설계사로서 뉴햄프셔 주에 위치한 킨의 도시 계획 수립에 도움을 주었던 미카엘라 앵거트(Mikaela Engert)의 말이다.

용기 있는 개인들

적응 노력을 보여주는 태피스트리는 여러 개의 공통된 실들로 함께 묶여 있으며 점차 그 모습을 드러낸다. 첫 번째로 가장 큰 주목을 받는 것은 지역 사회에 존재하는 침수된 주택과 마른 저수지다. 보수적인 아이오와 주에 있는 더뷰크에서조차, 기후 변화가 사기라는 주장은 홍수가 계속 닥쳐옴에 따라서 사라져버렸다. "몇 년마다 반복되는 이런 500년간의 사건들이 얼마나 자주 일어나야 뭔가 잘못되고 있다는 사실을 깨닫게 될까요?" 부올 시장이 묻는다. "사람이 영향을 미쳤던 그렇지 않았든, 기후는 역사상 그 어느 때보다 빠른 속도로 변하고 있어요."

두 번째 실은, 안티오크대학교의 환경 연구 학장인 마이클 심슨(Michael Simpson)이 관찰한 것처럼, "모든 적응은 지역적"이라는 것이다. 공항, 항구, 해안의 지역 사회를 위협하는 해수면 상승에 대한 샌프란시스코 만 지역의 반응은 분명히 열파를 틀어막기 위해 '녹색' 지붕을 세우고, 나무를 심고, '냉각' 포장을 설치하려는 시카고의 계획과는 달라야 할 것이다. 국가적·전 지구적 노력들이 중요한 역할을 하는 건 분명하다. 그러나 지역적 문제에 대한 적응에는 "도전에 나서려는 용기 있는 개인들"의 역할이 크다고, 기후 적응 컨설턴트이자 스탠퍼드대학교 특별 연구원 수잔 모저(Susanne Moser)가 말한다.

그런 개인들은 '적응이 어렵다'는 마지막 실 때문에 자신에 걸맞게 일을 만들어간다. "그것은 충분히 많은 사람들을 위한 특권이 될 수 없습니다." 상원의원 호그가 말한다. 계획 과정 자체는 도전적인 일이다. 많은 이해 당사자들을 함께 불러 모아야 하기 때문이다. 효과적 단계들을 행할 수 있는 경우조차 종종 예산상의, 정치적인, 또는 규제의 장벽에 계획이 가로막힌다. 특히 위협이 불확실할 때 적응은 더 어려워진다. 덴버 수자원공사가 하듯이 예측된 가뭄에 직면하여 물 공급을 다원화하는 것은 지극히 당연해 보이지만, 텍사스와 오클라호마 주처럼 광범위한 작황 실패에 어떻게 적응할지에 대한 해답은 분명 보이지 않는다.

복잡성은 여러 가지 대응이 뒤섞여 일어나는 이유를 설명해준다. "우리는 비교적 짧은 기간에 놀라운 발전을 이뤄냈습니다." 오리건 주에 있는 유진 시 기후 리더십 이니셔티브 관리 책임자 스티브 애덤스(Steve Adams)가 말한다. 몇 가지 예들이 있다. 남부 네바다 수자원공사는 7억 달러짜리 취수 시스템을 파고 있다. 미드 호 밑으로 깊게 파서 미드 호 수위가 현재의 두 취수구보다 밑으로 떨어지는 경우에도 라스베이거스 계곡으로 계속 물을 제공해주려는 것이다. 아마도 이런 우려는 곧 현실로 나타날 수 있을 것이다. 토론토는 최근에 연이어 발생한 강력한 홍수에 대응하고자 폭우 집수지(集水地)와 배수구로 구성된 새로운 네트워크를 건설했다. 메릴랜드는 더 높은 갑문을 세우고 있으며, 해수면 상승과 폭우에 맞서 완충으로 작용할 수 있는 토지 획득을 목표로 삼는다.

허리케인 아이린으로 전례 없는 피해를 입은 버몬트 주는 더 강하고 발전된 재건설 계획을 세웠다. "이전부터 우리는 글로벌 기후 변화에서 비롯된 심술궂은 기후에 탄력적으로 대응할 인프라 구축을 위해 신중을 가하면서 코드와 기준을 바꾸고 있습니다." 버몬트 주 교통국의 환경 정책 관리자 지나 캄폴리(Gina Campoli)의 말이다. "이제는 정해진 일을 할 뿐입니다. 만약 허리케인이 다시 한 번 날려버린다면, 과거와 똑같은 방식으로 원상 복귀하는 것은 불가능할 거예요. 우리는 여기에 판돈을 걸었어요."

한편, 인상적으로 보이는 이런 개발들은 필요한 것의 표면을 건드리는 것에 불과하다. 미국 전체 지역 사회에서 아주 적은 비율만이 적응을 시도하고 있다고, 모저가 확인해준다. 전체 상황을 들여다보면, "우리의 체질이 너무 허약해요." 경제학자이자 《미국의 기후 문제(Ameria's Climate Problem)》의 저자 로버트 레페토(Robert Repetto)가 주장한다. "우리가 경험하는 것은 과거의 온실 기체 배출에 따른 변화의 일부에 불과해요. 그런데 배출은 계속 증가합니다. 우리가 적응할 수 없을 거라고 생각해요."

3-5

기후 모델의 예측

인간의 행동에 의해 변하고 있는 기후라는 그림을 과학이 점점 더 확실하게 그려주기 때문에 더 많은 행동이 정당화될 수 있는 것 같다. 예를 들면 기후 모델은 평균 밤중 온도의 상승을 예측하고, 현재 예외 없이 그런 일이 사실임을 측정을 통해 알 수 있다. 그런 현상은 옥수수의 산출량을 떨어뜨리는 원인으로도 작용하는데, 식물들은 더 따뜻한 밤중에 더 많은 호흡(이산화탄소를 태우는 것)을 한다. 그렇지 않았다면 옥수수가 낟알을 살찌우는 데 사용할 수 있었을 연료를 태우는 셈이다.

기후 모델은 지구 온도가 올라감에 따라서 열과 가뭄이 미국 남서부와 중동 지역을 가로지르는 구간에서 빈번해지고, 지역적으로 미국 중서부에서 러시아에 이르는 고위도에서도 열파가 일반적 현상이 될 것을 예측한다. 마찬가지로 예측 또한 현실이 되고 있다.

마지막으로, 기후 모델은 올해 여름에 버몬트와 뉴욕 주를 강타했던 것 같은 더 많은 홍수를 예측한다. 온도가 1도 올라갈 때마다 대기는 7퍼센트의 습기를 더 머금을 수 있다. 그것은 일반적으로 비가 2~3퍼센트 더 오는 것을 의미하지만, 폭우가 6~7퍼센트 더 쏟아진다는 것을 뜻하기도 한다.

온실가스 배출에서 획기적인 절감이 없다면 "이런 사건들이 더 일상적이 될 겁니다." 로렌스버클리국립실험실 전임 연구원 마이클 베너(Michael Wehner)가 말한다. "나는 이런 사실에 반대할 사람은 없을 거라고 생각해요." 영국기상청의 기후 감시 평가 책임자 피터 스토트(Peter Stott)가 한 작업은

2003년 유럽을 강타했던 열파의 이상 현상이 산업 시대 이전에 비해 네 배나 증가했음을 보여준다.

어떤 극단적 기후 사건이 직접적으로 기후 변화에 따른 것이라고 말하기는 어렵다. 하지만 그것은 "중요하지 않습니다. 그것이 바로 기후 변화의 특징이기 때문입니다. 우리는 준비해야 합니다." 샌프란시스코 공공시설위원회 기후 프로그램 책임자 데이비드 베하(David Behar)의 말이다. 심슨이 개발한 프로젝트는 뉴햄프셔 주 강우량 자료를 사용했는데, 그 자료는 그 주에서 1934년 이래로 발생한 가장 큰 열다섯 번의 홍수 중 열 번이 지난 15년 동안 발생했음을 보여준다. 또한 200년 만에 내린 비에서 나타났던 급류의 양이 현재는 25년 만의 폭풍에서 나타난다. 그럼에도 뉴잉글랜드 주에 있는 대부분의 도시공학자들은 여전히 배수 도랑, 배수관, 교량 등을 1920~1950년대의 강우 자료에 기초해서 설계한다. "현재 진행 중인 대부분의 인프라는 크기가 매우 작습니다." 심슨이 말한다.

기후 변화에 대처하는 첫걸음

관행을 바꾸라고 지역 사회를 설득하기 위해 굳이 지나치게 정치화된 용어인 '기후 변화'를 들먹일 필요는 없다. 최악의 재난을 경험한 바 있는 크고 작은 도시들은 적응의 최전선에 서 있게 마련이다. 지역 지도자들은 장애물을 극복하기 위해 지역 사회의 지원을 끌어모을 수 있다. 좋은 예가 킨이다. 2005년 10월, 심슨이 시의회에서 배수 도랑과 도로가 커다란 폭풍에 취약하다는 보고서를 제출한 지 사흘 뒤, 11인치(279.4밀리미터) 폭우가 그 지역을 강타했다. 폭우는 집과 다리는 물론 배수 도랑과 도로를 파괴했고, 정수 처리장은 문을 닫아야 했으며, 죽은 사람도 여럿이었다. 재앙이 약간의 외부 도움을 받아 도시를 자극했고, 그 결과 미국에서 가장 그리고 멀리 나아간 적응 계획의 하나를 개발하도록 했으며, 진흥을 위해 자금 지원을 찾아 나서게 했다. 그 계획은 기획 책임자 레트 램(Rhett Lamb)이 맡았다. 그 시의 주도로를 따라 나 있는 인도인 워싱턴 스트리트는 다공성 콘크리트로 대체되고, 이면 도로들은 연석 대신에 풀로 이루어진 경계를 채용했다. 이렇게 두 경우 모두 비가 도로를 뒤덮어 홍수의 원인이 되는 것을 막고 주변으로 퍼져나가 주변 땅으로 서서히 스며들 수 있도록 했다.

아이오와 주 찰스 시에서는 2008년의 파괴적 홍수가 변곡점이 되었다. 그 홍수에서 시더 강이 차올라 최고 수위가 이전 기록보다 거의 3피트 높아졌다. 자신의 집이 물에 가득 찬 모습을 본 "사람들은 얼마나 더 많은 홍수를 겪어야 우리가 변할 수 있을지 생각했습니다." 시 관리자 톰 브라운로(Tom Brownlow)가 말한다. "'이것은 우리가 다뤄야 할 장기적 이슈다'라고 말하며 리더십을 발휘할 수 있는지는 우리의 몫입니다." 시는 리더십을 발휘했다. 16개 블록의 거리를 파헤치고, 돌과 자갈의 두터운 토대 위에 투과성 포장을 깔았다. 그런 도로 시스템은 물이 도로 위를 치달리면서 홍수를 재촉하는 대신 도로를 통과하여 땅속으로 스며들게 해주었다. 더욱이 포장 아래 지역에 미생물들이 머물면서 기름과 오염 물질을 먹어치우게 해서 물이 깨끗한 상태로 땅속으로 가라앉아 강물에 도달하게 했다. 시는 또한 수변 환경을 세계 수준급의 급류 카약 코스 같은 여가 시설로 변경했다. 이제 "우리는 100년 비에도 견디게 되었고, 거리에 머무는 빗물이 더는 없어요." 브라운로가 말한다.

마찬가지로 아이오와 주 옥수수 농부들도 늘어나는 비에 대한 대응에 나선다. 그들은 들판이 너무 물에 잠겨서 파종이 지연되거나 옥수수 성장이 방해받는 환경을 방지하기 위해 많은 배수 타일을 설치하는 데 몇만 달러를 지불했다. 역설적이게도, 그들은 에이커당 세 배나 많은 씨앗을 심고 있다. 봄에 늘어난 토양의 습기 덕분에 같은 들판에서 더 많은 곡물이 자라는 이점을 기대하기 때문이다. 농부들은 대부분 인류가 기후를 변화시킨다는 사실을 부인한다. 하지만 "그들은 이미 적응하고 있고, 그것으로 돈을 법니다." 아이오와 주립대학교 기상학 및 글로벌 기후 변화 교수 진 타클(Gene Takle)이 말한다.

홍수는 기후 변화가 즉각적으로 가져온 위협이다. 그럼에도 일부 지역 사회들은 이를 통해 파생되는 장기적 영향에 적응하는 데 나서고 있다. 예를 들면 샌프란시스코 만 지역은 만에 있는 하수구 배출 장치 16개를 개량하는 데 2,000~4,000만 달러를 지출할 계획을 세웠다. 해수면 상승과 폭풍 파도가 물을 배출 장치로 거꾸로 밀어 올려서 하수 처리 시설로 유입되는 것을 막기 위해서다.

샌프란시스코 만 동쪽 해변에 있는 캘리포니아 주 헤이워드에서 장기적 관점을 가르치는 고집스런 사람이 있다. 전(前) 나사 기후 모델 설계자이자 핵무기 전문가인 빌 커크(Bill Quirk)는 2004년 시의원으로 당선되자 해수면 상승의 위험에 시가 주목해야 한다고 거듭 강조했다. 운이 없었다. "나는 신인이었고, 어떻게 일을 풀어가야 하는지 몰랐어요." 그가 말한다.

그 후 2005~2006년 신년 이브에, 만조 때 폭풍 파도가 시의 방파제를 강타하면서 심각한 훼손이 발생했다. 커크의 비호 아래, 헤이워드 지역 해안선 기획국은 해법을 연구하기 위한 명목으로 3만 달러를 긁어모았다. 여러 세기가 흐르는 동안, 샛강과 하천을 씻어 내린 침전물이 만을 따라 나 있는 습지에 쌓이면서 폭풍 파도에 대항하는 완충 지대를 만들었다. 그러나 일단 하천들이 배수 도랑과 하수관으로 연결되자, 침전물이 만으로 직접 흘러 들어가기 시작하면서 해안의 계류장과 선박 수로를 채웠다. 기획국은 물 일부와 침전물을 다시 한 번 습지로 되돌려서 습지 복원에 도움을 주기 위한 시범 사업을 시작하고자 한다.

사람들이 압도당한 제방이나 물에 잠긴 지하실과 마주하지 않았다면, 특히 예산과 정치적 반향이 거셀 때, 적응의 사례를 만드는 것은 더욱 힘이 드는 일이다. 아이오와 주에서, 상원의원 호그는 강으로 흐르는 지표수를 느리게 해서 하류 도시들의 홍수를 줄이는 습지 회복 계획을 밀어붙인다. 그러나 그의 제안은 주 입법 과정을 통과하지 못했을 뿐만 아니라 기존에 있었던 주의 프로그램들도 중단되고 있다. "지금은 벽에 머리가 처박힌 것처럼 느껴지는 시간입니다." 상원의원 호그가 말한다. "그러나 우리는 계속해야 합니다."

기후 변화에 적응하기

신생 연구는 연방정부에서 많은 도움을 받을 수 있을 것이다. 더 많은 연구가 가능해지고 있다. 2009년, 버락 오바마 대통령은 2012년 중반까지 기후 적응 계획을 개발할 것을 정부 기관들에 요구하는 명령서에 서명했다. 기관들 중에서 임무를 심각하게 받아들이는 곳은 국방부다. 취약한 해안선을 따라 있는 많은 시설물들에 대한 우려 때문이다. 교통부는 영향을 받을 수 있는 도로, 교량, 여타 인프라를 파악하는 것을 목표로 삼는다. 그리고 야생 생물 기관들은 이동하는 기후대에 직면해 생물종, 생태계, 야생 생물 피난처 등을 건강하게 유지하는 방법을 두고 투쟁을 벌인다.

또 다른 행동 촉구는 사적 영역에서 올 수도 있다. 거대 재보험회사 스위스 리는 기후 적응의 경제학에 대해 맥킨지사, 환경 단체들과 함께 일한다. 사례 연구들에 따르면, 기후 재앙 이후에 손실을 보상하는 것보다 지금 좀 더 탄력적일 수 있게 돈을 투자하는 것이 지역 사회로서는 훨씬 저렴한 비용이 든다. 이런 접근은 보험회사들에 이익을 가져다줄 게 분명하다. 석유 산업은 더욱 강력한 허리케인에 맞설 수 있도록 이미 시추 장비의 강도 기준을 높인 바 있다. 마찬가지로, 에델만사 부사장으로 이미 시카고의 적응 계획 개발에 도움을 준 바 있는 조이스 커피(Joyce Coffee)는 적응을 통해 엄청난 기회를 창조해낼 수 있다고 회사를 설득하는 중이다. 지역 사회의 폭우 시스템 업그레이드에 기부한 쇼핑몰 소유자는 지역의 신망을 받고, 홍수에서 자산 피해를 입을 위험을 줄이고, 기상이 악화되어도 여전히 물건을 살 수 있는 기회를 제공할 것이다.

기후 변화에 적응하는 것은 확실히 더뷰크로서는수지가 맞는 일이다. 실업률이 낮아지고, 혁신을 통해 재산 가치가 높아지고 직업이 창출될 것으로 기대된다. 시는 미국에서 다섯 손가락 안에 드는 가장 복원력이 큰 도시로 유명하고, 지구에서 가장 스마트한 10대 도시에 속하며, 세계에서 가장 살기 좋은 지역 사회라고 할 수 있다. "일찍이 지속 가능성에 몰두한 도시들은 경제적 이득을 보게 될 것입니다. 그리고 우리는 그것을 보고 있습니다." 시장 부올이 말한다.

3-6 담수 위기에 직면하여

피터 로저스

내 친구는 인도의 가장 부유한 도시에 속하는 뉴델리 중산층 거주 지역에 산다. 그 지역에는 매년 꽤 많은 양의 비가 내리지만, 그는 앞으로 한 시간밖에 담수를 이용할 수 없다는 시끄러운 메가폰 소리를 듣고 아침잠에서 깨곤 한다. 화들짝 놀라 부리나케 깨어 일어난 그는, 그날 쓸 물을 준비하려고 부지런히 욕조와 용기에 물을 채운다. 뉴델리의 만성적 물 부족은 몇 해 전 물 관리자들이 강 상류와 저수지에서 관개를 위해 대량의 취수를 결정했기 때문에 발생했다.

건조한 피닉스에 사는 내 아들은 스프링클러가 신록의 교외 잔디밭과 골프 코스에 낮게 쉭쉭거리며 물을 주는 소리에 아침잠에서 깨어난다. 피닉스는 소노란 사막 한가운데 있지만, 내 아들은 사실상 무제한으로 물 공급을 만끽한다. 그곳 정치가들은 관개수가 농사일에 사용되는 데 더해 도시와 교외까지 옮겨갈 수 있도록 허용했다. 한편, 재순환된 폐수를 조경과 여타 비식용 용도에 쓰는 것을 허용하기도 했다.

뉴델리와 피닉스에서 그런 것처럼, 전 세계 정책 입안자들은 수자원이 관리되는 방식에 엄청난 권력을 휘두른다. 그런 권력의 현명한 사용은 시간이 갈수록 점점 더 중요해질 것이다. 현재 세계의 많은 곳에서 담수 수요가 공급을 초과하고 있고, 이런 상황이 완화될 기미가 전혀 보이지 않기 때문이다. 잘

3-6

알려진 문제라고 해서 그 문제가 덜 혼란스럽다는 뜻은 아니다. 즉 오늘날 여섯 명 중 한 명(전 세계 10억 명 이상)이 안전한 담수에 부적절하게 접근할 수밖에 없어서 고통받는다. 유엔에서 발표한 자료에 따르면, 2025년까지 지구 전체에서 반 이상에 걸쳐 국가의 담수 자원이 스트레스를 주거나 완전히 부족하게 될 것이다. 사람들은 점점 더 이용할 수 있거나 이용을 보장받을 수 있는 것 이상을 요구하게 되겠지만 이번 세기 중반까지, 지구 인구 4분의 3이 담수 결핍에 직면할 수 있다.

과학자들은 세계 인구가 증가하고, 많은 사람들이 더 부유해지며(따라서 수요가 커지며), 글로벌 기후 변화로 많은 지역에서 건조성이 가속화되고 공급이 감소되기 때문에 물 부족이 더 넓은 지역에서 일반적 현상이 되리라 예상한다. 설상가상으로 가금류 폐기물, 산업 오염 물질 배출, 비료 유출, 지하수가 마르는 데 따른 대수층의 소금물 해안 유입 등으로 많은 수자원이 위협당한다. 물에 접근할 수 없다는 것은 곧 기아, 질병, 정치적 불안정, 심지어 무장 대립 등을 가져오므로, 행동에 돌입하지 않으면 참담한 결과가 광범위하게 펴질 수 있다.

다행스럽게도 기존 담수를 보존하고 더 안전하게 지키는 데 필요한 기술과 정치적 도구가 폭넓게 알려져 있다. 나는 특히 효과적일 것으로 보이는 몇 가지를 다루려 한다. 지금 당장 요구되는 것은 행동이다. 모든 단위의 정부 당국들은 현재와 향후 몇십 년 동안 물 안보를 보장해줄 수 있는 정치적·경제적·기술적 수단의 이행을 위해 구체적 계획을 공식화하고 실행해야 한다.

늘어나는 담수의 부족 현상

세계의 물 문제를 해결하기 위한 출발점으로 세계의 각기 다른 지역에서 공급을 방해하고 수요를 증가시키는 요소들에 대한 지식을 갖추는 동시에 개인들에게 물이 얼마나 필요한지 이해할 필요가 있다. 스톡홀름국제물연구소의 말린 펄큰마크(Malin Falkenmark)와 여러 전문가들은 평균적으로 지구상의 각 개인에게는 생명 유지를 위해 식수, 위생, 식품 재배 등에 매년 최소 1,000세제곱미터의 물이 필요하다고 추산한다. 이는 올림픽 규격 수영장에 들어가는 물 양의 5분의 2에 해당한다. 사람들이 충분한 양을 확보할 수 있는지 여부는 그가 사는 곳에 따라 크게 달라진다. 글로벌 수자원의 분배가 폭넓게 변하기 때문이다.

적절한 물 공급은 특별히, 건조하고 인구수가 많은 저개발국에서는 해결하기 어려운 과제다. 그런 지역에서는 수요는 많고 공급은 적기 때문이다. 나일 강, 요르단 강, 양쯔 강, 갠지스 강 등의 주요 강들은 과중한 짐을 지고 있을 뿐만 아니라 1년 중 오랫동안 규칙적으로 말라 있다. 그리고 뉴델리와 베이징, 여타 많은 신생 도시들의 지하 대수층 수위는 계속 떨어지는 중이다.

마찬가지로 담수의 부족은 선진국에서도 더 커지고 있는 공통적 현상이다. 예를 들면 미국에서는 최근 심각한 가뭄으로 조지아 주 북부 지역과 미국 남서부의 많은 도시들이 물을 두고 서로 다퉈야 할 지경이다. 인공호인 미드 호와 포웰 호는 이 문제를 상징적으로 잘 보여주는데, 두 호수 모두 과도한 스트레스를 받는 콜로라도 강에서 물을 공급받는다. 두 호수의 기록은 연속해서 감소하고 있고, 높다란 계곡 벽엔 백악질의 고수위 표시가 욕조의 고리들처럼 뚜렷하게 남아 있다.

물의 합리적 할당과 공급

물론, 위치가 물의 활용 가능성을 온전히 결정하는 것은 아니다. 지불 능력도 주요 요인이 된다. 미국 서부에 거주하는 사람들의 속담에 따르면, "물은 언덕 아래로 달리지만, 언덕을 향해 달려야 돈을 번다." 달리 말해, 공급이 부족할 때 권력은 예외 없이 저소득 투자 활동을 희생시키고 고소득 투자 활동으로 물의 공급로를 바꾼다. 따라서 돈 있는 자들만 물을 얻고, 나머지는 그럴 수 없다.

이런 사회적 배열로 인해 가난한 사람들과 비인간 물 소비자들, 즉 인접한 생태계의 동식물들은 불충분한 할당을 받을 수밖에 없다. 그리고 그러한 서구의 속담이 담은 경제적 현실은 매우 좋은 의도조차 왜곡할 수 있다.

이를 잘 보여주는 사례가 세계에서 가장 잘 관리되는 수역(水域) 또는 집수(集水)로 꼽히는 호주 남동부 머리달링 강 유역에서 일어났다. 몇십 년 전, 농업주의자들과 정부는 그곳에서 평등과 경제에 기초한 정교한 방식으로 인간 이용자들, 즉 포도 재배자, 밀 농부, 양 목동 사이에서 물을 분배했다. 지역 물 계획 협약을 체결함으로써 참여자들은 물을 사고팔고, 물에 대한 권리를 시장에서 판매하게 되었다. 협약은 심지어 연관된 생태계와 그 속에 사는 자연 거주민들, 즉 그들의 건강이 그 지역 전체의 안녕을 보장해주는데도 종종 무시되곤 하는 핵심 '이용자들'을 위한 수생 자원도 상당 부분 보존해주었다. 예를 들면 물과 습지 식물은 거시와 미시 모두에서 생태계를 따라 돌아다니는, 인간이 배출한 물에서 나오는 폐기물을 제거하는 데 많은 일을 한다.

하지만 계획자들이 지역 환경을 유지하기 위해 옆으로 제쳐두었던 물의 양은 부적절한 것으로 판명되었다. 즉 주기적 가뭄 동안에는 물의 양을 너무 적게 잡았음이 더욱 명확해지고 있다. 이는 특히, 지난 12년의 절반 동안 그 지역에서 대재앙을 초래했던 가뭄을 통해 잘 드러난다. 머리달링 유역을 둘러싼 지역은 최근 몇 년 사이에 초목이 마르면서 엄청난 산불로 불태워진다.

경제적 행위자들은 합리적으로 충분히 자신들의 몫을 모두 챙긴다. 그들은 가뭄으로 물이 부적절하게 공급되고 심각한 수준으로 감소함으로써 엄청난 고통에 시달리는 자연환경의 필요성은 고려하지 않는다. 머리달링유역위원회 구성원들은 현재 자신들이 저지른 수자원의 잘못된 할당에 따른 재앙적 결과에서 벗어나기 위해 맹렬히 노력 중이다.

한 나라 안에서도 물을 합리적으로 할당해서 공급하는 것이 어렵다는 사실을 고려할 때 레바논, 시리아, 이스라엘, 팔레스타인 지역, 요르단(이 모든 국가들은 극단적으로 메마른 지역에 대한 공동의 제한 급수를 주장한다) 등의 국경선을 이루는 요르단 강의 경우처럼 국제적 강 유역을 할당하는 것이 얼마나 복잡할지 상상할 수 있다. 담수를 둘러싼 쟁투는 그 지역의 민간·군사 다툼을 유발하기도 했다. 오로지 지속적 타협과 협상만이 이런 긴장된 상황을 통제해줄 것이다.

3-6

물의 수요 정하기

공급과 마찬가지로 물의 수요도 장소에 따라 달라진다. 수요는 인구 규모와 증가율에 따라 커질 뿐 아니라 경제 수준에 따라서도 올라가는 경향이 있다. 즉 일반적으로 부유한 집단일수록 더 많은 물을 소비하는데, 특히 도시와 산업 지역에서 그러하다. 풍요로운 계층은 하수 처리와 집약농업 관개 등의 서비스를 고집한다. 많은 도시에서, 그리고 특별히 인구 밀도가 높은 아시아와 아프리카 영토에서 물 수요는 빠르게 증가한다.

경제 수준에 더해, 물 가격은 수요의 범위를 정하는 데 도움을 준다. 예를 들면 1990년대 후반, 나는 동료와 함께 2000~2050년의 글로벌 물 이용 추이를 시뮬레이션해본 적이 있는데, 1998년을 기준으로 한 수입 및 물 가격과 동일하다면 전 세계 물 필요량이 대략 휴런 호의 양과 같은 3,350~4,900세제곱킬로미터로 증가할 것이라는 결과를 얻었다(1세제곱킬로미터의 물은 올림픽 수영장 40만 개를 채울 수 있는 물의 양이다). 그러나 만약 가장 가난한 나라들의 경제 수준이 오늘날 중간 정도 국가의 수준과 같아진다면, 그리고 그런 나라의 정부들이 물 이용을 제한하려는 별다른 정책을 추구하지 않는다면, 수요는 거의 세 배로 늘어날 것이다(9,250세제곱킬로미터까지). 이렇게 늘어난 물 필요량은 물 공급에 엄청난 압력으로 작용할 것이다. 이는 세계물관리연구소(이하 IWMI)가 제시한 예측과 꽤나 잘 들어맞는 결과다. 연구소의 2007년 연구 보고서, 〈식품을 위한 물, 생명을 위한 물(Water for Food, Water for Life)〉는 '사업적 관행대로' 또는 '현재의 관행대로' 시나리오를 검토 중이다.

하수를 줄이는 방법

물 문제에서 경제학과 수입의 중요성을 고려해 합리적 가격 정책을 적용하는 것은 충분히 검토해볼 만하다. 가정과 산업 이용자들이 보존에 힘쓰도록 장려하기 위해서다. 과거에, 미국과 그 밖의 경제 대국에서 담수의 가격은 너무 싸서 사용자로서는 물을 절약할 필요를 전혀 느낄 수 없었다. 사람들이 천연자원을 개발할 때 종종 그랬듯이 생필품이 너무 싸서 공짜나 다름없어 보이면 하수에 대해 우려를 표하는 사람이 거의 없게 된다.

가능한 곳에서 물의 가격을 높게 책정하는 것은 내 처방전 중에서 최상위에 있다. 이는 선진국에서 설득력이 큰 방법으로, 특히 거대 도시와 산업 지역에서 그렇다. 그리고 점점 더 많은 개발도상국에서도 중요해지고 있다. 예를 들면 높은 가격은 한번 사용된 물의 체계적 재이용(중수라고 부른다) 수단을 도입하도록 촉진한다. 또한 물 관련 기관들로 하여금 재활용과 재생 시스템 수립을 촉구한다.

가격이 높아지면 시 당국자들은 상하수도 시스템 상태를 개선해 물 손실을 줄이는 것이 이익임을 확신하게 된다. 물 가격이 너무 낮은 경우에는 미래 개발과 보수 유지를 위한 자금 지원이 불충분해지는 결과를 초래할 수도 있다. 2002년, 회계감사원은 미국의 많은 물 관리 기관들이 인프라 유지 보수를 미루는 방식으로 제한된 운영 예산을 맞춘다고 보고했다. 조기에 누수를 예방함으로써 대형 사고를 미연에 방지하는 접근보다는 사고가 난 뒤에 수리하는 방식을 택하는 것이다.

그렇지만 물 손실을 줄이고 안정적 운영을 보장하기 위해 미국과 캐나다의 물 인프라를 수선하고 현대화하는 데 드는 비용은 꽤 클 것이다. 컨설팅 기업 부즈앨런해밀턴사는 향후 25년 동안 두 국가의 물 시스템을 연결하는 데 3조 6,000억 달러가 들어갈 것으로 추산했다.

목적이 물을 절약하는 것이라면, 또 다른 핵심 전략은 가장 큰 소비자들에게 초점을 맞추는 것이다. 이런 전략의 핵심에는 관개농업이 자리한다. 여타 단일 활동과 비교할 때 관개 지표수를 보존하는 것은 더 많은 담수를 획기적으로 보존하는 방법이 될 수 있다. 관개 농법에 대한 기술적 개량이 전혀 없는 상태에서 2050년의 세계 인구를 부양하려면 관개수 공급량은 상당히 증가할 수밖에 없으며 IWMI 연구에 따르면 현재보다 2,700~4,000세제곱킬로미터 증가할 것으로 보인다.

한편, 관개 효율에서 사소하게 10퍼센트만 증가해도 모든 이용자들에게서 증발되어 사라지는 것 이상의 물을 얻게 될 것이다. 이 목표를 달성하려면 물 공급 인프라에서 발생하는 누수를 막고, 농장의 곡물에 물을 더욱 효과적으로 전달해주고, 저수지에서 물 손실을 낮출 필요가 있다.

남부 캘리포니아에 있는 도시 물 공급자와 임페리얼 관개 유역에 거주하는 관개업자들 사이의 협정은 창조적인 보존 노력을 잘 보여준다. 도시민들은 새는 물을 막기 위해 관개 수로를 방수용 물질로 내벽 처리하는 비용을 대고, 그렇게 해서 절약된 물은 도시의 필요한 곳에 배달될 것이다.

관개수를 보존하려는 추가적인 접근은 비(非)생장 기간에는 농토가 아니라 지하 저장고로 보내는 것과 관련이 있다. 세계 대부분의 지역에서 비와 눈, 지표수는 그해의 비생장 기간에 집중되는 경향이 있다. 관개수에 대한 요구가 가장 낮은 시기다. 따라서 관리자들에게 요구되는 근본적 임무는 공급이 풍부한 기간에서 수요가 높아지는 기간으로 물을 연결해주는 것이다.

가장 일반적인 해법은 지표수를 재배 기간이 올 때까지 댐 후면에 붙잡아두는 것이지만, 외부에 노출되어 있으므로 많은 양이 증발되고 만다. 지하 저장고는 증발에 따른 손해를 줄여줄 수 있다. 지하 저장고의 실현 가능성을 높이려면 엔지니어들은 먼저 지표수의 공급을 통해 재충전되고, 관개가 필요할 때면 저장된 물을 지상으로 쉽게 배달해줄 대규모 지하 저수지를 찾아야 한다. 그런 '물 은행'은 현재 애리조나 주와 캘리포니아 주를 비롯한 여러 지역에서 운영되고 있다.

적수(滴水) 관개 시스템의 광범위한 사용은 많은 관개수를 요구하는 흐름에 제동을 거는 역할을 할 수 있다. 적수 관개 시스템은 물이 토양의 표면에서 또는 직접 뿌리 지대로 서서히 스며들도록 해줌으로써 소비를 최소화한다. 소금기 있는 물, 심지어 소금물은 물론 낮은 물 수위와 가뭄을 견뎌내는 새로운 곡물 품종에 대한 투자도 관개수의 요구량을 줄이는 데 도움을 줄 수 있다.

인구와 경제 수준의 증가에 따라 농업 생산물의 수요가 늘어나는 현실에서, 물 관리자들이 현재의 관개농업에 제공되는 물의 양을 현저하게 낮출 가능성은 높지 않다. 그러나 곡물 산출량은 물론 관개 효율성의 개선은 모든 증가를 합리적 수준으로 억제하는 데 도움을 줄 것이다.

3-6

다양한 기술 개발의 필요성

세계의 미래 식량 요구량을 충족시키면서도 건조 지역과 반건조 지역에서 관개수 수요를 억제하려는 노력을 그러한 장소에 '가상수'를 제공함으로써 뒷받침할 수 있다. 이 용어는 식품이나 상품을 생산하는 데 사용된 물의 양과 관련이 있다. 만약 그런 상품들이 건조한 지역으로 수출된다면, 그 지역은 그런 상품들을 생산하기 위해 굳이 물을 쓸 필요가 없을 것이다. 따라서 수출 품목들은 수령 지역으로의 물의 이동을 나타내는 것으로 볼 수 있다. 즉 그 지역에 이른바 가상수를 제공하는 것이다.

가상수란 개념은 얼핏 보기에는 설명을 위한 도구 같지만, 상품 공급과 상품의 가상수 내용은 많은 건조한 국가들이 곡물 재배에 자신들의 급수를 피할 수 있게 도와준다. 이런 차원에서 볼 때 더 많은 물을 다른 목적에 사용할 수 있다. 가상수 개념과 확장된 교역은 물 부족에 따른 많은 국제적 분쟁의 해결책을 가져다줄 수도 있다. 예를 들면 요르단은 상품으로 가상수를 수입함으로써 이웃 나라인 이스라엘과 물로 인한 갈등의 여지를 줄일 수 있었다.

가상수의 연간 국제 교역 규모는 8,000억 세제곱미터가 넘는다. 이 양은 나일 강 열 개에 해당한다. 농업 생산물 교역을 자유화하고, 현재 식품의 흐름을 지체시키는 관세 제한을 줄인다면 글로벌 가상수 흐름이 크게 향상될 것이다. 예를 들면 완전한 자유 농업 교역은 현재의 연간 가상수 총배송량이 두 배가량 늘어난 1.7조 세제곱미터가 넘어서게 해줄 것이다.

가상수의 이전이 세상에 이익을 안겨줄지 모르지만, 늘어나는 도시의 인구들에겐 위생과 하수 처리는 물론 마실 수 있는 진짜로 흐르는 물이 필요하다. 도시의 물 기반 하수 처리 서비스에 대한 수요가 계속 늘어나는데, 이런 수요는 오줌 분리 시스템을 갖춘 건식 분해 화장실 또는 적은 물 사용 장비를 도입함으로서 감소시킬 수 있을 것이다. 이런 기술들은 소변을 분리해서 농업용으로 재사용하고, 대변은 그 자리에서 토양을 살찌우는 유기농 퇴비로 전환한다. 정원의 퇴비 더미와 기본적으로 같은 방식으로 작용하는 이런 화장실은 인간의 폐기물을 독성이 없고 영양분이 풍부한 성분으로 분해하는 데 호기성(好氣性) 미생물을 이용한다. 농부들은 최종적으로 얻은 유기농 퇴비를 곡물 비료로 사용할 수 있다. 스톡홀름 교외의 게버스 주택 사업과 여타 많은 시범 사업의 시설들에서 성공 사례를 찾을 수 있듯이 이러한 기술은 꽤 조밀한 도시 지역에서도 안전하게 이용될 수 있다.

기본적으로, 토목공학자들은 급수 시설을 하수 처리 시스템과 분리하기 위해 이 기술을 채용할 수 있다. 좀 더 폭넓게 도입된다면 이는 상당한 양의 담수를 절약하는 움직임이 될 것이다. 더욱이, 재순환된 분뇨는 화석 연료에서 기원한 비료 사용을 절약하게 해준다.

담수 수요의 제한을 넘어 반대로 공급을 늘리는 접근은 물 부족 해결에 핵심 요소가 될 것이다. 지구상의 물 가운데 3퍼센트만이 담수이고 나머지는 모두 소금물이다. 그러나 탈염 장치는 소금물의 엄청난 원천을 개발하여 균형을 잡게 해준다. 최고의 에너지 효율을 자랑하는 탈염 기술, 즉 역삼투압 시스템으로 인해 최근 들어 상당한 비용 감소가 가능해졌는데, 이는 해안의 많은 도시들이 이제 새로운 식수원을 확보하게 되었음을 뜻한다.

역삼투압이 발생할 때, 소금물은 반투과성(물이 통과하는) 막에 의해 분리된 두 개의 방 중에서 첫 번째 방으로 흘러 들어간다. 두 번째 방에는 담수가 포함되어 있다. 그런 다음, 상당한 양의 압력이 소금 용액을 품은 방에 가해진다. 시간이 지나 압력이 작용하면서 물 분자는 막을 통해서 담수 쪽으로 건너간다.

엔지니어들은 다양한 업그레이드를 통해 비용을 절감할 수 있었다. 여기에는 압력을 덜 가함으로써 사용되는 에너지 비용을 줄여주는 개선된 막과 쉬운 건설을 보장하는 더 나은 시스템 모듈화가 포함되어 있다. 경제성이 보장되는 신기술을 이용하는 대형 탈염 공장은 싱가포르와 플로리다 주 템파베이에 세워져 있다.

과학자들은 분리 효율성을 높이고 탈염 비용은 추가로 30퍼센트 낮춰주는 잠재성이 큰 탄소 나노튜브로 이루어진 역삼투압 필터에 대한 연구를 진행 중이다. 현재 시제품이 출시된 이 기술은 상업적 이용을 향해 순항 중이다. 하지만 에너지 효율성이 개선되었다고는 해도 역삼투압 기술이 여전히 에너지 집약적 성격을 띠는 관계로 응용에는 제한이 따른다. 이처럼 에너지 가격과 활용 가능성은 기술 확대에 핵심 요소로 작용할 것이다.

물 시설에 대한 투자 회수율

미래의 물 부족에서 벗어난다는 것이 아주 많은 돈을 쓴다는 것을 뜻한다는 사실은 놀랍지 않다. 부즈앨런해밀턴사 분석가들은 2030년까지 모든 이용자들의 요구에 맞출 수 있는 물을 공급하기 위해 세계가 기존의 기술을 물을 보존하는 데 적용하고, 인프라를 유지하고 대체하며, 하수 시설을 건설하는 데 연간 1조 억 달러를 투자해야 한다고 예측했다. 이는 말할 것도 없이 놀라운 수치지만 사정을 고려해보면 그렇게 엄청난 것은 아닐 수도 있다. 요구된 총액은 오늘날 연간 전 세계 국내총생산 총액의 1.5퍼센트 정도에 지나지 않는데, 이는 개인당으로 환산하면 약 120달러에 불과하다. 충분히 지출할 수 있는 액수다.

불행하게도, 국내총생산의 몇 퍼센트에 해당하는 물 시설에 대한 투자는 1990년대 이후 대부분의 나라들에서 절반으로 떨어졌다. 다가오는 몇십 년 사이에 위기가 고조된다면, 그것은 노하우의 결여 때문이 아니라 전망의 결여와 필요한 돈의 지출을 꺼리는 마음에서 온 것이리라.

하지만 낙관론을 펼칠 수 있는 이유가 최소한 한 가지 있다. 최대의 물 인프라가 필요한, 인구가 가장 많은 인도와 중국이 가장 빠른 경제 성장을 경험하고 있다는 점이다. 부적절한 물 접근으로 계속해서 고통받는 아프리카와 그 10억 거주민들은 물 인프라 구축에 가장 적은 돈을 쓰고 있으며 많은 돈을 쓸 여유도 없다. 따라서 부유한 국가들이 그런 노력을 도와주게끔 더 많은 자금을 제공하는 것이 중요하다.

국제 공동체가 함께 도전에 맞서려는 마음을 모은다면 글로벌 물 위기의 발생 가능성은 크게 줄어들 것이다. 굳이 신기술을 발명할 필요가 없다. 물 공급을 보전하고 개선하기 위해 기존 기술의 도입과 확산에 박차를 가하면 그만이다. 물 문제를 해결하는 것은 쉽지 않겠지만, 지금 당장 출발하고 물고 늘어진다면 성공할 수 있을 것이다. 그렇게 못 한다면, 세계의 많은 지역은 더 큰 갈증을 느끼게 될 것이다.

3-7 힘바족과 댐

캐롤 에젤

남부 아프리카 국가들인 앙골라와 나미비아 국경선 일부를 이룬 쿠네네 강이 내려다 보이는 산등성이에 올라서기까지 부족의 지도자 자카툰가 주마(Jakatunga Tjiuma)는 제안된 댐의 규모가 얼마나 큰지 이해하지 못했다. "저기를 보세요." 멀리 떨어진 강 협곡에 있는 골짜기를 가리키면서, 나는 통역사의 도움을 받아 그에게 말했다. 예비 조사에서 댐 콘크리트의 벽이 들어설 가능성이 가장 높게 나타난 곳이다. "저곳에 댐이 세워질 거예요." 돌아서서 나는 동쪽 언덕을 가리켰다. "그리고 물이 댐 뒤에 모여들면 호수가 만들어지는데 저곳까지 물이 찰 거예요." 저 먼 언덕이 물에 찰 정도로 물의 수위가 크게 높아진다는 사실을 이해하자 그의 눈에는 공포와 의구심이 찾아왔다. 힘바족의 정착촌, 방목지, 무덤 등에 걸쳐 140제곱마일 이상이 물에 잠긴다. 그는 어깨에 두른 담요를 꽉 붙들고 바위에 쪼그리고 앉아 있었다. 말없이!

주마는 힘바 부족장들 중 한 명의 상담역이었다. 힘바족은 1만 6,000명의 자급자족 부족으로 나미비아 북서쪽 척박한 산악 지대에서 근근이 생활하며 가끔씩 생기는 호박이나 멜론과 함께 소와 염소의 우유와 고기를 주식으로 삼아 살아간다. 힘바족은 가끔 '붉은 사람들'로 불리기도 한다. 전통적으로 몸과 머리, 자신들이 입는 동물 가죽 등에 유지방과 철광석 진흙에서 나온 가루 침전물의 혼합물을 칠하기 때문이다. 그들은 자신들이 진흙-버터 혼합물을 바르는 이유가 멋져 보이기 때문이라고 말하지만, 의심할 바 없이 그것은 건조한 기후에서 그들의 피부를 보호해준다.

몇십 년 동안, 힘바족은 비교적 고립된 채 살아왔다. 다른 어떤 부족도 그들의 척박한 대지를 원하지 않았고, 19세기 후반에 그 지역을 식민지화한 독일인들도 그들과 거의 접촉하지 않았다. 최근에 외부자와 접촉한 바가 있는데 남아프리카에 맞선 나미비아 독립전쟁(1990년에 승리를 거뒀다) 기간 동안 병사들과의 접촉이었다. 또한 진행 중인 앙골라 내전에서 흘러 들어온 약탈적 병사들과, 이따금씩 찾아오는 미국 히피나 유럽의 여행객들이 접촉의 주된 통로였다. 그러나 만약 나미비아 정부가 자신의 댐 정책을 관철한다면 2008년까지 정부가 댐 예정지로 삼고자 하는 에푸파 폭포 하류에 1,000명 이상의 외부 노동자들이 임시 마을을 이룰 것이다. 그들과 함께 현금 경제, 술, 매춘과 에이즈가 들어올 것이다. 물론 개선된 도로, 의료와 학교가 함께할 테고 전기에 접근하게 될 수 있을 것이다.

쿠네네 강에 제안된 댐을 둘러싼 상황은 원주민들에게 영향을 미치는 전 세계 댐 사업의 축소판이라 할 수 있다. 지난 11월에 논쟁이 되고 있는 최종 보고서를 출판한 세계댐위원회 보고에 따르면, 조사 대상이던 전 세계 123개 댐 중에서 68개는 사람들을 이주시켰는데, 그들 중 다수는 기술 문명 세계와 사전 접촉이 거의 없던 부족들이었다. 가장 큰 댐 사업으로 알려진 양쯔 강의 거대한 싼샤댐을 위해서는 200만 명에 달하는 중국인들이 이주할 수밖에 없을 것이다. 거의 모든 댐은 좋든 싫든 지역 주민들의 삶의 방식과 문화를 바꿔놓았고 둘의 결합을 가져오는 경우도 있다.

개발도상국이 자국의 자원에서 이득을 취하려는 매우 현실적 필요성이 존재하는 가운데, 글로벌 사회는 그런 이익에서 소외되는 사람들의 권리에 얼마나 귀 기울여야 할까? 일부 구성원들이 변화를 원치 않는 경우에도, 시민 전체의 최대 이익을 보장하기 위한 정책의 결정권을 그런 국가에 전적으로 부여해야 할까? 아마도 가장 중요한 것은 다음과 같은 질문일 것이다. 발전한 사회에서는 어떤 삶을 살고 있으며, 그 속에 들어가려면 무엇이 필요한지 감조차 잡지 못하는 상황에서, 전통 부족들이 어떻게 그런 이슈를 스스로 결정할 수 있을까?

댐에 반대하는 힘바족

힘바족이 사는 나미비아 변두리 카오콜랜드는 정말로 외진 곳이다. 우리가 쿠네네 강에 있는 수수한 폭포인 에푸파 폭포(댐의 저수지로 잠기게 될 것이다)에 도착한 것은 포장된 최후의 도로를 떠난 지 이틀 후였다. 우리의 사륜구동 트럭에는 휘발유 제리캔(가장 가까운 주유소는 차로 하루 거리에 있다)에서 생수 케이스, 스페어 타이어, 비상용 의약품, 캠핑 장비, 담배와 설탕, 담요 등의 작은 선물에 이르기까지 필요한 모든 것이 짐으로 실려 있었다. 트럭 꼭대기에는 신형 브랜드 자전거가 묶여 있었는데, 우리의 힘바어 통역자 스테이곤 레이터(Staygon Reiter)가 자신의 수고비로 사달라고 한 것이다. 이렇게 비우호적 환경에서 그것을 어떻게 쓸지는 나도 잘 모른다. 그는 염소를 집어넣을 수 있을 정도로 커다란 운반 바구니가 달리 자전거를 특별히 요구했다.

우리의 여행 대부분은 덜컹거렸고, 좌우로 흔들렸으며, 느렸다. 우리는 유실된 도로와 펑크의 원인이 될 수 있는 날카로운 바위를 피하려고 용을 쓰면서 거친 길을 달려왔다. 건조한 강바닥을 건너면서는 한 번 이상 모래에 갇히기도 했다. 타이어는 공회전했고 끽끽거렸다. 그러면 우리는 뛰어내려 견인하려고 타이어의 공기를 약간 빼거나 타이어 뒤에 나뭇가지를 채워 넣었다. 어떤 지점에서, 우리는 차를 세우고 길을 막고 기어가는 엄청나게 큰 전갈을 보게 되었다. 예전에 저것보다 작은 바닷가재를 본적이 있다고 내가 한마디 했다.

우리가 캠프를 쳤던 에푸파 폭포의 정착지는 일종의 교차로다. 나미비아 힘바족이 앙골라에 있는 강 너머에서 온 친척들과 조우하고, 젬바, 쓰와, 느감브베는 물론 힘바족과 매우 가까운 헤레로 등의 부족과 어울리는 어느 누구에게도 속하지 않은 땅이다. 그곳에는 선교사들이 지은 초가집 교회가 있고, 작지만 호화로운 사파리 캠프가 있고, 주름진 금속판 가게에서는 싸구려 담배, 옥수수 음식, 미지근한 콜라, 스프라이트, 환타 등을 판다. 그리고 지역 사회에서 운영하는 야영지가 있는데, 우리 방문자들은 하룻밤에 50나미비아 달러(약 6달러)를 내고 야자수 같은 오메룬구 나무 밑에서 텐트를 칠 수 있었다. 그 정착촌에서 상시적으로 사는 사람은 드물었다. 힘바족은 한 번에 몇 주에서 몇 달을 머물면서 오두막을 세워 장례식에 참여하거나, 상속을 분할하거나, 소를 팔거나, 사업을 하거나, 친구와 친척을 방문했다.

우리의 첫 번째 방문지는 에푸파 폭포 근처에 있는 부족 거주지로서, 추장 히쿠민웨 카피카(Hikuminwe Kapika)를 만나려는 것이었다. 울타리를 친 거주지는 그의 관할에 있는 영토 중 일부다. 대략 12명의 힘바 부족장들 중 하나인 카피카는 외부인들과 제안된 댐 이야기를 하는 데는 별다른 관심을 보이지 않은 채 자신의 지위를 드러내는 일에만 열중했다. 헝클어진 회색 머리와 풍파에 찌든 얼굴을 보며 나는 그가 70대일 것으로 추측했다. 힘바족은 역법 체계를 가지지 못한 관계로 대체로 자신이 태어난 해를 알지 못한다. 내 질문에 답을 하도록 그의 관심을 끌고자 노력하는 사이, 그는 얼굴에 달라붙는 파리를 쫓으면서 계속 우리를 흰색 금속 캠프 의자(그의 울타리에는 단 하나만 있다) 옆에 세워두었다. 인터뷰 도중 여러 번 그는 빠진 앞니 사이로 침을 뱉었다. 힘바족은 전통을 지키기 위해, 10대 때 중심에 있는 두 개의 아래 앞니를 부러트린 다음, 입을 열면 V자 모양이 되도록 윗니 두 개를 정리한다. 그는 계속해서 허리에 두른 검정 옷을 깁고, 떠드는 아이들을 조용히 시키려고 통역사를 중단시키면서 자신이 얼마나 바쁜 사람인지 보여주는 데 혈안이 되어 있었다.

결국, 카피카는 우리에게 자신은 제안된 댐에 맹렬히 반대한다고 말했다. 그는 댐을 세우려고 오는 사람들이 힘바족의 소를 훔칠까 봐 염려했다. 이는 비이성적 두려움은 아니었다. 19세기 후반 남쪽에 거주하는 나마 부족이 소 떼를 습격하면서 힘바족은 거의 사라질 운명에 처한 바 있었다. 소 떼 도둑질은 오늘날에도 계속된다. 그는 새로 오는 사람들이 쓸 만한 목초지를 빼앗을까 봐 우려하기도했다. 그 목초지는 힘바족이 과용하지 않으려고 조심하는 곳이다. 가족 집단들은 한 해에 여러 번씩 살림을 옮기기 때문에 광범위한 목초지들은 원상회복 기회를 얻는다. 카피카의 울타리 구역을 둘러싼 지역은 그런 보존의 필요성을 잘 보여준다. 즉 소와 염소 떼들은 그들이 도달할 수 있는 곳에 있는 모든 녹색을 먹어치우고, 관목과 롤리팝(막대기 끝에 붙은 사탕) 막대기처럼 삐죽하게 자란 나무줄기가 매달려 있는 위가 무거운 나무들만 남겨놓는다.

힘바족 지도자들은 댐이 몇백 기의 무덤을 물에 잠기게 할 것이므로 댐에 반대한다. 무덤은 부족의 종교적 믿음과 사회 구조에서 중심적 역할을 수행한다. 위기의 순간, 가족의 가부장들은 무덤에서 특별한 의식을 하며 조상과 의논한다. 그리고 무덤은 종종 땅에 대한 논쟁을 해소하는 데 이용된다. 토지는 공동체가 소유하지만 각각의 영구적 정착은, 보통은 그 지역에서 가장 오랫동안 살아온 가족의 최고 노인인 '대지의 소유자'에게 후견을 받아야 가능하다. 특정한 지역에서 소 떼를 방목할 능력이 누구에게 있는지 판단할 때, 힘바족은 자신들이 그곳에 묻은 조상의 수를 비교한다. 그들은 묻는다. "누구의 조상 무덤이 더 오래되었는가, 우리 것인가 그들 것인가?"

카피카는, 나미비아 정부가 에푸파 폭포에 수력 댐을 건설하려고 하면 힘바족은 저항하고 '돌과 창을 들고' 싸울 것이라고 말한다. 그는 우리에게 말한다. "나는 큰 사람이다. 나는 스스로를 지킬 수 있는 사람이다."

의사소통에서 비롯된 오해

전기를 경험해본 적 없는 누군가에게 대형 댐을 어떻게 설명해줄 수 있을까? 또는 1층 이상의 건물을 어떻게 묘사할 수 있을까? 에푸파 폭포에 계획하는 댐은 높이가 535피트에 달할 텐데, 워싱턴 주에 있는 그랜드쿨리댐보다 단 15피트 낮을 뿐이다. 댐은 360메가와트의 전기를 날마다 생산해낼 것이고, 건설에 드는 비용은 5억 달러 이상이 될 것이다.

댐 예정지로 처음 제안된 곳은 에푸파 폭포 인근이었고, 나미비아가 남아프리카 영토인 남서 아프리카였던 1969년의 일이다. 처음에는 아이디어에 머물렀지만, 나미비아 독립 후 1년 뒤인 1991년에 그 제안이 다시 살아났다. 그때 나미비아와 앙골라는 그런 계획을 평가할 수 있는 예비 타당 조사를 약속했다. 그 조사는 댐의 예정지로 두 곳을 고려했다. 즉 에푸파 폭포와 한참 하류인 바이네스 산맥의 한 지점이었다. 보고서는 에푸파 폭포가 훨씬 더 경제적이라고 결론 내리지만 앙골라는 내전 기간에 손상된 앙골라 지류의 댐 개조 자금을 얻을 수 있다는 이점까지 고려해 바이네스를 선호했다. 그 비용 때문에 바이네스 후보지가 더 비싸 보인 것이다.

조사 자문단들이 계획된 댐을 두고 힘바족과의 대화를 위해 처음 방문했을 때 부족의 지도자들은 전혀 반대하지 않았다. 그들은 그 댐이 자신들이 소 떼에게 물을 먹일 목적으로 흙으로 세운 바 있는 소규모 댐과 비슷한 규모라 생각했기 때문이다. 불통의 정도가 곧 명백해졌다. '농촌 개발과 자연보호의 통합' 마거릿 자콥슨(Margaret Jacobsohn)은 예비 타당성 조사의 사회적 영향 부분에서 일했던 나미비아의 언론학자 출신 인류학자로, 몇 달 전 조사 과정에서 겪었던 대화와 관련된 사고를 기억해냈다. 그녀는 에푸파 폭포 근처의 힘바 가족 울타리를 방문해서 제안된 댐에 대한 그들의 의견을 물었다. 나미비아 정부가 그녀에게 그들이 관련 정보를 들어서 알고 있다고 말했으나 이상하게도 그들은 전혀 아는 게 없어 보였다. 그녀가 설문 조사를 마쳤을 때 한 가족 구성원이 얼마 전에 자신들이 받았던 수수께끼 같은 종이 한 장을 주며 도움을 부탁했다. 남자가 오두막에서 황토색으로 문지른 봉투를 들고 나왔을 때 자콥슨은 그것이 영어로 쓰인 댐에 대한 편지라는 것을 알 수 있었다. 그들은 편지를 열어본 적도 없었던 것이다. 자콥슨이 편지를 번역해주자 가족의 연장자는 머리를 끄덕이며 말했다. "당신은 힘바족의 위대한 죽음에 대해 말하고 있군요."

힘바족의 생활양식

힘바족은 자급자족하며 글로벌 사회에서 완전히 또는 부분적으로 고립되어 있는 최후의 전통 부족들 중 하나다. 인류학자들은 양계 승계의 혈통 체계를 관찰할 수 있기 때문에 그들에게 특별한 관심을 둔다. 모든 부족원은 두 개의 씨족에 속하는데 하나는 아버지(부계)를 따르고 다른 하나는 어머니(모계)를 따른다. 양계 승계를 실행하는 부족은 드물다. 힘바족 이외에 그런 관습이 나타나는 것은 서아프리카, 인도, 호주, 멜라네시아와 폴리네시아의 일부 부족뿐이다.

각각의 부계 씨족은 가족의 연장자가 이끈다. 아들은 부모와 함께 사는데 결혼 후에 딸은 남편의 가족에 결합하여 그 부계 씨족의 일원이 된다. 그러나 힘바족의 경우에는 주로 소 등의 물질적 부의 상속은 모계 씨족이 결정한다. 그에 따라 아들은 아버지의 소가 아니라 외삼촌의 소를 상속받는다.

양계 승계는 힘바족처럼 가뭄이 잦은 변덕스런 환경 속 부족들에게 특히 유리하다. 시련이 닥칠 때, 한 개인은 서로 다른 지역에 퍼져 사는 두 계통의 씨족에게 의존할 수 있기 때문이다. 그 시스템은 힘바족의 가축들이 동종 번식을 피하는 데도 도움을 주었을 것이다. 다양한 부계 씨족들은 구성원들이 특정한 색이나 가죽 패턴의 소나 염소를 소유하는 것을 터부시한다. 부계 씨족의 터부를 어기는 소가 태어나면 그들은 그 소를 터부를 어기지 않는 다른 부계 씨족의 소와 맞교환해야 한다.

힘바족의 종교도 양계 승계에 따라 조직되었고, 개인의 부계 씨족을 통해 실행된다. 힘바족은 신-창조주를 믿지만, 그 존재는 인간사에서 멀리 떨어져 있어서, 조정자로 행동하는 죽은 부계 조상들에게 호소하는 방식으로 청원이 이루어진다. 부족 종교 의식의 중심에는 성화가 있는데, 그 불은 최초에 조상들의 무덤에서 켜졌고, 각각의 가족 울타리에서 부계 씨족 지도자들이 유지한다.

성화는 크기가 작고, 종종 여러 개의 바위로 둘러싸인 연기 나는 나무에 불과하다. 그것은 항상 추장의 오두막 출입구와 가축들을 밤에 가둬두는 축사 사이에 놓여 있다. 울타리의 그 구역은 성스러운 곳으로 여겨진다. 이방인은 허락을 받지 않고서는 성화와 축사 사이 또는 성화와 추장의 오두막 사이를 지나갈 수 없다. 전통적으로, 추장은 부족이 직면한 모든 문제를 조상들과 의논하기 위해 성화 옆에 앉는데, 그럴 때면 낮 동안 성화는 계속 커져 있어야 한다. 밤이 되면 추장의 부인은 성화의 잔불을 본채 오두막으로 가지고 들어간다. 아침이 되면 다시 잔불을 밖으로 내오고 성화를 밝힌다.

힘바족은 빠른 사회 변화라는 주제로도 인류학자들의 흥미를 유발한다. 변화를 잘 보여주는 사례로는 옷 입는 패턴을 들 수 있다. 힘바 여성들보다는 힘바 남성들이 서양의 옷과 헤어스타일을 더 많이 받아들인다. 힘바족이 이따금씩 외부자들과 접촉하는 에푸파 폭포에서, 하루는 힘바 남성이 가슴을 드러낸 채 힘바족의 에이프런-스커트를 입고 보석을 두른 모습을 보여주었는데, 다음날 그 남성은 팬티와 셔츠를 입고 있었다. 그곳에서 전통적으로 미혼들이 하는 '총각 말총머리'를 한 청년들은 소수에 지나지 않고, 머리를 자르지 않고 천으로 머리를 두르는 자신들의 관습을 따른 기혼 남자들의 수는 훨씬 적다. 그리고 황토색을 몸에 바른 힘바족 남성을 에푸파 폭포에서 찾기란 매우 힘든 일이다. 실제로, 많은 사람들이 쿠네네 강에서 매일 몸을 씻을 때 비누를 사용한다.

하지만 힘바 여성들은 복장 면에서 훨씬 더 보수적이다. 에푸파 폭포에서조차 대부분의 여성은 가슴을 드러낸 채 송아지 가죽이나 염소 가죽으로 만든 전통적 에이프런-스커트를 입고 다닌다. 그들은 매일 아침 머리에서 발가락까지 문자 그대로 자신들의 몸을 진흙-버터 혼합물로 바르고 씻으며 물을 사용하는 경우가 거의 없다. 여자아이들은 두껍게 땋은 두 가닥 머리카락을 앞이마와 얼굴 위로 늘어뜨린 반면, 여인들은 폭포처럼 길고 가늘게 땋은 머리카락을 하고 있었다. 땋은 머리카락은 모두 진흙 혼합물로 코팅을 해서 마르면 단단한 껍질이 형성되었다.

인류학자들에 따르면, 힘바 여성들은 수동적으로 전통적 복장에 매달리는 것일 뿐 아니라 전통적 복장을 하는 것이 특권과 가치를 유지하는 유일한 길이라 보고 능동적으로 변화를 거부하는 것이기도 하다. 힘바 남성은 이따금 천한 직업을 갖거나 가축을 팔아서 돈을 벌지만, 힘바 여성들에겐 그럴 기회가 없다. 진흙을 칠한 몸, 땋은 머리, 송아지 가죽 스커트 등을 보존함으로써, 힘바 여성들은 현대 인류학 이론이 "연속성을 통한 변화" 또는 "능동적 보수주의"라고 부르는 것에 동참한다. "확연하게 전통적으로 남아 있는 것은 현대적 사건들에 대한 전략적이고 합리적 대응일 수 있습니다." 마거릿 자콥슨은 말한다.

세계댐위원회의 최근 보고서는 힘바족 같은 부족민들은 능동적 보수주의든, 그렇지 않든 간에 댐과 험지 사이에 갇혀 있다고 선언한다. 그런 사업은 "토착민과 부족민의 특수한 요구와 취약성을 부적절하게 다뤄왔다." 보고서의 결론이다. 게다가 지역민들에 대한 댐의 영향은 "계획 단계에서 종종 인지되지 않거나 고려되지 않는다." 보고서는 새로운 대형 댐의 건설보다는 기존의 물과 에너지 시설의 개선을 요청하고, 후원 국가들과 국제 대출업자들은 피해를 입는 지역 사회의 동의에 기초해 새로운 댐 건설을 판단할 것을 구체적으로 요구한다.

그러나 2월에, 세계은행은 위원회의 가이드라인을 대형 댐 사업의 재정 지원을 위한 구속력 있는 절차라기보다는 '기준점'으로만 사용할 거라고 말했다. 3월에, 나미비아를 포함해 39개국의 150개 비정부 기구 단체들은 이에 반발해 세계은행 총재 제임스 울펀슨(James Wolfensohn)에게 보낸 편지에서 기존 관점을 재고해줄 것과 세계은행이 위원회의 가이드라인을 실행에 옮길 때까지 새로운 댐에 대한 재정 지원을 잠정적으로 중단해줄 것을 요청했다. 단체들은 세계은행이 계획되거나 실행 중인 사업들에 대한 독립적 평가를 수행하고, 이전의 댐들로 피해를 본 사람들을 위해 보상 절차를 확립해달라고 요구한다. 편지에서 단체들은, 세계은행이 1998년에 "반대를 회피하거나 시간을 벌려고" 국제자연보호연맹(IUCN)과 함께 세계댐위원회 창설에 나선 바 있음을 상기시킨다. 세계은행이 태도를 바꾸지 않는 한 그들은 미래에 "세계은행과의 대화에 참여하기를 꺼리게 될 것입니다." 위원회에 따르면 세계은행은 92개 국가에서 538개 대형 댐에 750달러를 제공해온 것으로 추산된다.

그렇다면 에푸파 폭포에서의 댐은 어떤 경우로 보아야 할까? 나미비아 광물 에너지 장관 제사야 니아무(Jesaya Nyamu)는 현재 자신의 국가가 전력의 60퍼센트를 남아프리카에서 수입하기 때문에 이 문제는 국가의 주권 문제로 다룰 필요가 있음을 강조한다. "전력의 독립성 확보를 위한 우리의 절박함을 보려는 사람들은 없는 것 같습니다."

나미비아 수도 빈트후크에 있는 장관실 사무실의 짙은 소파에 몸을 파묻은 채 그는 댐을 반대하는 외국 환경보호 단체들을 이중 잣대를 가진 간섭자라고 몰아붙였다. 그들은 자신들이 속한 산업 국가들을 위한 기준과 그들 손에 닿지 않는 이국적인 국가들을 위한 기준을 달리한다는 것이다. "유럽과 미국 전체가 댐입니다. 이 사람들은 자국에서 수력에 기초해 살고 있습니다." 니아무의 말이다.

실제로 댐 건설사들의 조합인 국제대형댐위원회에 따르면, 미국은 중국에 이어 세계에서 두 번째로 많은 대형 댐(높이 90미터 이상)을 가지고 있다. 그리고 댐과 원주민에 대한 미국의 경험은 결코 칭찬할 만한 것이 아니다. 그랜드쿨리댐 때문에 콜빌과 스포캔 부족 출신 미국 원주민의 땅이 물에 잠겼고, 그들의 연어 수산업이 파괴되었다. 부족들은 1951년 보상을 위한 청구 소송에 들어갔지만, 정부가 소송을 수습하는 데는 43년이나 걸렸다. 1994년, 부족들은 5,400만 달러의 일괄 지급 안과 댐이 전기를 생산하는 동안 매년 1,500만 달러씩 지급받는 안을 받아 들였다.

그러나 나미비아의 주요 야당인 턴홀민주동맹/통합민주전선연합 대표 카튜티레 카우라(Katuutire Kaura)는 쿠네네 강에 있는 또 다른 댐은 "확실히 필요하지 않다"고 주장한다. 1970년대에 상류 루아카나에 세워진 기존 댐은 용량의 20퍼센트도 채 가동하지 못한다고 그는 강조한다. 그리고 최근에 나미비아 남부 해상에서 발견된 쿠두 가스전(田)에는 20조 세제곱피트의 천연가스가 매장되어 있을 것으로 추산된다. 이 양은 나미비아의 필요를 충족시키고도 남는 양이다. "쿠두 가스전은 25~30년은 우리를 지속시켜줄 수 있어요."

카우라는 자신한다. 셸사와 나미비아 정부는 현재 가스전 개발 사업에 돌입해 있다.

카우라는 힘바족은 많은 비용을 치르는 반면, 댐으로 인한 이득은 거의 없을 거라고 덧붙였다. 그들에게는 댐 사업에 참여할 권한이 주어져 있지 않다. 따라서 댐을 통해 일자리를 확보할 수 없을 것이다. 또한 전기를 얻기도 쉽지 않을 것이다. 댐이 세워지고 20년이 더 지난 1994년까지도 루아카나댐에서 가장 가까운 도시인 우푸우 주민들에게 전기가 전송되지 않았다. 그사이 에푸파 폭포에 세운 댐은 힘바족의 삶을 파괴할 것이다. 댐은 "힘바족을 생존이 불가능한 사회의 변두리로 몰아넣을 것입니다." 나미비아 국가인권협회 실무 책임자인 필 야 난골로(Phil Ya Nangoloh)의 예측이다.

한편, 댐은 힘바족에게서 멀리 떨어진 강에서 취수를 하게 해줄 것이므로 카오콜랜드 외부인들은 혜택을 받을 것이다. 세계댐위원회 보고서에 따르면 "댐들은… 지역민들을 위한 식품과 생계를 가능하게 해주는… 일련의 자원들을 취하고, 그것을 다른 형태의 자원으로 바꿈으로써… 타지에 사는 사람들에게 혜택을 제공해준다. 따라서 대형 댐이 강과 땅을 수출한다는 것은 일면 타당한 말이다."

투쟁을 각오하는 힘바족

주마가 커피 한잔하려고 우리 캠프에 들른 어느 날 아침, 나는 그에게 만약 정부가 댐을 위한 계획을 계속 밀고 나간다면 실제로 어떤 일이 일어날 거라고 생각하는지 물었다. 나는 그가 독립전쟁 때 남아프리카 편에서 싸우려고 추적자로 떠돌아다닌 바 있는 베테랑 전사라는 것을 안다. 이른 아침 언덕에서 쿠네네 강을 굽어보면서 그는 힘바족에게 저항을 위한 계획이 있다고 인정했다. 그의 말에 따르면 힘바 족장 50명 이상이 전쟁 기간 군대에 있었으며, 그들은 여전히 오래된 .303라이플총을 지니고 있다.

일주일 후 빈트후크에 있는 광산에너지부 장관을 방문한 나는 시험 삼아 그에게 힘바족이 폭력 저항에 돌입하면 나미비아 정부는 어떻게 할지 물었다. 그의 반응은 냉담했다. "우리는 그들을 잘 압니다. 그들은 아무것도 할 수 없어요. 만약 그들이 뭔가를 시도한다면, 우린 당연히 그들을 무력화할 겁니다. 하지만 나는 그런 일이 일어나리라곤 생각지 않아요."

4

새로운 행동 방식

4-1 메마른 땅에서

로저 도일

콜로라도 주 볼더 시에 있는 스트레이터스 컨설팅사 농업경제학자 브라이언 허드(Brian Hurd)와 그의 동료들은 새로운 차원에서 미국 수자원을 분석했다. 그들은 현재의 기후 환경에서 미국 본토에 있는 204개의 수문학적 지역 각각의 민감도를 측정했다. 그 민감도란 글로벌 기후 변화에 대한 각 지역의 잠재적 취약성에 대한 지표다. 그들의 최종 결과는 이미 오래 지속된 물 문제로 유명한 남서부 지역에는 '굿 뉴스'가 아니다. 예를 들면 1996년의 가뭄으로, 텍사스 주와 오클라호마 주에서만 가축과 곡물 피해가 36억 달러에 달했다. 많은 구간에서 지하수면이 경고를 발할 정도로 가라앉는다. 대평원 대수층의 많은 구간들에서 지역을 개발하기 이전의 수위보다 50퍼센트 이상 수위가 떨어졌다. 그 지역은 변동성이 클 수밖에 없는 강과 하천에 크게 의존한다.

이번 세기 후반부로 갈수록 고온이 심해진다는 기상예보로 볼 때, 미국 남서부는 콜로라도 강물이 줄어들어 발생하는 위험에서 자유로울 수 없을 것이다. 콜로라도 강물의 변동성은 해마다 50퍼센트에 이를 정도로 심하다. 온도가 올라가면 특히 겨울 동안에 비는 더 많이, 눈은 더 적게 내릴 것이다. 그 결과, 콜로라도 강에 물을 대주는 산에 쌓인 눈들이 더 이른 시기에 더 빨리 녹아내릴 가능성이 커지고, 그것은 더 큰 홍수를 불러와서 여름철 수요에 맞출 수 있는 물 저장 부족을 불러올 수 있다.

이처럼 전망이 우울하지만 미국 남서부에서 해결할 수 없는 물 위기란 없다. 허드와 전문가들은 가격의 시장화를 강화하는 정책으로 물 이용의 효율화를 꾀할 수 있고, 따라서 경제에 타격을 주는 물 위기를 예방하는 데 도움을 받으리라 믿는다. 농부들에 대한 연방정부의 물 지원금은 비현실적으로 낮은 물 요금을 촉진한다. 여기에 더해 낡은 주법들(가령 물 이용자가 독자적 보존 노력으로 절약한 물을 다른 이용자에게 판매하는 것을 금지하는 법)은 자유시장 활성화를 가로막는다. 허드는 또한 대수층과 지하수 시스템의 더 나은 관리와 더 효율적인 실천과 기술(예를 들면 물 부족에 더욱 효과적으로 대응할 수 있는 물 재순환 장치) 개발의 중요성을 강조한다.

마찬가지로 기후와 물 수요에 대한 정확한 예측도 도움을 줄 것이다. 1950년대 이래 수문학은 먼 길을 걸어왔지만, 2000년까지 미국의 물 소비에 대한 전문가들의 예측값이 실제의 세 배에 이를 정도로 부정확하다는 점을 고려할 때, 이 분야에서는 개선의 여지가 상당하다. 정확한 예측이 이뤄지면 농부들은 가뭄에 강한 곡물 종자를 파종할 수 있고, 시 당국은 적절한 급수 계획을 미리 세울 수 있다.

미국 남서부 인구는 향후 25년 사이에 40퍼센트 정도 증가할 것으로 예측되는데 이 정도 증가는 감당하기 힘들 것이다. 그러나 적절한 보전책이 주어진다면 수용 불가능한 환경 훼손 없이 그런 증가가 달성될 수 없는 노릇이라며 이에 반대할 이유가 없다. 통계학이 제시하는 바에 따르면 자유재량의 여지가 상당히 크다. 미국 남서부는 하루에 1인당 1,630갤런의 물을 소비한다. 반면에 이스라엘은 260갤런만 소비할 뿐이다.

4-2 바싹 마른 정책 : 비는 캘리포니아의 물 부족에 도움을 줄 수 없다

팀 비어즐리

3월의 비는 바싹 마른 캘리포니아의 주민들에게는 웃음을 안겨줄지 모르지만, 그 주의 물 위기에 대한 해결책이 되진 못한다. 강력하게 확립된 농업적 이해관계, 거친 환경보호 법률, 현기증이 날 정도로 빠른 인구 증가율은 서로 충돌을 피할 수 없게 만든다. 그 주의 인구 3,030만 명은 2010년이면 3,900만 명으로 불어날 것으로 예상되고, 어느 누구도 어디서 여분의 물을 구할지 자신하지 못한다.

문제는 인구 4분의 3이 새크라멘토 남쪽에 살지만 비는 4분의 3이 새크라멘토 북쪽에 떨어진다는 사실이다. 따라서 센트럴 계곡의 비옥한 농토는 물론 로스앤젤레스의 푸르른 잔디밭과 수영장은 집수와 몇백 마일의 배송을 위해 필요한 초대형 댐, 펌프, 도수관의 미로에 의존할 수밖에 없다.

현재 상태로 보면 물 인프라에 대한 스트레스가 너무 커서 충분한 물을 남부로 전달할 수 없을 것이다. 5년 가뭄으로 초대형 센트럴밸리 사업은 물 관개를 75퍼센트 줄일 수밖에 없었고, 스테이트 워터 프로젝트(State Water Project, SWP)는 거의 문을 닫을 지경에 처했다. 몇천 에이커의 농지들이 휴경에 들어갔다. 주지사 피트 윌슨(Pěte Wilson)은 지방 정부들에 50퍼센트의 절감을 준비하라고 지시했다.

한편, 환경주의자들은 댐으로 손상을 입거나 파괴당한 야생동물 서식지를 회복해야 한다고 압박한다. 이주하는 철새들이 이용하는 습지는 우선권 목록의 상단에 올라 있다. 즉 담수를 빼돌리면 많은 습지들이 점점 더 소금기가 많아지는 위험에 빠질 것이다. 치누크 겨울 연어와 줄무늬 배스의 군집은 거의 멸종 상태에 있다. 그러나 서식지 회복을 위해서는 물이 필요한데 그것은 농부들이나 목마른 도시인들과 직접적 경쟁 관계가 된다는 뜻이다.

환경적 의제에 대한 첫 번째 아이템은 새크라멘토-산호아킨 삼각주로서, 두 강이 합쳐지는 곳에 하천과 습지 섬으로 이뤄진 몇백 제곱마일이 펼쳐진다. 최소한 캘리포니아 3분의 2에서 소비된 물이 분배 시스템으로 빼돌려지기 전에 삼각주를 통과한다. 유입 속도가 특정 수치 밑으로 떨어지면, 샌프란시스코 만에서 온 소금물이 수로를 휩쓸어 캘리포니아의 물 시스템을 작동 불능으로 만들어버릴 것이다. "생각도 하기 싫은 일입니다." 수자원부에서 주 전체 계획을 책임지는 워렌 콜(Warren J. Cole)이 말한다.

만을 소금으로부터 지키려면 삼각주 남쪽에서 취수되는 물 100에이커-피트당 삼각주 북쪽에서 물 140에이커-피트를 퍼 올려야 한다(1에이커-피트는 약 32만 6,000갤런). 삼각주를 가로지르는 물 전송의 효율성을 높이기 위해서 수자원부는 일부 수로를 깊고 넓게 팔 것을 제안한다. 환경주의자들은 지금과 같은 형태의 계획에 반대한다. 그 계획이 더 큰 해를 입힐 수 있고, 물고기들을 없앨 가능성이 있다고 보기 때문이다.

삼각주를 우회하는 파이프라인을 설치하거나 일부 수로를 제한적으로 넓히면서 파이프라인을 설치하려는 대안적 계획, 야생동물 서식지를 늘리는 것을 핵심 대의로 하는 새로운 합의가 형성되는 듯하다. “파이프라인은 환경적으로 이롭습니다.” 계획보존연맹의 제럴드 머럴(Gerald H. Meral)이 말한다.

비공식적 협상 중인 모든 이해 당사자들 모두가 지금 무언가를 해야만 한다는 사실에는 동의한다. 현재 스테이트 워터 프로젝트는 비가 많이 오는 해에도 의무를 다하지 못한다. 그리고 상황은 나빠질 뿐이다. 즉 캘리포니아 주에 허용된 콜로라도 강에서의 취수는 애리조나 주가 자신의 몫 전부를 요구하기 시작하면 줄어들 것이다. 남부 캘리포니아 해안가에 있는 1,500만 가구에 물을 공급하는 광역수도국은 현재의 할당량 절반 이상을 잃게 될 것이다.

지하수는 답이 아니다. 머럴에 따르면 그것은 이미 캘리포니아 주 대부분에서 연간 2피트 속도로 ‘채굴되었다.’ 즉 채워지는 것보다 더 빨리 이용되었다. 새로운 대형 댐도 마찬가지로 답이 아닐 가능성이 크다. 강을 가로막는 댐인 ‘온라인’ 댐은 환경법의 제동으로 가까운 시일 내에 세워질 가능성이 커 보이지 않는다. 그리고 북부 캘리포니아에 있는 샤스타댐을 확장하려는 계획은 비용 때문에 중단되었다.

심각한 영향을 받는 일부 도시 지역들은 필사적으로, 빗물의 몇 배에 달하는 비용을 무릅쓰고 탈염 설비에 투자한다. 샌타바버라와 로스앤젤레스는 하루 500만 갤런의 물을 생산하는 시험 공장을 세우려고 계획 중이다. 로스앤젤레스 광역수도국 또한 다른 기관과 함께 하루 1억 갤런의 물을 생산하는 공장을 검토한다. 남부 캘리포니아 에디슨사는 로스앤젤레스 외곽에 있는 산타카탈리나 섬에 물을 공급하기 위해 이미 하루에 20만 갤런의 물을 생산하는 시설을 세운 바 있다.

가뭄은 최소한 캘리포니아 주 도시 거주민들이 물 보전의 심각성을 깨닫는 계기로 작용한 것 같다. 향후 2년 내에, 그 주에서 신설되는 모든 화장실과 판매되는 샤워기 꼭지는 저분출, 저유출 디자인을 채택할 것이다. 그러나 캘리포니아 주에서 개발되는 물 80퍼센트 이상을 사용하는 곳은 많은 물이 필요한 농업 부문이다. 비판가들은 지난 세기의 물에 관한 불가해한 법률이 현재의 낭비와 비효율적 이용에 기여한 바가 크다고 주장한다.

농부들과 수도국은 현재 다른 이용자들에 비해 가격이 훨씬 싼 보조금 물을 공급받는다. 주정부와 연방정부가 제공한 물을 외부 이용자들에게 파는 것이 법률로 금지되어 있어서 농부들에게는 소비를 낮추겠다는 별다른 동기 부여가 없다. 그들은 또한 "사용하지 않으면 잃게 될 것이다"라는 식으로 자신들에게서 물에 대한 권리를 빼앗아갈 것을 두려워한다.

그 결과, 센트럴 계곡에 있는 관개 토지들의 많은 부분이 면화, 쌀, 알팔파(가축 사료용으로 이용되는 저부가가치 곡물) 등 물 집약적 곡물을 기르는 데 할애된다. 센트럴 계곡에서 절약할 수 있는 잠재량의 추산치는 곡물을 바꾸지 않고도 100만 에이커-피트에 달한다. 그렇지만 우유, 목화, 쌀은 농업 지원 프로그램에 의해 전액 보조금을 지원받는다. "가뭄 때문에 비로소 현재의 제도적 장치가 작동하지 않는다는 것이 보이기 시작했습니다." 환경보호기금에서 일하는 자원 분석가 첼시 콩던(Chelsea Congdon)의 말이다.

환경보호기금은 만약 농부들에게 아낀 물을 되팔 권리가 주어진다면 그들은 겨우 수지를 맞출 수 있는 알팔파 같은 곡물을 기르지 않고, 더욱 효율적인 길을 찾을 것이라고 주장해왔다. 그러나 연방정부가 물을 파는 일은 전례가 없다고 연방정부 국토개발국 대변인은 말한다. 부당 이득을 꺼리기 때문이다. 천연자원보호협회는 물 계약 갱신을 두고 기관을 고소했다. 그 기관은 농부들과 관개 구역들에 40년 전의 조건으로 동일한 양을 계속해서 보장해주는 물 계약을 체결해야 한다고 주장한다. 연방정부 기관은 주정부에 비난의 화살을 돌렸는데, 다수의 계약이 주법의 지배를 받는다는 이유를 내세웠다.

그렇지만 가뭄이 물을 사고파는 방식에 변화를 가져다준 듯하다. 광역수도국은 임페리얼 계곡에 있는 농부들에게 물을 받아서 남동부 지역으로 넘기는 교환 계획에 2억 2,500만 달러를 할애했다. 그사이, 그 주의 수자원부와 기관은 계획되어 있던 50만 에이커-피트의 물 은행을 개설했다. 물 은행은 비상수단으로 센트럴 계곡 농부들에게 물을 사들인다. 그리고 가뭄은 입법부의 관심도 끌었다. 즉 물 판매에 대한 제한을 크게 완화하고, 환경 복원을 위한 기금을 설립하는 법률이 미국 하원에 제출되어 있다.

그 주의 농업 부문에서는 여전히 강력한 반대가 존재한다. 캘리포니아농민연맹은 지속적으로 농업 소비를 줄일 수 있는 모든 제안에 맞서 싸우면서 센트럴 계곡에 있는 미개발된 1,400만 에이커-피트의 물은 더 많은 관개를 위해 개발되어야 한다고 주장한다. 그러나 수자원부의 책임자 데이비드 케네디(David N. Kennedy)에 따르면, 그런 수치는 비현실적이다. 농부들은 물을 거슬러 헤엄쳐 올라가려는 듯하다. 홀로.

4-3 떨어지는 물방울 모두 세기

피터 글릭

인류 문명의 역사는 우리가 수자원을 다루는 법을 배웠던 방식의 역사와 뒤엉켜 있다. 최초의 농업 사회가 출현했던 곳은 강우에 의존할 수 있고 영속적 강이 있어서 곡물을 재배할 수 있는 지역이었다. 단순한 관개 수로는 건조 지역에서 더 많은 곡물 생산과 더 긴 생장 기간이 가능하게 해주었다. 5,000년 전 인더스 계곡에서의 정착은 급수를 위한 관, 하수를 위한 도랑의 건설과 함께 이루어졌다. 대부분의 그리스-로마 도시들이 전성기에 그랬듯, 아테네와 폼페이는 급수와 배수를 위한 정교한 시스템을 유지했다.

도시들이 팽창함에 따라 점차 먼 곳에 있는 수원에서 물을 가져와야 했는데 이는 댐, 도수관 등 엔지니어링에 대한 정교한 노력을 불러왔다. 로마제국 절정기에, 혁신적인 관 배치와 잘 세워진 하수 시설을 갖춘 아홉 개 핵심 시스템이 오늘날 산업 세계의 많은 지역에 개인당 제공되는 것보다 더 많은 물과 함께 로마 거주자들에게 제공되었다.

산업혁명과 19, 20세기의 인구 폭발 기간 동안 급작스럽게 물 수요가 증가했다. 홍수를 통제하고, 깨끗한 물 공급을 유지하고, 관개와 전력을 위한 물을 공급하기 위해 설계된 몇만 개의 기념비적 엔지니어링 사업이 전례 없이 폭발해 몇억 명에게 커다란 혜택을 가져다주었다. 개선된 하수 시설 덕분에 한때 전 세계에 퍼진 풍토병이었던 콜레라와 장티푸스 등의 수인성 질병이 산업화된 국가에서는 대부분 정복되었다. 자신들의 지역적 자원만으로는 지속성을 보장할 수 없었던 거대한 도시들은 몇백 마일, 심지어 몇천 마일 떨어진 곳에서 가져온 물과 함께 사막에서 꽃을 피웠다. 식량 생산은 주로 인공적 관개 시스템(세계 식량 생산을 40퍼센트나 증가하게 만든다)의 팽창 덕분에 치솟는 인구와 보조를 맞출 수 있었다. 전 세계에서 생산되는 모든 전기의 5분의 1에 가까운 양이 떨어지는 물의 힘으로 돌아가는 터빈에 의한 것이다.

물론 이러한 그림에는 어두운 측면이 있다. 미국인은 진보했으나 세계 인구 절반은 여전히 과거의 그리스인과 로마인들이 이용했던 것보다 못한 물 서비스로 고통을 받는다. 물 접근에 대한 가장 최근의 유엔 보고서가 지난 해 11월에 재차 언급했듯이 10억 명 이상의 사람들이 깨끗한 식수에 접근하지 못하며, 25억 명이 적절한 위생 시설 서비스를 받지 못한다. 예방이 가능한데도 수인성 질병으로 날마다 1만~2만 명의 어린이들이 죽어가는 것으로 추산되기도 한다. 가장 최신의 증거에 따르면, 이런 문제를 해결하려는 노력은 계속 약화된다. 1990년대 중반 라틴 아메리카, 아프리카, 아시아에서 콜레라가 대량 발병했다. 방글라데시와 인도에 있는 몇백만 명은 비소로 오염된 물을 마신다. 그리고 개발도상국에서 급격히 늘어나는 인구는 제한된 물 공급에 대한 압력을 가중한다.

우리의 물 정책이 미치는 영향은 인간 건강을 위태롭게 하는 차원에서 더욱 확장된다. 몇천만 명이 댐 후면에 생기는 저수지에 길을 열어주기 위해 강제로 이주당했다. 때론 사전 경고나 보상도 없었다. 현재 댐 때문에 담수 어종

20퍼센트 이상이 멸종 위기에 처했으며, 물 취수는 어류들이 번창하는 자유롭게 흐르는 강 생태계를 파괴했다. 관개 농법은 토양의 질을 악화시키고, 농업 생산성을 떨어뜨렸으며, 녹색혁명의 미성숙한 종말을 알렸다. 지하 대수층은 현재 인도, 중국, 미국 등지에서 자연적으로 재충전되는 것보다 더 빠른 속도로 펌프질이 된다. 공유된 수자원을 둘러싼 논쟁은 폭력으로 이어지고, 계속해서 지역적·국가적·국제적 긴장을 증가시킨다.

하지만 새로운 밀레니엄 초반에 자원 계획자들이 물에 대해 생각하는 방식이 바뀌기 시작했다. "일부에게 더 많이보다는, 모두에게 조금씩"을 보장하자는 남아프리카공화국 전임 수자원삼림부 장관 카데르 아스말(Kader Asmal)의 말처럼 생각의 초점이 기본적인 인간적·환경적 필요성에 따른 공급을 최우선하는 쪽으로 서서히 이동한다. 이런 목표들을 달성하고 늘어나는 인구의 수요를 충족시키기 위해, 일부 물 전문가들은 현재 새로운 시설을 건설하는 것보다 기존의 인프라를 현명한 방식으로 이용할 것을 요청한다. 새로운 시설은 최초가 아니라 최후의 선택지로 고려되어야 한다는 생각이 늘고 있다. 우리가 직면한 도전 과제는 가진 물을 더욱 효율적으로 이용하고, 물 이용에 대한 우선권을 다시 생각하고, 이런 귀한 자원의 대안 공급원을 파악하는 것이다.

이러한 철학 전환이 보편적으로 받아들여지지는 않아서 일부 기존 물기구의 강력한 저항에 시달리기도 한다. 그럼에도 이런 전환이야말로 모든 사람들에게 마실 수 있는 깨끗한 물, 작물을 키우는 데 적합한 물, 예방할 수 있는 수인성 질병으로부터 자유로운 삶을 제공한다는 당면 과제를 성공적으로 다루게 해줄 유일한 길이다. 깨끗한 식수와 위생 설비 서비스에 대한 접근이 문명의 생존을 보장해주지는 않았으나 그러한 접근이 없이는 문명의 번성이란 애당초 가능하지 않았음을 역사는 확실하게 보여준다.

댐으로 인한 피해

지난 100년 동안 인류는 운하, 댐, 저수지로 이루어진 수로망을 설계했는데, 그 망은 광대한 영역에 걸쳐 이곳에서 저곳으로, 이 계절에서 다음 계절로 담수를 재분배해왔다. 물의 이동 범위는 너무 광범위해서 지구 자전의 요동에 적지만 측정 가능한 변화를 가져올 정도다. 통계는 실로 경이롭다. 1900년 이전에는 오직 40개의 저수지들만을 250억 갤런 이상의 저장량으로 지었다. 오늘날에는 이보다 저수량이 큰 저수지가 거의 3,000개에 달하는데 1,200만 에이커의 땅이 침수된 채 1,500세제곱마일의 물을 보유한다. 이 양은 미시간 호와 온타리오 호를 합친 것과 같다. 미국에 있는 7만 개 이상의 댐은 미국 전체에서 1년 동안 흐르는 강물의 절반을 붙잡아서 가둬둘 수 있다.

많은 나라에서 대형 댐과 저수지가 처음에는 국가 안보, 경제 번영, 농업 생존을 위한 핵심 요소로 간주되었다. 1970년대 말과 1980년대 초만 해도 이런 대형 사업의 환경적 영향을 언급하는 사람은 거의 없었다. 하지만 오늘날 분명한 결과가 나타났다. 즉 댐은 셀 수 없는 강, 호수, 개울과 주변 생태계를 파괴해왔다. 미국 북서부에 있는 컬럼비아 강과 스네이크 강에서, 바다에 도달하려고 애쓰는 어린 연어 95퍼센트가 자신들의 길을 막아서는 수많은 댐과 저수지를 살아서 통과하지 못한다. 뉴잉글랜드와 유럽의 강들에 세운 900개 이상의 댐들이 대서양 연어들이 산란지에서 바다로 나아가는 길을 막는 바람에 그들의 군집은 1퍼센트 이하라는 역사적 수준으로 떨어졌다. 아마도 가장 악명이 높은 사건으로, 중앙 아시아에 있는 아랄 해가 사라지는 것을 들 수 있다. 한때 아랄 해를 유지해주었던 아무다리야 강과 시르다리바 강의 물이 목화를 관개하기 위해 취수되었기 때문이다. 이전에 아랄 해에서만 발견되었던 24종의 어류가 현재는 멸종된 것으로 알려졌다.

전 세계적으로 환경적 자각이 높아짐에 따라 이런 천연자원 일부를 보호하고, 더 나아가 복원하려는 욕구가 강해졌다. 미국에서 최초의 환경보호 집단들은 캘리포니아 주 요세미티국립공원과 애리조나 주 그랜드캐니언 등지에 제안된 댐에 반대하는 운동을 펼쳤다. 1970년대에는 전 소련에서 북극해로 흘러 들어가는 시베리아 강들의 줄기를 바꾸려는 계획이 전례 없는 대중적 항의를 불러일으켜 계획이 중단되는 데 일정한 기여를 하게 했다. 많은 개발도상국들에서는 대규모 물 사업에 대한 환경적·사회적 비용을 고려한 풀뿌리 단체들의 반대가 점점 더 효과를 발휘한다. 인도에 있는 마을 사람들과 지역 활동가들은 대형 댐에 대한 공개 논쟁을 촉구한다. 정부 정책을 공개적으로 반대하는 것이 강하게 억압받는 중국에서 기념비적 싼샤댐 사업에 반대하는 항의가 이례적으로 거론되고 지속된다.

아주 최근까지도 세계은행, 수출입은행들, 다각적 지원 기구 같은 국제 금융 기관들은 댐이나 물 관련 토목공학 사업에 보조금을 지원하거나 전액을 제공해주었다. 종종 그 가격표는 몇백억 달러에 달한다. 이런 기관들은 서서히 보조금 지급을 줄이거나 없애기 시작했으며, 이미 압박당하고 있는 국가 경제에 재정적 부담을 가중시켰다. 과거에 그렇게 많은 비효과적 개발을 보아왔고, 개발에 연동된 비용(금전적 비용과 그 밖의 비용 모두)을 발생시켰던 많은 정부들은 물 부족과 여러 가지 문제를 해결하기 위한 신설 구조물에 돈을 지급하기를 꺼린다.

몇몇 국가들은 가장 터무니없고 큰 피해를 입히는 댐을 없애는 단계로 나아간다. 예를 들면 1998년과 1999년에, 프랑스 루아르 강에 있는 메종 루즈댐과 생 에티엔 뒤 비강댐은 지역의 어업을 회복하는 데 도움을 주고자 해체되었다. 메인 주에 있는 케네벡 강에 1837년에 세운 에드워즈댐은 어류 산란을 위한 18마일의 물길을 열어젖히기 위해 1999년 해체되었다. 몇 달이 지나지 않아 대서양 연어, 미국 청어류, 민물 청어, 줄무늬 배스, 짧은코 철갑상어, 대서양 철갑상어, 무지개 빙어, 미국 뱀장어 들이 강의 상류로 돌아왔다. 500여 개의 오래되고, 위험하고, 환경에 해를 입히는 댐들이 지난 몇 년 사이에 미국의 강에서 제거되었다.

기대치 않았지만 다행스럽게도, 일부가 예측했던 것처럼 물 수요가 빠르게 증가하지 않고 있다. 그 결과, 새로운 물 인프라를 건설해야 한다는 압력은 지난 20년 동안 줄어들었다. 선진국에서 인구, 산업 산출량, 경제 생산성 등은 계속 치솟지만 사람들이 대수층, 강, 호수 등에서 물을 빼가는 속도는 느려진다. 그리고 세계의 소수 지역에서는 실제로 수요가 떨어졌다.

물 수요의 저하와 그 지속 가능성

무엇이 이 획기적 반전을 설명할까? 두 가지 요소를 꼽을 수 있다. 사람들은 물을 효과적으로 이용하는 방법을 찾아냈고, 지역 사회는 물 이용에 대한 자신들의 특권을 재고하고 있다. 20세기의 4분의 3 정도의 시기 동안 개인당 소비된 담수의 양은 평균 두 배로 늘었다. 미국에서 인구가 네 배로 증가하는 동안 취수는 열 배 증가했다. 그러나 1980년 이래로 개인당 소비된 물의 양이 실제로는 줄어들었는데, 가정과 산업에서 물 절약에 도움을 주는 일련의 신기술이 등장했기 때문이다. 예를 들면 1965년에 일본은 100만 달러의 상품을 생산하기 위해 대략 1,300만 갤런의 물을 사용했다. 1989년에 이르면, 물 사용량은 350만 갤런으로 떨어졌다(인플레이션을 고려해도 그러하다). 물 생산성은 거의 네 배로 증가했다. 미국에서, 물 취수는 최고조기였던 1980년에서 현재까지 20퍼센트 이상 떨어졌다.

세계 인구가 계속 증가함에 따라 댐, 도수관, 여타 인프라가 더 필요해진 것은 분명하다. 인간의 기본적 욕구가 미처 충족되지 못한 개발도상국에서는 특히 더 그러하다. 그러나 그런 사업은 과거보다 더욱 엄격한 기준하에, 지역 주민들과 환경에 대한 더욱 큰 책임하에 이루어져야만 한다. 신설 사업이 보장받을 수 있을 것처럼 보이는 지역에서조차 우리는 더 적은 자원, 최소의 환경 교란, 더 적은 비용으로 수요를 충족시킬 길을 찾아야만 한다.

가장 빠르고 값싼 해결책은 생산적이고 효율적인 물 이용을 확대하는 것이다. 많은 나라들에서 국내 물 공급의 30퍼센트 이상이 의도된 목적지에 도달하지 못한 채 새는 관, 결함이 있는 장비나 빈약하게 유지되는 분배 시스템 때문에 사라진다. 최근의 추산치에 따르면 멕시코시티의 급수 체계로 잃어버리는 물의 양은 로마 정도 크기의 도시가 요구하는 수준을 충족하기에 충분하다. 더욱 현대화된 시스템에서조차 10~20퍼센트의 손실은 흔한 일이다.

소비자들에게 도달한 물은 종종 낭비된다. 가정에서 대부분의 물은 문자 그대로 분출되어 사라진다. 1990년 이전, 미국에 있는 대부분의 화장실들은 매번 사용할 때마다 약 6갤런의 물을 분출했다. 1992년 미국 의회는, 새로운 거주지의 모든 화장실은 분출당 1.6갤런만이 필요한 저유량 모델이어야 한다는 국가 표준 명령을 통과시켰다. 단 한 번에 걸친 기술상의 변화로 70퍼센트를 개선하게 되었다. 오래된 모든 화장실을 새롭게 개선하는 데는 시간이 걸릴 것이다. 하지만 다수 도시들은 신기술에 중요한 의미를 부여했다. 이로써 물 절약 비용을 크게 낮추어 저유량 화장실로의 전환에 속도를 낼 수 있는 프로그램을 확립함으로써 물 절약이 가능하다는 사실을 알게 되었다.

개발도상국에서도 고효율 화장실 같은 기술들은 일정한 역할을 한다. 멕시코시티의 경우 새로운 수자원을 찾기 어렵기 때문에, 시 공무원들은 35만 개의 낡은 화장실을 교체하는 것을 포함하는 물 절약 사업에 착수했다. 교체를 통해 이미 추가로 25만 주민들에게 공급하기에 충분한 물을 절약할 수 있었다. 마찬가지로 산업 국가와 비(非)산업 국가 모두를 위한 수많은 옵션이 이용될 수 있는데 여기에는 누수 탐지 기능 향상, 낭비가 덜한 세탁기, 적하 관개, 야외 조경에 쓰이는 물 절약 식물 등이 포함된다.

산업에 필요한 물의 양은 두 가지 요소에 달려 있다. 즉 사회가 요구하는 재화와 서비스의 혼합과 그것을 생산하기 위한 공정이다. 예를 들면 2차 세계대전 이전에는 철강 1톤을 생산하는 데 60~100톤의 물이 필요했다. 현재의 기술로는 물 6톤 정도면 충분하다. 구기술을 신기술로 대체하면 물의 필요성을 열 배 단위로 줄일 수 있다. 알루미늄 1톤을 생산하는 데는 물 1.5톤만 필요할 뿐이다. 자동차 산업에서 몇 년 사이에 추진되는 것처럼, 강철을 알루미늄으로 대체하면 물 이용을 더 낮출 수 있다. 그리고 재택근무는 1갤런의 가솔린을 생산하고, 배달하고, 파는 데 들어가는 물 몇백 갤런을 절약해줄 수 있다. 물론 컴퓨터를 만드는 데 들어가는 물을 고려해도 그렇다.

물의 가장 큰 단일한 소비자는 농업이다. 그리고 그 이용은 대체로 비효율적이다. 물이 농부에게 분배되고 곡식에 제공될 때 손실이 발생한다. 결과적으로, 농업용으로 취수되는 물의 절반은 어떤 곡식의 생산에도 쓰일 수 없다. 전통적인 관개 시스템으로 토마토를 재배하면 적수 시스템으로 토마토를 재배하는 것보다 40퍼센트의 물이 더 필요하다. 심지어 식단도 전체 물 수요에 영향을 미친다. 옥수수 1파운드를 재배하는 데는 토양과 기후 조건, 관개 방법 등에 따라 100~250갤런의 물이 필요하다. 그러나 소고기 1파운드를 생산하기 위해 곡물을 재배하는 데는 2,000~8,500갤런의 물이 필요한다. 따라서 작물의 재배 방법을 바꾸는 것뿐만 아니라 식습관을 바꿈으로써 물을 절약할 수 있다.

사람들이 물의 사용처를 바꾸는 것 또한 효율성 면에서 엄청나게 효과적이다. 첨단 캘리포니아 일자리 10만 개를 뒷받침하려면 연간 2조 5,000만 갤런의 물이 필요하다. 농업 부문에 쓰인 같은 양의 물은 열 개의 일자리조차 유지해주기 힘들다. 깜짝 놀랄 만한 차이이다. 다른 많은 나라들에서도 비슷한 수치가 나타난다. 이런 차이는 궁극적으로 농업적 이용에서 다른 경제적 부문으로 전환하도록 점점 더 큰 압력을 낳을 것이다. 농촌 사회가 물 절약 노력을 포용하지 않는다면 농부와 도시 물 이용자 사이의 갈등은 더욱 악화될 것이다.

물로 표면이 안전히 뒤덮이다시피 한 행성이 물 부족에 직면했다는 생각은 믿기 힘들다. 전 세계 물 97퍼센트는 인간이나 곡물이 소비하기엔 소금기가 너무 많고, 나머지 대부분은 깊은 지하수나 빙하, 빙상에 갇혀 있어서 손길이 닿지 않는다. 연구자들이 해양에 있는 물의 거대한 공급원을 파고들 기술을 탐구한다는 사실은 놀랍지 않다. 소금기 있는 물이나 소금물을 탈염하는 기술은 잘 개발되어 있지만 여전히 매우 비싸서 현재로서는 해안 근처의 부유하고 건조한 지역에서만 선택이 가능한 옵션이다. 아라비아 걸프 만 등 일부 지역은 탈염분화에 의존하는 바가 크지만 그 공정은 전체 물 공급에 부차적으로만 기여한다. 전 지구적 취수의 0.2퍼센트에 못 미치는 양만을 공급하기 때문이다.

해수를 담수로 전환하는 공정이 너무 비싸기 때문에 일부 기업은 다른 가능성을 모색한다. 즉 수자원이 풍부한 지역에서 물 부족으로 고통받는 지구의 다른 지역으로 깨끗한 물을 비나 대형 플라스틱 백에 담아 운반하는 사업이다. 그러나 이런 접근법에도 심각한 경제적·정치적 제약 요인이 있는 건 마찬가지다.

현명한 설계자들은 먼 곳에 있는 새로운 수자원을 찾는 대신, 일정한 필요성을 충족시켜줄 대안적 물 이용을 탐구하기 시작했다. 왜 지역 사회는 기준을 충족시키는 먹을 수 있는 물을 길어 올려 화장실을 씻어 내리거나 잔디밭에 물을 주는 데 쓰는가? 대부분의 물은 단 한 번의 사용으로 배수로에서 종말을 맞이하는데 선진국은 강이나 바다로 나가기 전에 이런 하수를 모아서 처리하는 데 몇십억 달러를 쓴다. 반면에 가난한 나라들에서는 이런 물이 처리되지 않은 채 곧바로 강이나 호수로 되돌아와서 인간 건강이나 환경을 위협하는 요소로 작용한다. 최근에는 이런 물을 개발하고 재사용하는 데 초점을 맞추기 시작했다.

다양한 수준의 처리를 통해 지하 대수층 재충전하기, 산업 공정에 공급하기, 곡물에 관개하기, 심지어 급수량 늘리기 등의 다양한 분야에 하수가 재활용될 수 있다. 예를 들면 나미비아 빈트후크에서, 주민들은 도시의 수돗물 공급을 보조하기 위해 1968년 이래로 처리된 하수를 이용해왔다. 가뭄이 든 해에는 그런 물이 빈트후크 식용수 공급의 30퍼센트까지 차지한다. 이스라엘의 도시에서는 하수 70퍼센트가 재처리되고 재이용되는데, 주로 비(非)식용 곡물의 농촌 관개용이다. 더 많은 하수를 붙잡고, 처리하고, 재이용하려는 노력은 이웃인 요르단에서도 진행된다. 1990년대 중반 캘리포니아 주민들은 해마다 재개발된 물 1조 6,000억 갤런을 조경, 골프 코스, 곡물 관개용으로, 지하 대수층 재충전용으로, 산업 공정 공급용으로, 심지어 화장실 내리는 물로 사용한다.

물의 필요성을 충족시키는 대안적 접근법을 실행하기는 결코 쉽지 않을 것이다. 즉 경제적·제도적 구조가 여전히 물 낭비와 생태계 파괴를 촉진한다. 더 나은 물 계획과 이용에 대한 장애물로는 부적절하게 낮은 물 가격, 효율성이 높은 신기술에 대한 미흡한 정보, 불평등한 물 배당, 건조한 지역에서 물 집약적 곡물을 지배하거나 댐을 건설하는 데 제공되는 정부의 보조금 지급 등을 들 수 있다.

하지만 물 설계사들 사이에서 낡은 생각이 여전히 지배적이라는 사실도 어려움의 요소가 된다. 세계의 기본적 물 문제를 다루려면 물에 대한 사고방식을 근본적으로 바꿀 필요가 있다. 그런데 그런 변화는 천천히 오는 법이다. 모호하게 예측된 미래 수요량에 따라 더 많은 수자원을 찾으려고 헛된 노력을 계속하기보다, 이제는 우리 앞에 있는 물을 가지고 현재와 미래의 필요를 충족시킬 길을 찾아야 할 때다. 물론, 그 과정에서는 인간 복지에도 핵심적인 생태학적 순환을 충분히 고려해야 할 것이다.

4-4 더러운 물에서 깨끗한 에너지를

제인 브랙스턴 리틀

산타로사의 주민들은 벽 스위치를 켤 때면 들어오는 전등불에 다소 자부심을 느끼곤 한다. 캘리포니아라는 도시에서 어제의 수세식 화장실은 오늘의 전기가 되었다.

산타로사와 에너지 기업 캘파인사는 세계 최대의 지열(地熱) 하수 전력 사업의 파트너들이다. 그들은 깨끗한 에너지를 생산하기 위해 도시의 하수를 이용하는데, 인간은 물론 물고기의 삶도 개선해준다. 이러한 파트너십은 러시안 강에 하수를 내다버려서 지불하는 벌금과 새로운 하수 저장 시설을 짓는 데 드는 비용 4억 달러를 덜어주며 도시에 득이 되었다. 이 계약은 캘파인사에 남용으로 쇠락하던 지열 증기 밭을 재건해주었다.

'산타로사 간헐천 재충전 사업'은 시에서 40마일 떨어진 산꼭대기까지 나 있는 파이프라인을 통해 매일 1,200만 갤런의 처리된 하수를 퍼 올린 다음, 1.5마일 떨어진 지하 대수층에 그 물을 주입하는 것이다. 그곳에서 뜨거운 바위들이 물을 증기로 끓이는데, 증기는 파이프를 통해 표면으로 운반되어 전기를 생산하는 터빈을 돌린다. 이웃한 레이크 카운티에 있는 자매 사업을 통해서는 하루 800갤런의 하수를 재순환한다. 이 모든 시설은 어떤 온실가스나 공해 물질도 대기 중으로 내뿜지 않고 200메가와트의 전기를 생산한다. 이는 중간 크기 발전소가 생산하는 전기량과 같다. 또한 전기 일부를 남쪽으로 70마일 떨어진 샌프란시스코까지 보내기도 한다.

오바마 행정부는 지열을 깨끗한 에너지원으로 적극 추천한다. 미국 에너지성에 따르면, 이 기술은 2050년이 되면 국가 전기 공급량의 10퍼센트를 차지할 수 있다. 다른 예측값들은 그 비중이 더 크다. 이곳에서 구멍을 뚫는 것을 확대하고 다른 곳에서 신설하려는 계획이 성공하려면 증기를 추출할 때 발생하는 소규모 지진을 반드시 고려해야 할 것이다. 실제로, 캘파인 사업장 근처 주민들은 늘어나는 땅의 흔들림에 불만을 표하면서 같은 지역에서 벌어지는 별도의 지열 사업이 문제를 더 악화시킬 수 있다고 우려한다.

하지만 산타로사는 큰 혜택을 입는다고 시의 운영 부사장 단 칼슨(Dan Carlson)이 말한다. 그리고 캘파인사와의 파트너십은, 해결이 어려워 보였던 시민들의 문제에 창조적 해결책을 제시하는 하나의 모델이 되어준다. 현재 다양한 스타일의 지열 에너지를 탐구하는 지역 사회들도 있다. "이는 지역 사회마다 독특합니다." 칼슨은 말한다. "교훈을 통해 올바른 해결책을 찾고 있습니다."

쏟아버리지 말고 퍼 올릴 것

산타로사의 독특한 점은 간헐천(Geysers)인데 이것은 화산 분기공, 즉 증기가 새어 나오는 암석층에 있는 배출구 지대를 두고 이름을 잘못 붙인 것이다. 마야카마스 산맥 쪽에서 뿜어져 나오는 증기는 도시에서 볼 수 있지만, 최근까지는 먼 배경 이상이 되지 못했다. 1993년, 산타로사 시는 멸종 위기에 처한

은연어와 옥새송어의 중요한 산란 장소인 러시안 강으로의 불법적 폐수 방류를 이유로 정지 명령과 건축 모라토리움 위협에 직면하게 되었다. 시 공무원들은 주정부의 환경 요구를 충족시킬 하수 저장 시스템과 처리 시스템을 갖추려고 노력 중이었다. 마야카마스 산맥 반대편 쪽에 있는 레이크 카운티 공무원들도 캘리포니아 최대 담수호인 클리어 호로의 불법적 방류를 중단하라는 비슷한 명령을 주정부에서 받고 있었다. 합법적 기준으로 처리한다고 해도, 하수에는 여전히 수생 생물에게 해로운 영양분들이 포함되어 있었다.

두 지역 사회 사이에 위치한 언덕들의 고지에서 캘파인사의 지열 운영 사업도 마찬가지로 궁지에 빠져 있었다. 전기 생산을 통해 자연스럽게 채워지는 것보다 빠른 속도로 지하수 자원을 없애고 있었기 때문이다. 즉 알파인 발전소에서는 말 그대로 증기가 고갈되고 있었다. 기업의 관리들은 증기 밭에 다시 원기를 불어넣어줄 물의 원천을 찾고 있었다.

캘파인사가 산타로사와 레이크 카운티와 맺은 파트너십은 하나의 단순한 해결책으로 이 세 가지 문제를 풀어주었다. 즉 그것이 필요한 곳으로 하수를 이동시키기. 오늘날 세계의 첫 번째(레이크 카운티)이자 최대(산타로사)의 재순환-물-전기 사업이 확대 준비에 돌입했다. 레이크 카운티는 레이크 포트와 지역 사회에서 하수를 받아들이기 위해 파이프라인을 클리어 호 너머까지 확장하려고 계획 중이다. 그리고 이웃하는 윈저 타운은 2008년 11월, 30년 동안 하루 70만 갤런의 하수를 산타로사의 파이프라인을 통해 제공하는 계약에 서명했다.

두 카운티의 공무원들은 자기네 사업의 환경적 성취를 자랑스러워하지만, 자신들이 고수해왔던 규제적·재정적 안정성에서도 동일한 만족감을 느낀다. "이번 사안은 사업적 판단이었어요. 더 싼 해결책을 제시할 수 있다면 그것이 우리와 캘파인사를 도울 거예요." 칼슨이 말한다.

산업의 탄생지가 된 간헐천

간헐천이 어떻게 해서 증기를 잃게 되었을까? 이 이야기는 과도한 개발의 시기와 관련되어 있다. 간헐천은 샌안드레아스 단열 동쪽에 있는 지열 시스템의 일부로 몇 세기 동안 쉬익 소리를 내고 있었다. 지표 밑에 있는 최소 5마일에 걸친 거대한 마그마 방이 암석층을 달군다. 이런 경사암에 사로잡힌 물은 끓어서 증기가 되고, 그렇게 발생한 증기는 그 위를 덮은 암석층의 매우 가는 틈을 타고 쉬익 소리를 내면서 밖으로 나온다.

1847년에 대형 조사팀의 일원으로 돌아다니던 윌리엄 벨 엘리엇(William Bell Elliott)은 증기 밭에 간헐천이라는 이름을 부여했다. 그가 찾은 것은 실제로는 화산의 분기공으로, 뜨거운 물을 공기로 쏘아 올리는 간헐천의 놀라운 분출은 없었다. 그러나 엘리엇이 잘못 붙인 이름은 그대로 굳어져버렸다. 발견한 단어는 모건(J. P Morgan)과 율리시스 그랜트(Ulysses S. Grant)와 시어도어 루즈벨트(Theodore Roosevelt) 대통령을 포함하여 꾸준히 관광객들을 불러모았다. 그러나 1930년대에 관광 사업은 호텔의 불, 산사태, 임박한 전쟁이라는 장애물 등에 의해 붕괴되고 말았다.

방문객들이 '끓는 천사들'처럼 느껴지는 증기에 빠져드는 동안, 존 그랜트(John D. Grant)는 미국 최초의 지열 발전소를 간헐천에 세우고 있었다. 그는 1921년에 발전소를 완성했다. 파이프 폭발, 증기 주입과 배출 실패 등을 극복하고 그랜트는 마침내 250킬로와트의 전기를 생산해내는 데 성공했다. 이 정도면 간헐천 리조트에 있는 건물과 거리의 불을 밝히기에 충분한 양이었다. 1960년에 이르면 기술적 진전으로 훨씬 큰 규모의 지열 발전이 상업적으로 생존 가능하게 되었다. 바위를 직접 뚫고 관을 박아 원천에서 증기를 직접 뽑아 올림으로써 퍼시픽가스전기회사는 11메가와트 발전소를 운영하기 시작했다. 몇몇 회사들은 1970년대와 1980년대에 추가로 발전소를 세웠다. 1987년 간헐천에서의 발전량은 2,000메가와트로 200만 가구에 전력을 제공해주기에 충분한 양이었다. 캘파인사는 1989년 지열 사업에 뛰어들었고, 오늘날 21개의 간헐천 발전소 중에서 19개를 운영하고 있다. 발전소는 몇백 개의 증기 정(井)들이 곰보 모양처럼 빼곡한 40제곱마일의 가파른 경사에 퍼져 있다.

증기가 고갈되고 있다

그러한 모든 구멍 뚫기와 퍼내기는 증기 밭에 큰 피해를 입혔다. 강우는 예비량을 다시 채우기에 충분히 빠르게 사암 저수지로 스며들지 못했다. 1999년에 이르면 생산량은 상당한 수준으로 떨어졌고, 캘파인사 관리자들은 땅으로 주입해줄 물을 찾아보지 않을 수 없었다. 2억 5,000만 달러의 산타로사 프로젝트는 증기 밭에서 더 가까운 곳에 있는 레이크 카운티의 프로젝트보다 더 힘든 기술적 도전을 선보였다. 하수를 산타로사에서 간헐천으로 보내기 위해서, 파이프라인은 마야카마스 산맥으로 3,000피트를 오르기 전에 시의 거리, 거주 개발 지역, 공터 밑을 통과한다.

엔지니어들은 파이프라인을 가능한 눈에 띄지 않게 만들었다. "이곳은 환경 의식이 높은 사회입니다. 우리 모두는 이 시스템의 후원자들이에요." 산타로사의 간헐천 운영 조정자 마이크 셔먼(Mike Sherman)이 말한다. 시의 라구나 처리장에서부터 40마일에 걸친 통로는 야생 사과나무들을 지나치고 파이프라인 위 시골길은 위쪽으로 휘감아 돌면서 껍질이 붉은 마드론과 웅장한 계곡의 참나무에 길을 내준다. 그 땅의 대부분은 오듀본 캘리포니아가 야생동물 보호 구역으로 운영하는 곳이다.

가파른 단선 도로는 정상으로 이어지고, 그곳에는 내용물의 차이를 빼곤 도시에 있는 물탱크와 크게 다르지 않은 3층 높이의 어두운 녹색 탱크가 자리한다. 100만 갤런의 하수, 그 물은 세 단계를 거쳐 처리된다. 침전 탱크에서의 물리적 처리는 기름기와 여타 불순물을 제거하기 위한 것이고, 생물학적 처리는 유기 물질을 분해하고 영양 물질과 추가적 화합물을 제거하기 위한 것이다. 마지막으로 모래 또는 활성 탄소 여과는 남아 있는 유기 물질과 기생 생물을 제거하기 위한 것이다. 그런 다음 하수는 아직도 남아 있는 모든 세균을 죽이기 위해 자외선에 노출된다.

캘파인사는 산 정상으로 물을 퍼 올리기 위해서 연간 250만 달러의 가치에 해당하는 지열 생산 전기를 쓴다. 정상에서, 물은 마야카마스 산맥 정상의 동쪽에 있는 증기 밭으로 주입되기에 앞서 저장된다. 탱크를 지나면 지면을 따라 회색 파이프가 계곡을 향해 급하게 치닫는데, 계곡에 해가 비치면 은색으로 빛나는 파이프라인이 장관을 이룬다. 반 마일 떨어져 있는 발전소에서 땅에서 끌어올린 증기는 터빈을 돌린 다음, 깔대기 모양의 탑에서 냉각되어 물로 응축되고, 다시 땅속에 주입된다. 세계 최대의 지열 발전소라는 점에 비춰보면, 그것은 미풍 속에서 희미한 엔진의 윙윙거림만이 교란하는 초현실적이고 기괴한 목가적 파노라마다.

지진에 대한 우려

하지만 생산 지역에서 20마일 이내에 사는 주민들의 경우, 결코 목가적이지 않은 장면을 보게 된다. 캘파인사가 하수를 땅속에 주입하기 시작한 이래로 지역 주민들은 급격한 지진의 증가를 경험했다. 간헐천에서의 지진 활동성은 2003년 이래 60퍼센트 높아졌다. 시설에서 1마일이 채 떨어지지 않은 앤더슨 스프링스 마을에서는 4.0 이상의 강도를 지닌 지진 24회를 포함하여, 2,562회의 개별적 덜컹거림이 기록되었다. 대부분의 진동은 피해를 입힐 정도는 아니었지만 선반 위 물품들이 흔들리거나 심지어 건물의 토대에 금이 간 경우도 있었다고 해밀턴 헤스(Hamiton Hess)는 말한다. 그는 샌프란시스코대학교의 은퇴한 교수로서 1939년 이래로 간헐천 근처를 오가며 살아왔다. 마찬가지로 다른 주민들도 날마다 발생하는 흔들림 상황을 불평하는 수준 이상으로 소리 높여 묘사한다. "당신도 계곡 밑에서 들려오는 우르릉거리는 소리를 들을 수 있어요. 그 소리가 덮치면, 마치 집 밑에서 폭발이 일어나는 것 같아요." 앤더슨 스프링스 공동체 동맹 회장 제프리 고스페(Jeffrey D. Gospe)의 말이다.

2009년, 주민들은 간헐천 증기 밭 외부지만 앤더슨 스프링스에서 2마일밖에 떨어지지 않은 곳에 시행되는 시범 사업 때문에 더 큰 지진의 가능성이 있음을 자기네 힘으로 밝혀냈다. 그곳에서는 현재 어떤 표면적 지열 활동도 없기 때문에, 소살리토에 기반을 둔 기업 알타록사는 2마일 이상 파고들어가 뜨거운 기반암을 깬 다음, 물을 주입해서 나오는 증기를 이용하기 시작했다.

비슷한 '증강된 지열' 사업이 스위스 바젤에서 있었는데 3.4로 측정되는 지진을 촉발했다. 3.4의 지진은 일부 기준에 따르면 큰 문제가 없지만 800만 달러의 피해를 입힐 만한 원인이 되기에 충분했다. 알타록사 관리들은 자신들의 레이크 카운티 사업은 기본이 되는 지질학과 주요 단층에서의 거리 면에서 바젤과는 다르다고 말했다. 그들은 또한 바젤에서 쓰지 않았던 새로운 기술을 쓰고 있다고도 했다. 그러나 지역 주민들은 알타록사의 환경 분석에서 존재하는 오류와 배제를 인용하면서 항의를 이어간다.

과학자들은 오랫동안 마그마로 가열된 지하층의 저수지에서 증기를 추출하는 것은 저수지를 냉각하여 바위를 수축시키는 원인으로 작용한다고 알고 있었다. 미국 지질학자 데이비드 오펜하이머(David Oppenheimer)는 수축에 적응하고자 바위들이 변형을 일으키면서 작은 지진이 발생한다고 설명한다. 증기로 빠져나가 비워진 공간은 동굴이 될 수 있는데 이는 더 많은 덜컹거림의 원인이 된다.

산타로사 하수 사업을 설계한 공무원들도 지진 활동이 늘어날 것으로 예측했다. 그러나 도시는 하수 처리 위기를 해결하고 깨끗한 전기를 생산하는 것이 편익 면에서 훨씬 앞선다는 사실을 인용하면서 계속 진행하기로 결정했다. 그것은 간헐천 반경 20마일 안에 사는 상주 주민들 500명에게는 작은 위안거리가 되어준다. "그것은 산타로사의 하수입니다. 그리고 그들은 지진을 느끼지 않아요." 헤스가 말한다.

그와 다른 주민들은 산타로사와 레이크 카운티가 계획하는 사업 확대를 곤혹스러워한다. 더 많은 양의 물을 더 많은 장소에 주입하는 것이 결국 '더 큰 지진'을 촉발하지 않을까? 그럴 것 같지는 않다는 것이 오펜하이머의 의견이다. 확대된 생산은 2.0보다 적은 강도의 덜컹거리는 숫자를 늘릴 가능성이 높다. 강도 8.0 같은 대규모 지진을 위해서는 거대한 단층이 필요하다. 그리고 간헐천에는 작은 파열들이 존재할 뿐이다. 오펜하이머는 그곳에서 30년 이상 모니터링한 자료에 따르면 지금까지 기록된 가장 큰 지진의 강도가 4.5라고 말한다.

하지만 알타록사의 계획은 더욱 강력한 지진에 대한 우려를 증대시킨다. 2009년 7월, 연방정부 기관들은 과학적 평가로 지진 위험에 대한 더욱 정밀한 판단이 가능해질 때까지 사업을 보류하기로 결정했다. 의심스런 미래를 마주하면서 알타록은 12월, 사업 포기를 선언했다. 11월, 에너지성은 증강된 지열 운영을 위한 새로운 안전 보장 필수 조건을 발표했다.

4-4

지열 에너지 이용으로 편익을 확대하기

하수에서 20메가와트의 전기를 생산함으로써, 산타로사와 레이크 카운티는 연간 20억 파운드의 온실가스 배출을 효과적으로 줄일 수 있었다. 이는 석탄 발전소가 이 정도 전기를 생산할 때 대기로 내뿜었을 양이다. 또한 러시안 강과 클리어 호로 하수를 방류하는 것을 멈췄고, 새로운 하수 저장 시설과 하수 처리 시설을 건설할 필요도 없어졌다. 그리고 캘파인사가 러시안 강의 지류(캘파인사는 그곳에 대한 물 권리를 보유하고 있다)에서 물을 취수하는 대신 하수를 쓰고 있기 때문에 하천에서는 물고기를 위한 더 많은 담수를 보존하게 되었다.

지열 에너지의 이용을 국가 전체에 확대하기 바라는 기업가들과 과학자들에게 캘파인 사업은 풍부한 경험을 제공한다. 그러나 알타록사의 운명은 표면 활동이 없는 지점에서 심층 굴착에 기초한 증강된 지열 시스템에 관심을 저하시키는 효과를 불러왔을 것이다. 코넬대학교의 지속 가능 에너지 시스템 교수인 제퍼슨 테스터(Jefferson W. Tester)가 이끈 연구에 따르면 증강된 지열 시스템으로 미국에서 10만 메가와트 이상의 전기를 생산할 수 있다. 2009년 5월, 오바마 행정부는 지열 개발 기금으로 3억 5,000만 달러를 조성했는데 여기에는 증강된 지열 사업을 위한 8,000만 달러도 포함되어 있다.

뜨거운 바위로 주입해줄 적절한 물 공급이 부족한 많은 예정지들을 위해, 간헐천에 있는 발전소는 여전히 영감을 제공할 것이다. 처리된 하수가 전기를 위한 담수의 대체재로서 상업적으로 생존 가능하다는 것을 그들이 웅변적으로 보여주었다고 칼슨은 말한다. 물론 안전 문제의 쟁점을 해결하기 위해서는 더 많은 연구가 요구된다. 그러나 그는 낙관적이다. "우리 주민들은 혜택을 누리고 있습니다. 환경도 혜택을 누리고 있습니다. 전 세계 모든 사람들이 자신들의 지역 사회를 개선하는 데 이 모델을 쓸 수 있을 것입니다."

4-5 리오그란데 강 복원 사업

크리스터 웨스트

다목적 댐, 홍수 조절 메커니즘, 곡물 관개 시설 등을 가지고, 리오그란데 강은 콜로라도 주, 뉴멕시코 주, 텍사스 주 주민들에게 거의 한 세기 동안 안정적으로 담수를 제공해왔다. 그리고 거의 같은 시기에 농부, 도시민, 보호주의자들은 누구에게 그 물의 이용권이 있는지를 둘러싸고 싸움을 벌여왔다. 이제 새로운 선수가 논쟁에 뛰어들었다. 리오그란데 강이 배출하는 갈등에 대한 국가적 관심을 높여줄 수 있는 존재, 즉 연방정부다. 내무부장관 게일 노턴(Gale A. Norton)은 미국 남서부의 물 관리, 저장, 배달을 개선하기 위한 1,100만 달러의 의회 주도 사업을 제안했고, 연속적인 지역 물 회의를 이끈다. 만약 사업이 통과되면, 지역과 강을 위한 것으로는 최초의 연방정부 자금 지원이 될 것이다.

북아메리카에서 다섯 번째로 긴 리오그란데 강은 콜로라도에서 발원해서 뉴멕시코 주, 텍사스 주, 멕시코를 거치며 1,900마일을 굽이친 후 생태적으로 풍부한 치와와 사막의 북부 절반을 양분하고 멕시코 만으로 흘러 들어간다. 대략 1,000만 명의 사람들이 리오그란데 강둑을 따라 살고 있고, 어떤 단일한 주나 국가도 강의 건강을 위한 관리권이나 책임을 갖지 못한다. 현재 리오그란데 강 남쪽 유량 80퍼센트 이상이 농업을 위해 취수된다고 뉴멕시코주립대학교 농업 엔지니어 필립 킹(J. Phillip King)이 말한다. 역사적으로, 사실 취수되지 않은 물은 버려진 것으로 간주되었다.

그러나 이번 봄에 리오그란데 은빛 황어로 불리는 알려지지 않고, 위협적이지 않으며, 비교적 덜 인상적인 멸종 위기 종이 역사상 처음으로 이전에 강물에 할당되었던 물을 남겨둘 것을 강제했다. 길이가 2인치인 이 회색 물고기는 한때 강 전역을 풍부하게 헤엄쳐 다녔지만 오늘날에는 중앙 뉴멕시코 주 100마일에 걸친 구역에만 제한적으로 남아 있다. 이는 역사적 범위의 약 5퍼센트에 불과하다. 올해, 과학자들은 가뭄과 인간 활동용으로 물을 과다 배당함으로써 마침내 그 구간도 말라버릴 것으로 예측한다. 남아 있는 모든 야생 황어의 운명을 마감할 가능성이 큰 것이다.

6월에 연방법원은, 강의 유량을 관리하는 기관인 국토개발국이 연방법하에서 다른 물 이용자들에 대한 기존 의무와 관련 없이 물고기들에게 물을 제공해야 한다고 판결했다. 국토개발국은 그 주의 도시와 농부들에게 물을 배달해주기로 한 계약을 계속 연장했지만 이 판결로 더는 그 약속을 지키기가 어려워졌다.

주 정치 지도자들에게 환영받지 못한 그 판결은 내무부의 노력과 시기적으로 잘 들어맞았다. 노턴이 제안했던 사업에 더해, 내무부는 덴버에서 6월에 시작된 '물 2025'로 알려진 일련의 모임들을 후원해왔다. 내무부는 1900년대 초반 이래 남서부의 물 쟁점에 적극적이지 않았다. 그 당시 내무부는 리오그란데의 댐, 제방, 수로 등을 다수 건설하는 일을 도왔다.

많은 보존 단체들은 새로운 연방정부의 관심을 통해 몇 년간 노력했음에도 자신들이 해낼 수 없었던 뭔가를 이룰 수 있기를 바란다. 리오그란데 강을 보호할 가치가 있는 장소로 국가의 레이더 화면에 올리는 것 등이다. 수계(水系, 리오그란데 유역과 겹치는 치와와 사막의 일부를 포함한다)는 오랫동안 인정받는 국가적 보물, 즉 플로리다 에버글레이즈 국립공원의 맞상대로 여겨졌다. 두 지역은 놀라울 정도로 비슷하다. 즉 대략 같은 수의 보호종들의 집이 되어주며, 유명한 국립공원(리오그란데 강은 빅벤드 국립공원을 관통하여 흐른다)의 젖줄인 수계를 이루고 있고, 둘 다 가치가 큰 농업 지역이다. 그럼에도 리오그란데 강은 에버글레이즈 같은 국가적 지위를 보유하지 못한다.

국립공원보존협회의 프로그램 부대표 론 팁턴(Ron Tipton)은 말한다. "리오그란데 강을 위한 놀라운 도전은 국가로 하여금 그 지역의 중요성을 인지하도록 만드는 것입니다." 팁턴은, 에버글레이즈를 보호하기 위한 노력은 1960년대에 시작되었지만 에버글레이즈를 국가적 자산으로 확립했던 것은 플로리다 주지사 밥 그레이엄(Bob Graham)이 1984년에 얻어낸 연방정부의 관심과 자금(80억 달러)이었다고 말한다.

세계자연기금의 밥 어빈(Bob Irvin)도 동의한다. "주의 협력은 에버글레이즈 복원에 중요했습니다. 그리고 리오그란데 강에서도 마찬가지로 중요할 것입니다. 그러나 연방정부의 리더십이 핵심 요소가 될 것입니다."

4-6 아랄 해 재건 사업

필립 미클린·니콜라이 알라딘

아랄 해의 붕괴

아랄 해의 거의 모든 물은 아무 강과 시르 강에서 온다. 몇천 년 동안, 아무 강의 수로가 아랄 해에서 멀어지면서 아랄 해가 줄어드는 원인이 되었다. 그러나 그 호수는 언제나 아무 강이 다시 이동해 오면서 회복되었다. 오늘날 목화와 쌀 등의 곡물을 위한 관개가 심해지면서 두 강에서 너무 많은 물이 취수된 나머지 삼각주와 아랄 해로 흘러드는 강물의 양이 심각하게 줄어들었다. 증발은 광범위하게 강우, 녹은 눈, 지하수 공급 모두를 앞섰고, 그 결과 수량이 줄어들면서 염분은 증가했다.

소련은 1985년까지 몇십 년 동안 그 바다의 사망을 숨겼다. 그때 지도자 미하일 고르바초프(Mikhail S. Gorbachev)가 커다란 환경적·인간적 비극을 실토했다. 1980년대 말, 바다의 수면은 너무나 크게 떨어져서 물이 '작은 아랄'(북쪽)과 '큰 아랄'(남쪽)이라는 두 개의 큰 구역으로 분리되었다. 2007년에 이르면 남쪽은 깊은 서쪽 유역, 얕은 동쪽 유역과 작고 고립된 만으로 나뉜다. '큰 아랄'의 수량은 708세제곱킬로미터에서 75세제곱킬로미터로 떨어졌으며, 염분 농도는 리터당 14그램에서 100그램 이상으로 증가했다. 1991년 소련의 해체 이후 그 호수는 새로 독립한 카자흐스탄과 우즈베키스탄에 의해 분할되었는데, 이로 인해 멀리 떨어진 시베리아 강들에서 수로를 통해 물을 끌어오려는 거대한 소비에트의 계획은 끝이 나고, 줄어드는 자원을 둘러싼 경쟁 구도가 확립되었다.

아랄 해의 건조화가 불러온 피해

아랄 해의 건조화는 심각한 피해를 낳는다. 엄청나게 줄어든 강물은 담수와 풍부한 침전물과 함께 습지를 유지해주던 봄 홍수를 종식시켰다. 호수에 있는 어종의 수는 염분이 증가하고 산란지와 먹이 공급지(대부분 강의 삼각주에 남아 있다)가 상실되면서 32종에서 6종으로 줄었다. 1960년에 4만 톤의 어획고를 올렸던 상업적 어업은 1980년대 중반에 사라지고 말았다. 관련된 6만 개 이상의 일자리도 사라졌다. 가장 흔하게 남아 있는 호수의 주민은 러시아어로 캄발라(kambala)라고 하는 흑해 넙치류다. 이는 1970년대에 들어온 바닷물고기인데 2003년에 이르러 염분이 70g/l로 보통 바다의 두 배에 달하게 된 까닭에 남부 호수에서 사라지고 말았다.

마찬가지로 아랄 해의 해운업도 중단되었다. 물이 북으로 아랄스크, 남으로 무이낙에 있는 주요 항구들에서 몇 킬로미터씩 후퇴했기 때문이다. 그 도시들까지 점점 멀어지는 수로를 열어놓으려면 너무 많은 비용을 투자해야 한다. 지하수 수위도 호수의 수위와 함께 떨어지면서 사막화 현상을 강화하고 있다. 1990년대 중반에 이르면 빈약한 영역만을 차지했던 호염성 식물(소금기 있는 토양에서 잘 자라는 식물)과 건생 식물(건조한 환경에서 잘 자라는 식물)이 한때 제방을 푸르게 뒤덮었던 나무, 덤불, 풀 들을 밀어낸다. 토종 포유류와 조류의 종도 그 절반만이 이 지역에서 발견된다. 기후 또한 본래의 해안선 너머 100킬로미터까지 변화를 불러왔다. 오늘날 여름은 더 덥고, 겨울은 더 춥고, 습기는 더 낮아지고(따라서 비가 덜 내리고), 생장 기간은 더 짧아지고, 가뭄은 더 흔해지고 있다.

바다에 쌓이는 독성 물질들

후퇴하는 바다는 5만 4,000제곱킬로미터의 해저를 드러냈고, 해저는 마르면서 소금으로 가득 찼으며, 농사 지역에서 강물로 운반되어 와서 쌓인 농약과 농업 화학 물질들이 일부 지역을 수놓고 있다. 강한 돌풍은 소금, 먼지, 오염 물질을 최대 500킬로미터까지 실어 날랐다. 북풍과 북동풍은 가장 강력한 폭풍을 일으켰으며 남부 호주에 있는 아무 삼각주에 심각한 타격을 가했다. 이곳은 가장 조밀하게 정착해 있고, 경제적·생태적으로 가장 중요한 지역이었다. 공중으로 날려온 중탄산염나트륨, 염화나트륨, 황산나트륨은 자연 식생과 곡물을 죽이거나 그들의 성장을 지체시킨다. 이는 작물들에 관개를 함으로써 바다를 굶기고 있음을 보여주는 잔인한 역설이다.

보건 전문가들은 지역 주민들이 염분이 포함된 공기와 물을 숨 쉬고 먹기 때문에 심각한 수준의 호흡기 질병, 인후암, 식도암, 소화 장애 등으로 고통받는다고 말한다. 안과 질환은 물론 간과 콩팥의 통증도 흔하다. 물고기가 사라진 것도 식단의 다양성을 크게 감소시키는데, 특히 임산부의 영양실조와 현기증을 불러온다.

보즈로즈데니야 섬 또한 독특한 문제를 안고 있다. 그 섬이 해안에서 멀리 떨어져 있을 때, 소련은 보즈로즈데니야 섬을 생물학 무기를 위한 시험 장소로 이용했고 탄저병, 야토병, 브루셀라병, 흑사병, 발진티푸스, 천연두, 보툴리누스균 독소 등을 말, 원숭이, 양, 당나귀, 실험실 동물 등에게 시도했다. 그러나 물이 후퇴한 결과, 보즈로즈데니야는 2001년 남부 호수에서 본토로 통합되었다. 보건 전문가들은 무기화된 유기물이 살아 있으면 감염된 설치류에 기생하는 벼룩을 통해 문명 사회에 도달할 수 있다는 사실과 테러리스트들이 그런 유기체에 접근할 수 있다는 사실을 우려한다.

북부 호수 복원에 대한 희망

아랄 해 전체를 1960년대의 상태로 되돌린다는 건 비현실적이다. 시르 강과 아무 강의 연간 유입량이 최근의 평균 13세제곱킬로미터의 네 배는 되어야 하기 때문이다. 유일한 해결 방법은 92퍼센트의 물을 취수하는 것으로 추산되는 관개를 중단하는 일일 것이다. 그렇지만 아랄 해 유역에 있는 이전의 다섯 개 소비에트 공화국 중 4개국(카자흐스탄 제외)은 주로 늘어나는 인구를 먹이기 위해 관개를 확대할 의도를 품고 있다. 목화를 겨울 밀로 교체하는 등 물 집약성이 덜한 작물로 바꾸면 도움이 되겠지만 관개를 중요시하는 우즈베키스탄과 투르크메니스탄 등의 국가들은 외화를 벌어들이기 위해 면화를 계속 유지할 생각이다. 확대된 관개 수로는 상황을 크게 개선해줄 수 있다. 많은 수로가 단순하게 모래로 끊겨 있어서 엄청난 양의 물이 땅으로 스며들기 때문이다. 전체 관개 시스템을 현대화하면 연간 12세제곱킬로미터의 물을 절약할 수 있지만 최소한 160억 달러의 비용이 필요할 것이다. 유역 국가들은 돈이 없거나 정치적 의지가 없다.

그럼에도 카자흐스탄은 부분적으로 북부 아랄 해를 복원하려고 노력해왔다. 1990년대 초반, 카자흐스탄은 남부 호수로 배출되어 증발로 쓸데없이 버려지는 물을 막기 위해 흙 제방을 쌓았으나 1999년 4월에 발생한 재앙으로 파괴되고 말았다. 그렇지만 그러한 노력을 통해 수위를 높이고 염분 농도를 감소시킬 수 있음을 보여주었다. 그 결과 카자흐스탄과 세계은행은 8,500만 달러의 해결책에 자금을 지원하기로 결정했다. 핵심 요소는 방류를 위한 문이 달린 콘크리트 댐을 갖춘 훨씬 더 육중한 13킬로미터의 흙 제방으로, 2005년 11월에 완성되었다. 그해 겨울 시르 강에서 유입된 폭우는 '작은 아랄 해' 복원의 시발점이 되었다. 수위는 8개월 만에 의도된 설계 높이였던 40~42미터로 높아졌다. 늘어난 바다의 면적은 18퍼센트에 달했고 염분은 점차 떨어졌는데 대략 20g/l에서 현재는 10g/l까지 떨어졌다. 어부들은 다시 한 번 여러 종의 물고기를 적지 않게 잡게 되었다. 가장 중요한 것은 러시아어로는 수닥(sudak)으로 알려진 상품 가치가 큰 파이크 농어와 잉어의 일종인 사잔(sazan)이 잡힌다는 사실이다.

자산 상승에 대한 기대

우리는 '작은 아랄 해'의 염분이 지역에 따라 3~14g/l로 안정화될 것으로 기대한다. 이런 수준이라면, 소금물에 사는 캄발라는 대부분의 지역에서 사라지겠지만 더 많은 토착 어류들이 돌아올 수 있을 것이다. 한 걸음 더 진척된 복원도 가능하다. 예를 들면 관개 시설 개선으로 시르 강의 연간 평균 유입량을 4.5세제곱킬로미터로 올릴 수 있다면(충분히 가능한 양이다) '작은 아랄 해'의 수위는 약 47미터로 안정화될 수 있을 것이다. 이런 변화로 해안선은 예전의 주요 항구 도시인 아랄스크에서 8킬로미터 이내로 전진할 것이다. 이 정도 거리라면 도시와 호수를 연결해줄 이전의 수로를 재준설해도 충분한 채산성이 있을 것이다. 수로는 대형 상업 어선이 이전처럼 바다에 접근하게 해주고, 해운업도 재출발할 수 있을 것이다. 염분이 추가로 감소하기 때문에 습지대와 어류는 훨씬 불어날 것이다. 남부 호수로의 배출 또한 증가해서 남부 호수의 회복에 도움을 줄 것이다. 그 같은 계획에는 수문 시설의 재건축은 물론 훨씬 더 길고 높은 제방이 필요할 것이다. 카자흐스탄이 이를 추구할 만한 수단과 의욕을 갖고 있는지는 분명하지 않다. 하지만 그 나라는 현재 물을 아랄스크에 좀 더 가까이 끌어오기 위한 온건한 제안을 두고 토론을 벌인다.

남부 아랄 해를 위한 장기적 전망

빠르게 줄어드는 '큰 아랄 해'는 힘든 미래를 마주하고 있다. 오로지 가늘고 긴 수로만이 얕은 동쪽 유역과 깊은 서쪽 유역을 연결하는데, 이 수로는 전적으로 닫힐 수 있을 것이다. 만약 아무 강이 지나가는 국가들이 변화를 거부하고 현재 속도로 지하수가 들어오고 증발되어 나간다면, 고립된 동쪽 유역은

4,300제곱킬로미터의 면적으로 안정화될 것으로 추산된다. 그러나 그 깊이는 평균적으로 2.5미터에 불과할 것이다. 염분은 100g/l를 초과하고, 어쩌면 200g/l에 다다를 것이다. 그런 곳에서 살 수 있는 유일한 생명체는 바다새우와 박테리아가 전부일 것이다.

서쪽 유역의 운명은 지하수 유입에 달려 있는데, 그 추산치는 불확실하다. 우리 중 한 명(알라딘)은 서쪽 절벽에 있는 수많은 담수 샘물을 언급한 바 있다. 가장 신뢰할 만한 계산대로라면 서쪽 유역은 약 2,100제곱킬로미터에서 안정화될 것이다. 호수는 여전히 비교적 깊을 것이며, 37미터에 달하는 곳도 있을 수 있다. 그러나 염분은 100g/l를 상회하게 될 것이다.

거대 규모의 엔지니어링으로 서쪽 유역을 부분적으로 재생할 수 있을 것이다. 최근에 우리 중 한 명(미클린)이 보강한 초기 계획이 도움이 될 것이다. 평가 과정을 거치지 않았기 때문에 정확히 알기는 힘들지만 매우 큰 비용이 들 것으로 예상된다. 그 계획을 위해서 필요한 것은 아무 강의 수량을 늘리는 것인데, 그 정도 양이라면 강의 배수지에서 비교적 합리적인 관개 시설의 개선을 통해 확보할 수 있다. 습지를 되살리는 것 또한 그 계획의 중요한 목적이다.

소련은 1980년대 후반에 그 일을 시작했고, 우즈베키스탄은 국제적 기부자들의 도움으로 이 노력을 지속해왔다. 생물 다양성, 어업, 수생 식물에 의한 하수의 자연 정화 등은 부분적으로 개선되어왔지만 빠른 해결책은 존재하지 않는다. 아랄 해는 40년 이상 말라가고, 지속 가능하고 장기적 해결책을 위해서는 대규모 투자와 기술적 혁신은 물론 근본적인 정치적·사회적·경제적 변화가 필요하다.

아랄 해가 주는 교훈

최근까지 많은 관찰자들은 아랄 해에 승산이 없다고 보았다. 하지만 북부 호수에서의 진전은 남은 바다의 일정한 부분이 생태적으로, 경제적으로 생산성을 지닐 수 있음을 믿음직스럽게 보여준다. 아랄 해 이야기는 자연 세계와 인간 자신들에게 위협을 가할 수 있는 현대 기술 사회의 엄청난 위력을 구체적으로 보여주는 한편, 그 환경을 복원할 엄청난 잠재력도 함께 보여준다. 전 세계에 걸쳐 존재하는 저수 지역들도 아랄 해와 같은 형태의 운명에 고통받기 시작했다. 대표적으로 중앙 아프리카의 차드 호와 남부 캘리포니아 솔턴 해를 들 수 있다. 우리가 배운 이 교훈이 다른 곳에서 경고로 작용할 수 있기를 희망한다. 다음과 같은 교훈들을 생각해볼 수 있을 것이다.

- 인간은 빠르게 자연환경을 파괴할 수 있지만 그 복원은 길고도 힘든 과정이다. 계획자들은 어떤 행동을 하기 전에 자연 시스템을 거대 규모로 간섭하면 어떤 결과를 불러올지 신중하게 평가해야만 한다. 소련이 하지 않은 일이 바로 이것이다.
- 현재의 심각한 문제를 회피하면 결코 미래를 보장받을 수 없다. 아랄 해 유역에는 몇백 년 동안 관개가 넓게 퍼져 있었지만 1960년대 이전에는

아랄 해에 심각한 피해가 발생하지 않았다. 하지만 추가적 팽창으로 그 지역의 수문학적 시스템은 지속 가능성을 내동댕이치게 되었다.

- 복잡한 환경과 인간 문제에 대한 신속한 문제 해결에 주의를 기울여야 한다. 목화 재배를 위한 물 공급을 대폭 줄이면 더 많은 물이 아랄 해로 가겠지만 국가 경제에 타격을 입히고 실업률이 높아지면서 사회가 불안정해질 수 있다. 지속 가능한 해법이란 돈과 혁신뿐 아니라 정치적·사회적·경제적 실용성을 요구한다.
- 자연환경의 탄력성은 놀라울 정도다. 따라서 그것을 살리기 위한 노력이나 희망을 포기해서는 안 된다. 식자들은 아랄 해를 암담하게 그리곤 했지만 오늘날 그것의 본질적 부분들은 생태적으로 복원되고 있다.

5

미래를 향하여

5-1 다가오는 초대형 가뭄

피터 글릭·매튜 허버거

호주는 지난 10년, 대부분의 기간 동안 기록된 역사에서 가장 지속적인 최악의 건기를 경험했다. 머리 강은 2002년, 사상 최초로 바다에 도달하지 못했다. 산불이 국토 대부분을 휩쓸었고, 먼지 폭풍이 며칠 동안이나 대도시를 뒤덮었다. 호주의 양 개체군은 50퍼센트 떨어졌고, 쌀과 목화 생산은 몇 년에 걸쳐 붕괴되었다. 몇만의 농가가 삶의 터전을 포기했다. 가뭄은 호우와 홍수가 함께 찾아온 2010년에 끝을 맺었다.

호주의 밀레니엄 가뭄은 가뭄으로 고통당하는 미국 남서부 주민들과 우리 모두에게 자명종 역할을 한다. 호주에서 일어날 수 있다면 미국에서도 일어날 수 있다. 그렇게 되면 지역과 국가에 치명상을 안길 것이다. 하지만 호주의 경험에 관심을 기울이고 올바른 교훈을 배운다면 최악은 피할 수 있다.

미국 남서부는 호주 해당 지역의 가뭄 이전과 일부 유사성이 있다. 둘 모두 마른 도시들과 관개농업이 물 공급을 압박하고 생태계에 해를 입히는 건조한 지역들을 포함한다. 콜로라도 강은 대부분의 기간 동안 바다로 흐르지 않는다. 주요 저수지의 수위는 지난 10년 동안 점진적으로 감소했다. 일부 분석가들은 저수지의 최대 수위가 결코 채워질 수 없을 것으로 내다본다. 또한 미국과 호주는 가뭄의 위험을 높여주는 글로벌 기후 변화를 공유한다.

기후 변화가 호주가 겪는 물 부족이란 고통에 일정 부분 영향을 주었다는 증거가 계속 쌓여간다. 1950년 이래로 평균 강우량은 15퍼센트 줄어들었고, 연구자들은 1995~2006년 호주 남동부의 평균 온도가 장기간의 평균 온도보다 0.3~0.6도(℃) 높다는 사실을 알아냈다. 높아진 증발과 낮아진 강우량의 결합은 토양의 습기를 앗아가고 지표수를 줄였는데, 그 결과 가뭄은 더욱 강력해지고 더욱 잦아졌다. 호주의 과학자들은 머리-달링 강 유역에서 물 이용 가능성이 35~50퍼센트 감소하고, 머리 강 입구 근처의 유수량은 2030년에는 70퍼센트까지 떨어질 것으로 내다본다.

밀레니엄 가뭄에도 한 가지 이로움이 있다. 즉 사람들의 주목을 끌었다는 점이다. 호주인들은 폭넓은 범주의 기술적·경제적·규제적·교육적 정책들을 가지고 이런 극단적 상황에 대응했다. 호주에 있는 도시 물 관리자들은 물 이용을 억제하고, 상투적이지 않은 새로운 원천으로 공급원을 확대하는 공격적 전략을 쓸 수밖에 없었다. 그들은 이중 배출 화장실 등 효과적 응용과 설비에 보조금을 지급하고 물을 절약하기 위한 대중 교육 캠페인을 개시했으며 그 밖의 많은 사업을 펼쳐나갔다. 2002년과 2008년 사이에, 미국 서부와 비교할 때 이미 낮았던 개인당 도시의 물 이용은 37퍼센트 감소했다.

중수를 재사용하는 시스템, 지붕에 떨어진 물을 모으는 물탱크, 하수 처리와 재사용 등 비(非)상투적 공급을 늘리는 데 초점을 맞춘 또 다른 노력이 있었다. 호주의 대도시 다섯 곳은 탈염 용량을 두 배로 늘리는데 132억 달러를 투입하는데 이는 현재 도시 물 수요의 30퍼센트를 충족시키기에 충분한 양이다.

가뭄 중에도 호주는 심각하게 훼손된 수중 생태계에 물을 되돌려주는 계획을 변함없이 추진했다. 정부는 머리-달링 강 유역 취수량을 22~29퍼센트 줄임으로써 강과 습지를 복원하는 계획을 지속해나간다. 또한 생태계 회복을 위해 관개업자들에게 물을 사들이는 데 30억 달러를 책정했다. 규제자들은 농부들의 물 이용 효율성을 재고하고, 하수를 줄이려는 목적으로 물 시장을 도입했다. 정부는 보조금을 줄여나가려는 노력과 별도로, 관개 인프라를 개선해 관개의 생산성을 높이려는 목적으로 60억 달러 이상의 보조금을 투입한다고 발표했다.

미국 남서부 주들은 비슷한 재난이 닥치기 전에 이런 종류의 개혁을 힘차게 밀어붙일 수 있을 것이다. 그들은 물 시장과 가격 평가 체계의 개발, 물 효율성과 생산성 프로그램의 확대, 도시와 농촌의 비효율적이고 비생산적인 물 이용을 부추기는 정부 보조금 제거, 농업 개혁 등의 어려운 정책적 쟁점을 다룰 필요가 있다. 기후 변화가 계속됨에 따라, 똑똑한 물 계획 사업이야말로 이제 더는 피하기 힘들어진 상상을 뛰어넘는 공포와 충격을 다소나마 완화해줄 것이다.

5-2 물길을 내는 강물처럼*: 아르헨티나의 리오누에보 강

멜라니 레나르트

*이 글의 원제는 영화 〈흐르는 강물처럼(A River Runs through It)〉을 패러디한 'A River Rams through It'이다.

그 나라 외부인 누군가에게 아르헨티나에 대해 말한다는 것은 곧 대화 주제가 군침 도는 소고기의 기막힌 맛으로 넘어갈 기회를 잡았음을 뜻한다. 내가 남아메리카의 이 나라를 방문하려고 준비할 때 아르헨티나의 진미를 즐길 수 있는 갖가지 방법에 대한 추천을 들었다.

그러나 그곳에 간 나는 아르헨티나의 목장들이 최근 몇십 년 사이 풍경에서 사라진다는 것을 알게 되었는데, 그것은 미국 목장들과 매우 비슷한 현상이었다. 실제로 목축업에서 농업으로의 전환이 남아메리카 라플라타 강의 전 유역에서 일어난다. 이 유역에는 북부 아르헨티나, 파라과이, 볼리비아 일부, 우루과이의 많은 부분, 남부와 중앙 브라질의 광대한 영역 등이 포함되어 있다.

최근 40년 사이에만 해도, 지주들은 면적 7억 6,000만 에이커에 달하는 그 유역의 3분의 1을 초지와 숲에서 곡물, 특히 콩으로 전환했다. 유전자변형작물의 이용과 함께 경제가 변화를 주도한다. 옥수수와 콩 수출로 얻는 이익이 커지면서 지주들은 그 사업에 매달린다. 반면에 수출 품목에 대한 세금은 정부가 보조금을 통해 감면해준다.

5-2

리오누에보 강의 염분 상승

곡물로의 대규모 전환은 여전히 예상치 못한 반향을 불러일으킨다. 에스테반 조바기(Esteban Jobbágy)가 이끄는 산루이스 연구소의 과학자 셀리나 산토니(Celina Santoni)와 그녀의 동료들이 연구한 바에 따르면, 우리는 칼바람이 불어대는 이 겨울에 그 반향 중 하나를 조사하고 있다.

알베르토 판자(Alberto Panza)의 1,150에이커 목장의 출입구가 한때 서 있었던 그곳은 현재 40피트(약 12미터)의 심연이다. 리오누에보(Rio Nuevo)라는 적절한 이름처럼 꽐꽐거리며 태어난 새로운 강은 2008년 강력한 폭풍, 홍수와 함께 계곡을 조각했다.

강이 출현한 지 3년 정도 지난 후에, 판자는 19개 회원국들의 노력을 통합하기 위해 만들어진 자금 지원 단체인 범미주글로벌변화연구협회(이하 IAI)의 지원을 받는 산토니와 몇몇 과학자들에게 입이 쩍 벌어질 만한 놀라운 결과를 보여주었다. 그 협회는 산토니의 박사논문 연구를 지원했다. 또한 IAI의 지원을 받아 라플라타 강 유역을 대상으로 행해지는 연구 프로젝트들의 결과를 종합하도록 돕는 나의 노력도 후원하고 있었다.

그때까지 강은 스스로 땅을 찢어 발기던 초기보다 한결 조용해진 버전으로 휴식하고 있었다. 강은 대략 2차선 고속도로 정도 폭으로 바닥을 따라 완만하게 굽이쳤지만 경사가 가팔라서 우리는 바닥에 다다를 수 없었다. 강 건너편에선 소 열두 마리가 미국 남서부의 사막 콩, 그리고 관목과 관련이 있는 가뭄에 강한 토종 칼덴(calden) 나무 아래에서 평온하게 풀을 뜯고 있었다. 과거엔

소 떼들이 시골의 푸르게 우거진 녹지는 물론 이렇게 마른 숲에도 자유롭게 방목되었다. 그러나 이제 숲과 초지를 곡물에 양보함에 따라 방목이 더는 흔치 않은 것이 되었다.

그 결과, 지하수면이 높아지면서 지하의 소금 저장소가 느슨해지고 있다.

산토니는 커피색 제방 밑에 모습을 드러낸 설탕 분말을 뿌려놓은 듯한 흰색 층들을 가리킨다. 눈에 확연히 들어오는 결정들은 과거 강물의 수위를 나타내주는데, 강물에 다량의 소금이 포함되어 있었음을 보여주는 강력한 증거인 셈이다.

우리는 판자의 목장에서 그 강에 접근할 수 없었지만, 산토니는 여전히 성장 중인 리오누에보 강의 다른 줄기에서 몇백 개의 물 샘플을 채취했다. 그 강은 여러 해 동안 목장은 물론 도로를 찢으며 물길을 내고 있었다. 그녀는 염분을 평가하는 방법인 물 전도성을 측정했고, 리오누에보 강물에 세계보건기구가 권고하는 소비 권장량의 다섯 배나 많은 염분이 포함되었음을 보여주었다.

비슷한 문제들이 텍사스에서 캐나다와 호주까지 전 세계에 걸쳐 건조 지역 농업을 하는 다른 지역에서도 발생한다. 아르헨티나에서 나타나는 문제도 출발점이 동일한 것 같다고 그녀는 설명한다. 즉 지하수면이 상승하면서 몇천 년 동안 건조한 숲과 초원 밑에 축적되어왔던 소금을 표토(表土)로 들어 올린다.

그녀는 판자에게 몇 년 사이 그의 땅에서 지하수면의 차이가 얼마나 달라졌는지 관찰한 적이 있느냐고 물었다. 지하수면의 높이 변화는 "내 키보다 더 커요"라고 판자는 대답했다. 그의 키는 6피트(약 1.8미터)였다. 그가 말했다. "물은 지난 10~15년 2.5미터 높아졌어요." 대략 8피트(2.4미터) 정도다.

아르헨티나는 호주의 혹독한 교훈에서 배울 수 있다고 산토니는 주장한다. 호주는 1세기 이전에 또 다른 형태의 마른 숲인 유칼리투스 숲을 농업으로 전환하기 시작했다. 그 결과는 서부 호주의 남서부 지역에서 특히 두드러진다.

산토니는 말했다. "결국, 이런 전환이 낳은 것은 염분화된 광대한 토지였고, 소금 지각은 지역을 완전히 불모지로 만들어버렸습니다."

서부 팜파스의 소금기 토양

농장 토양이 너무 많은 소금의 문턱에 도달한 것이 분명하다는 사실을 이틀 뒤에 알게 되었다. 그곳에서는 아무것도 자라지 않는다.

우리는 고전적 초지 지역인 팜파스에 있었다. 곤잘로 라보르드(Gonzalo Laborde)가 소유한 곳으로, 목장에서 농장으로 전환한 5,000에이커가 낮게 펼쳐진 지역이었다. 최근에 홍수가 났는데, 그곳 땅 밑은 여전히 스펀지를 밟는 느낌이었다. 생기를 잃고 길게 늘어선 옥수수 줄기는 주변 지역에서 최근에 성장이 있었다는 증거로 작용했지만, 주차장 크기로 구획된 토지는 메말라 있었다. 흰색 결정이 달빛에 빛났고, 일정한 각도에서 보면 갈색 토지 위의 얇은 얼음 조각처럼 보이기도 한다.

라보르드는 소금 구획이 확장되는 것을 막기 위해 싸운다. 그와 그에게 자문하는 농경학자 파블로 에추베리(Pablo Etcheverry)는 곧추세운 PVC 파이프에 표시하는 방식으로 주변 측정소에서 이용하는 지하수면 높이에 대한 인식표 작업을 계속해나갔다. 높이는 지난달 이래로 조금 떨어져서, 지표면에서 밑으로 1.37미터(4.5피트)가 되었다. 여전히, 안심하기에는 너무나 가까운 상태다.

그는 최근 몇 년 동안 지하수면이 상승하는 것을 지켜보았다. 그는 자신이 자라났고, 지금은 가족의 생계 수단이 된 1905 목장 주택의 벽난로에 둘러앉아 한담을 나누던 중 우리에게 그 사실을 말해주었다.

라보르드 같은 전직 농장주들의 관점에서 보면, 정부는 소고기 가격을 낮추고 수출을 제한하기 위한 정책적 노력의 일환으로 목장을 농장으로 전환하는 작업을 밀어붙였다. 1989년, 라보르드 가족은 알팔파와 소를 기르다가 곡물을 기르는 것으로 전환을 시작했으며, 모든 옥수수와 90퍼센트 정도의 콩을 수출하는 자유를 만끽했다. 2000년에 이르면 그들은 곡물 생산에 집중하려고 소를 모두 팔아치웠다.

라보르드는 조바기의 실험실에 온 연구자들을 열렬히 뒷받침한다. 당시 실험실에는 농업 상담사 조르즈 메르카우(Jorge Mercau)와 대학원생 에바 플로리오(Eva Florio)가 참여했는데, 그들은 농부들과의 협력을 통해 개별 농장보다 훨씬 큰 규모로 자료를 모으고 분석하는 일을 했다. 이런 일은 개별 농장 규모에서는 출발은 물론 마무리가 힘들다. 리오누에보 강의 출현처럼 극단적 변화를 불러일으키는 것은 분수령 규모에서 이루어진다.

산토니는 실험실로 돌아와서 리오누에보 강이 출현하는 엘모로 분수령 전체를 조망하는 교정된 위성사진을 보여주었다. 그 지역에서 숲이 차지하는 면적은 10퍼센트 줄어들었다. 항공사진으로 판단해볼 때 숲이 차지하는 면적은 1960년의 5분의 1에 불과할 것이라고 그녀는 말한다. 그 당시에는 이 마른 숲들이 분수령의 절반 정도를 뒤덮고 있었다.

지하수면의 지도

"우리의 비전은 지하수면에 대해 협력 작업을 하는 것입니다." 라보르드는 말한다. 그와 에추베리는 대목장의 서로 다른 16개 장소를 대상으로 한 월간 지하수면 높이 측정값을 보유했고, 측정 장소를 확정하기 위해 위성항법장치(GPS)를 이용했다.

눈앞에 펼쳐진 풍경 밑에서 지하수면이 어떠한 변동을 겪는지를 매핑(mapping)하는 것이 지하수면(스페인어로 la napa)의 높이를 조정하기 위한 노력의 첫 번째 단계다.

지하수면의 지도를 그리자는 아이디어가 처음엔 연구 계획을 꺼렸던 농부들에게서 기원했다고 조바기는 설명한다. 그는 생태학자이자 농경학자로서, 아르헨티나의 유명한 잡지 《시엔시아 호이(Ciencia Hoy)》('현재의 과학'이라는 의미)는 물론 《에콜로지(Ecology)》와 《네이처(Nature)》, 《사이언스(Science)》 등에 논문을 발표하는 등 수많은 논문을 출판했다. 2002년 이래 IAI의 지원을 받는 핵심 연구자로서 그는, 그 협회가 자신에게 '이해 당사자들(stakeholder)'과의 협업을 재촉한다고 말했다. 이해 당사자란 과학 탐구를 통해 이익을 얻을 수 있는 이슈에 이해관계가 걸린 모든 사람을 의미하는 스페인어를 영어로 번역한 것이다.

"몇 가지 놀라운 일이 일어났습니다. 현재 농부들은 우리가 연구에서 쓰는 정말로 좋은 자료를 수집해줍니다. 그들은 이 연구의 파트너입니다. 처음에는 이 사실을 인식하지 못했습니만 우리에게 좋은 기회였습니다." 조바기가 자신이 이끄는 산루이스 환경 연구 실험실에서 내게 들려준 말이다. 나중에 이루어진 인터뷰에서 그는 "우리는 갑작스레 열 배나 더 많은 샘플링 지점을 확보하게 되었습니다"라고 덧붙였다.

자료 해석으로 보는 지하수면 상승 원인

이제 더 큰 과제가 다가온다. 즉 협력 중이거나 호기심을 보이는 농부들에게 강의 생성과 소금 땅 조각의 출현이 어떻게 목축업에서 농업으로의 전환과 관련되는지를 설명하는 것이다. 대부분의 지역민들은 강의 생성을 강우 증가와 1977년 산후안 주의 지진 탓으로 여기며 이에 비난의 화살을 돌렸다.

나는 어느 날 오후 때론 우정 어린 경쟁이 벌어지곤 하는, 실험실 점심 식탁으로 쓰이는 푸른색 탁구대에 둘러앉아 조바기에게 물었다. 조바기는 지진이 난 지 30년이 더 지난 후에 강이 출현하도록 지하의 지형 구조를 바꿔놓았을 가능성은 거의 없다고 보았다. 그에 따르면 지진으로 새로운 강들의 족쇄가 풀린 적이 있다는 사실이 알려졌지만 그런 경우는 며칠이나 몇 주 이내였지 몇십 년 후에 그런 일이 일어난 적은 없었다.

5-2

한편, 과학자들과 농부들은 대체로 지역의 강우 증가가 지하수면 증가에 기여했다는 점에 동의한다. 그러나 그들은 그 영향력의 정도에 대해서는 서로 의견을 달리했다. 1920년대로 거슬러 올라가는 기록에 기초할 때, 지난 몇십 년 동안 연간 평균 강수량은 장기간 평균인 약 24인치보다 20퍼센트 이상 증가했다.

그러나 조바기와 과학자들은 강수량 증가는 기여 요소일 뿐 강 탄생의 주요인이 될 수 없음을 알아냈다. 굳이 관련성을 찾자면 몇십 년 동안의 평균 이상 되는 강수량이 그 지역의 곡물 재배 팽창을 가져왔으리라는 점에서 연결고리를 찾을 수 있다. 우리가 방문했던 농장들과 그 지역 농장들 대부분이 관개 시스템을 갖추지 않았고, 그 때문에 농사는 주로 강우에 의존한다.

그 지역의 다른 농부들과는 달리, 라보르드는 이미 토지 이용의 변화와 지하수면이 밀접하게 관련되어 있음을 자료를 통해 볼 수 있었다.

"지하수면은 이 지역 전체에 걸쳐 지표면에 너무 가까워요. 그리고 최근에 다시 상승 중입니다." 라보르드가 설명했다. "그리고 그것이 인간의 관리 부실로 조금 또는 많이 상승했다는 것이 저희 생각입니다. 초지나 숲이 있는 곳은 지하수면이 낮아요. 순수하게 농사만 짓는 곳에서 지하수는 그 최고치가 약간 더 높게 나와요. 언젠가는 염분화 문제를 일으키기에 충분할 정도로 지하수면이 올라올 수 있어요."

소금은 어디서 오고 어디로 가는가?

라보르드의 이해는 조바기의 실험실에서 나온 과학적 사실과 꽤나 잘 들어맞는다. 그곳에서 연구자들은 자생 초목, 특히 나무들이 침입하는 물에 족쇄를 걸어서 밑에 있는 지하수면으로 스며들 수 있는 물을 거의 또는 전혀 남기지 않는다는 것을 알아냈다.

과거에, 자생 숲은 빠른 성장으로 평소보다 강수량이 많은 해에 대응할 수 있었을 것이다. 많은 나무들의 연간 성장은 그들의 나이테에 기록되어 있으며 습한 해에는 성장이 더 빨랐음을 보여준다. 이런 이유로 연구자들은 종종 나이테 폭의 변화를 선사 시대 일정한 기간 동안의 강우량을 측정하는 용도로 이용한다. 또한 이것은 건조한 숲 아래 지하수면이 전형적 기후 변동성을 극복하고 대체로 안정적으로 유지되는 이유이기도 하다.

하지만 곡물은 나무에 비해 많은 물을 이용하지 않는다. 곡물은 알팔파든 팜파스 식물이든 다년생 풀보다도 훨씬 적은 물을 쓸 뿐이다. 그중 한 가지 이유는, 오직 한 계절 동안만 곡물이 자라기 때문이다. 더 많은 물은 뿌리보다는 맨땅을 통과해서 밑에 있는 지하수면으로 스며들게 된다.

그런데 소금은 어디서 온 걸까? 소금은 토양에서 자연적으로 생기거나 해풍을 따라 도착할 수도 있다. 습한 환경에서 거부당한 소금은 토양을 통해 빠져나가는 물과 함께 씻겨 내려간다. 하지만 건조한 환경에서는 초목이 중간에 끼어들어 아래로의 바람직한 흐름에 훼방을 놓을 수 있다.

숲은 그 지역에 떨어지는 모든 빗물을 가둘 뿐 아니라 그 과정에서 대부분의 소금도 게워낸다. 산토니와 조바기, 그 밖의 연구자들이 2011년《에콜로지컬 어플리케이션즈(Ecological Applications)》에 낸 논문에 따르면 이 소금들은 뿌리 지대 아래에 쌓이는데, 지표면 아래 10~40피트에서 덩어리를 형성한다. 소금은 초지, 특히 저지대에 축적될 수 있다.

손대지 않은 숲 아래와 개시일이 알려진 농경지 아래의 토양 조성을 비교하는 방식으로, 연구자들은 자생 숲에서 곡물 농장으로의 전환이 시작된 후 15~30년 동안 소금 덩어리의 용해가 어떤 경로를 밟는지 보여줄 수 있었다.

지하수면의 안정화로 예방 조치를

목축업에서 농업으로의 땅의 전환은 습한 팜파스에서는 1960년대에 시작되었고, 1970년대에 외부로 퍼져나갔다. 그것은 과거 15년 동안, 엘모로 분수령과 라플라타 유역 전체에서 가속화되었다. 이는 지하수면 높이와 이와 결합한 소금의 배달이 분수령 규모의 변화에서 임계점에 도달했음을 의미한다.

산토니는 설명했다. "아이디어에 따르면 다음과 같은 결과를 기대할 수 있습니다. 우리는 농업 지대 내의 자연 숲을 보존할 관리 기법을 제안할 수 있을 거예요. 곡물 지대 내부에 섬 같은 숲을 가지고 있으면 극단적 변화를 피하는 데 도움이 될 겁니다."

연구자들이 이야기를 나눈 바 있는 어떤 농부도 시계를 거꾸로 돌려서 곡물을 소 떼로 복구하거나 자신들이 농사를 지을 수 있는 땅에 나무를 심는 것에 관심을 보이지 않았다. 물이 표면 근처에 있어서 곡물에 득이 되는 것과 표면에 너무 가까이 있어서 홍수가 나거나 표층에 소금 피해를 입히는 것은 작은 차이에 불과하다. 2012년의 건조한 여름은 그 지역 옥수수를 시들게 하고 곡물 산출량이 줄어들게 했다고 라보르드는 말한다. 이는 단기간에 상승하는 지하수면에 대한 일부 농부들의 우려를 완화해줄 수 있었을 것이다.

조바기와 동료 연구자들은 여전히 그 지역에서 장기적으로 지속 가능한 농업을 위한 해법을 얻기 위해 농부, 정부 관리 들과의 협력 연구를 희망한다.

사후에 고치려 애쓰는 것보다 문턱을 넘어서기 전에 지하수면을 안정화하는 편이 훨씬 쉬울 것이다. 예를 들면 호주의 모델링 연구는 잘 조성된 다년생 초목의 녹지를 15~20퍼센트 확보하면 소기의 목적을 달성할 수 있음을 보여준다. 한편 조바기의 언급에 따르면, 호주인들은 일단 지하수면이 표면에 너무 가까워진 후에 회복시키려면 70퍼센트 이상의 면적을 숲으로 되돌려야 한다는 사실을 알아냈다. 일단 염분이 문턱을 넘어서면, 토양은 염분에 내성이 있는 종들만 지원할 것이다. 그런 종에는 옥수수와 콩이 포함되어 있지 않다.

소금 용액 줄이기

연구자들은 산루이스 근처 지역을 안정화하는 데 필수적인 다년생 식물 녹지의 면적을 산출해내는 작업에 돌입했다. 그들은 농부들이 나무보다는 가축을 먹일 풀을 심는 데 더 적극적일 수 있다는 점을 고려해 몇 가지 농업적 해결책을 제시하려고 노력 중이다.

예를 들면 산토니는 고가의 소고기 생산을 위한 사료가 되는 고품질 알팔파를 심어 지역 농부들이 직면한 극단적 변화를 경감하거나 막는 데 도움을 줄 수 있을지를 모델링한다. 알팔파 뿌리는 밑으로 20피트 정도 파고들 수 있어서 물을 토양의 위와 밖으로 이동시키는 데 유용하게 쓰인다.

조바기는 춥지 않은 겨울 동안 겨울 밀을 심는 이모작이, 궁지에 내몰린 지하수면 유지를 위해 충분한 물을 소비하는 데 도움이 될지 동료들과 함께 검토한다. 연간 강우량 대부분이 여름 동안에 발생하는데도 겨울 동안에는 증발률이 더 낮아서 강우가 뿌리 지대 밑으로 미끄러져 내려갈 수 있다. 특히 지표면에 초목이 산발적으로 존재하거나 아예 없는 경우에는 더욱 그러하다.

"알든 모르든 농부들이 이 지역 수문학에 일부 책임이 있다는 메시지입니다." 조바기는 말했다. 자신의 활동이 부정적 결과를 낳을 수 있다는 말을 들어도 개의치 않는 사람이 있겠지만, 이런 사실을 아는 것은 긍정적 요소로 작용한다. "우리는 놀라운 자원을 관리하도록 그들을 돕습니다."

예를 들면 라보르드는 지하수면을 보호하기 위한 새로운 관리 기법을 도입하는 데 최선을 다한다. 그는 소금 구역 근처 땅을 덮는 마른 옥수수 껍질 등 토양을 보호하는 이로운 잡동사니 층으로 식물 찌꺼기를 남겨두었다. 그는 많은 농부들이 아무것도 심지 않는 차가운 계절 동안 물의 배출을 돕고자 자기 땅 일부에 겨울 밀을 키웠다. 조그만한 땅에 알팔파도 심었다. 폴로에 대한 열정으로 말을 키우는데 이 말을 먹이기 위해서다.

그는 다른 농부들이 그런 노력에 동참하기를 원했다. 물론, 겨울 밀과 알팔파를 기르는 것이 수익을 올리는 데는 크게 도움이 되지 않는다.

이해가 걸려 있는 농부와 정부가 경제 회복의 주춧돌인 농업 엔진에 제동을 거는 일에 관심을 보일 가능성은 적다. 하지만 조바기와 그의 팀은 농업의 지속 가능성을 높이기 위한 방안으로 1년 내내 자라는 식물을 적지에 심는 문제에 사람들의 관심을 불러일으키기를 희망한다.

"저로서는, 더 많은 곡물을 생산하는 세계, 그게 좋습니다." 그가 말한다. 더 많은 사람들을 먹여 살릴 수 있기 때문이다. "생태계에서 더 많은 것을 얻어내는 것이 나쁜 생각이라 보지 않아요. 우리에겐 얻을 수 있는 것이 많아요. 그리고 손실을 일부 줄일 수도 있습니다."

5-3 이동하는 강우대

줄리언 삭스·코너 멀볼드

탐험이 본래 계획대로 진행되고 있지 않다는 최초의 신호는 새벽 2시에 갑자기 펑펑 소리와 함께 보트 선내의 엔진이 멈춰버린 것이었다. 침묵의 소리가 항상 평화로운 것만은 아니었다. 북태평양 마샬 제도에서 작은 어선을 타고 공해를 가로지르려는 선택이 현명하지 못하다는 느낌이 갑작스레 엄습했다. 과학 프런티어를 향한 여정은 이따금씩 부딪치는 파도 소리에 밀려나는 방대한 암흑이라는 또 다른 프런티어로 우리를 이끌었다.

우리는 기후 과학자들이고, (안전하게 끝난) 우리의 여정은 불가능해 보이는 일, 즉 바다 전역에서 시간을 거꾸로 돌려 강우의 역사를 재구성하려는 시도의 일환으로 계획된 다수의 작업 가운데 하나였다. 강우의 역사를 추적함으로써 우리는 대기 중 온실가스의 지속적 축적, 증가하는 대기 온도, 열대 지방의 강수량 변화 등이 미래의 기후 패턴을 어떻게 바꿔놓을지 더 잘 이해할 수 있을 것이다. 우리는 태평양 전역에 있는 수많은 섬들을 대상으로 광폭의 여행을 해왔다.

현재의 일부 기후 패턴은 꽤 잘 알려져 있다. 태평양에서의 엘니뇨와 라니냐 순환이 그것이다. 덜 알려졌지만 마찬가지로 중요한 패턴은 지구의 주요한 강우 지형이다. 즉 열대 지방에서 지구 전체를 순환하고 태양의 각도와 맞춰 계절적으로 남북으로 이동하는 폭우대다. 그 대의 이동을 포괄하는 지대는 열

대수렴대(이하 ITCZ)로 알려져 있다.

태양 복사선 또는 온실가스 유입에 따른 결과로 나타나는 지구 온도의 변화가 강우대에 영향을 미칠 수 있다. 강우대는 적도 농업의 젖줄이다. 또한 강우대는 아시아, 아프리카, 인도의 몬순에서, 그리고 적도에서 극으로 열을 전달하는 거대한 대류 구간에서 중심적 역할을 한다. 엘니뇨와 라니냐 사건들의 발생 빈도수와 강도, 그리고 태평양과 대서양에서 허리케인 시즌의 강도와 지속 기간은 모두 강우대의 위치 변화에서 영향을 받을 수 있다. 강우대의 영속적 이동의 결과 나타나는 강우의 변화는 적도의 환경을 급격하게 변화시킬 수 있다. 이런 변화는 전 세계에 확대될 수도 있다. 그리고 우리에겐 강우대가 변하고 있다고 믿을 만한 충분한 이유가 있다.

최근까지 기후 과학자들은 강우대 중간선의 현재 연간 범위인 태평양 상공 북위 3도에서 10도까지가 역사적 범위와 같은지 여부를 알지 못했다. 그러나 우리는 동료들과 함께 이제 ITCZ의 범위에 속하는 위도의 현장 측정을 통해 지난 1,200년 동안 강우대의 이동 경로를 파악해냈다. 북쪽으로 5도(약 550킬로미터)의 대규모 이동이 약 400년 전부터 현재까지 일어났다. 그런 이동의 존재를 발견함으로써 우리는 놀라운 깨달음을 얻었다. 즉 온실 효과의 작은 증가가 열대 지방의 강우에 근본적 변화를 가져올 수 있다는 것이다. 우리는 이제 ITCZ가 대기가 더 따뜻해지는 2,100년을 통과하면서 어떤 움직임을 보일지 예측할 수 있다. 마찬가지로 우리는 세계의 열대 지방 전역에 걸쳐 강우가 증가할지 감소할지, 그리고 아시아, 중앙 아메리카, 미국 남부의 여러 주들의 고위도를 가로지르는 효과가 무엇일지, 그런 변화들이 기후와 식량 생산에 어떤 의미로 다가올지를 예측할 수 있다. 이득이 되는 곳도 있겠지만 많은 곳에서 어려운 시대를 맞게 되리란 사실이, 우리는 두렵다.

중세의 미지(未知)를 찾아서

강우 역사를 매핑하기 전까지, 과학자들은 지난 1,000년 동안 ITCZ가 어디에 있었는지 전혀 자료를 갖지 못했다. 강우대는 적도 근처를 맴돌았지만 지역의 환경과 계절적 햇빛에 따라서 그 폭이 몇십 킬로미터에서 몇백 킬로미터에 달할 수 있다. 태평양 상공은 그 지대가 확연히 드러나는, 강우대의 움직임을 추적하기에 이상적 지역이다. 그리고 강우대는 지구를 둘러싸고 있어서 태평양에서 나타나는 경향성은 전 지구적 변화를 대표한다고 볼 수 있다.

과학자들은 나무 나이테에 있는 탄소-14와 얼음 핵에 있는 베릴륨-10 등의 동위원소에서 태양의 강도를 추정할 수 있고, 극지방에서 추출한 원통형 얼음 핵에 포획된 공기방울로부터 전 세계 온실가스의 역사적 윤곽을 재구성할 수 있다. 태양의 출력과 온실가스 수준을 몇 세기 동안의 ITCZ 위치와 비교함으로써 열대 지방의 강우가 늘어나는 온실가스 배출에 반응하면 21세기에는 어떤 변화를 겪을지 예측할 수 있다.

똑똑한 탐구자들은 지난 1,000년 동안 전 지구적 온도의 서로 다른 많은 지표들을 파악해냈다. 두 번의 시기가 도출되었는데 기원후 800년경, 전 지구 온도는 1800년대 말의 온도와 비슷했다. 그런 다음, 온도는 중세 간빙기(A.D.

800~1200) 동안 높아졌고, 20세기 온도와 비슷한 수준에 도달했다. 온도는 점차 안정되다가 소빙하기(A.D. 1400~1850) 동안 낮아졌다. 지난 20년 동안, 태양의 출력은 본질적으로 일정하게 유지되었지만 온도와 가장 풍부한 인공 온실가스인 이산화탄소 농도 모두 지난 1,200년의 어느 지점보다 상당히 높아졌다.

그렇지만 우리가 연구를 시작했을 때, 대기과학자들은 지난 열대 지방의 기후에 대해 상세한 내용을 거의 알지 못했다. 몇천 년이라는 시간 규모에서 기후에 대한 훌륭한 기록을 제공할 해저 퇴적물은 퇴적 속도가 너무 느려서 지난 1,000년 동안의 사정을 알 수 있는 많은 정보를 기록하지 못했다. 많은 산호들은 연간 띠를 생성하지만 300년 이상을 사는 경우가 드물어 300년 전에서 1,000년 전의 기록을 전해주지는 못한다.

강우 지도를 통해 우리는 지난 1,000년 동안 ITCZ의 위치에 대해 잃어버린 정보의 한 조각을 얻을 수 있을 것이다. 강우가 일단 바다로 떨어지고 나면 강우대 결정에서는 더는 소용이 없게 된다. 그러나 태평양을 가로지르면서 흩어져 있는 작은 섬들에는 갇힌 호수와 연못이 있어서 그런 것들이 역사를 밝혀줄 수 있다. 지난 6년 동안 우리는 가장 외지고 이국적인 태평양의 일부 섬들을 방문해 호수와 연못 바닥에서 몇십 개의 원통 퇴적물 샘플을 수집했다. 섬의 위치는 태평양을 완전히 가로질러 현재 강우대의 위, 아래, 내부를 모두 포괄한다. 우리는 다양한 위도에 걸쳐서 해당 시기에 강력한 강우를 경험했던 장소들을 정확히 찾아냄으로써 그 시기 강우대의 위치를 파악하는 방법을 취했다. 남쪽으로든 북쪽으로든, 동시에 일어나는 강우의 증가와 감소는 대양 전역에서 공통적인 강우대의 이동을 나타내준다.

현장 연구는 지체, 장비 문제, 언어 장벽, 퇴적물-샘플링 위치에 도달하는 어려움 등과의 싸움의 연속이었다. 예를 들면 우리가 수도인 마주로에 도착했을 당시, 지역 사람들에게는 '에어 메이비(Air Maybe)'라는 애칭으로 알려진 지역 항공사 마셜항공 운행 편수가 두 대였는데, 고장난 항공기가 모두 두 대였다. 앞서 말한 이틀 동안의 여행은 항해에 부적합해 보이는 지역 기업가의 개조된 어선을 시험해보는 꼴이었는데, 인근 산호섬에서 한밤에 복귀하던 도중 엔진이 꺼지면서 끝이 났다.

훼손되지 않은 퇴적물 코어를 얻기 위해, 우리는 호수의 바닥으로 긴 관을 밀고, 두드리고, 비틀었다. 우리가 샘플을 채취한 거의 모든 현장에는 고유한 퇴적물 연쇄가 있었다. 이따금씩 워싱턴 아일랜드 호수에 있는 것처럼, 우리는 몇 미터 두께로 시아노박테리아를 구성하는 밝은 적색 젤라틴층을 발견했다. 퇴적물이 황화수소(고약한 냄새가 난다!)가 풍부한 갈색 진흙으로 되어 있으며, 팔라우에 있는 것처럼 맹그로브 잎 파편과 쌍각류 조개의 예비층을 포함하는 경우도 있다.

우리는 맨발로 힘겹게 진흙 속을 걷고, 노를 저어 얇은 물을 가로지른 다음, 깊이를 재고 장애물 여부를 파악하기 위해 장대를 퇴적물 속 깊이 밀어 넣는다. 바위, 고대의 산호, 모래 또는 뿌리에 부딪쳐서 코어 작업을 포기하는 일이 다반사였다.

퇴적물의 퇴적 속도에 큰 차이가 있기 때문에, 우리는 얼마나 깊게 파고들어야 할지 알지 못한다. 일반적으로 말하면 퇴적물 1미터는 최소한 몇백 년 전으로 거슬러 올라간다. 예를 들면 워싱턴 섬의 7미터 퇴적물에는 3,200년의 퇴적 기간이 필요했다. 가능하면 우리는 코어의 바닥이 '기반암'을 칠 수 있도록 노력한다. 퇴적된 모래, 산호, 화산암은 호수가 처음 퇴적물을 축적할 때부터 있던 것으로, 그로부터 역사적 기후의 가장 완벽한 기록을 얻을 수 있기 때문이다.

비밀은 지질(脂質)에 있다

우리의 목적은 강우를 재구성하는 것이지만 과거 환경에서의 동일한 측정이 과거의 기후에 대해 무엇을 드러내는지 알려면 현재 기후에서 생태계의 특징을 측정해야 한다. 따라서 우리는 조류의 특징과 미생물 군집은 물론 화학적 조성과 물속 수소 동위원소 비율을 결정하려고 서로 다른 깊이에서 물 샘플을 수집했다. 우리는 가느다란 유리섬유 필터에 식물성 플랑크톤, 동물성 플랑크톤, 미생물을 포획한 다음 즉시 얼음에 저장해서 나중에 그들의 지질 조성을 분석했다. 지질 평가 목적으로 근처에서 초목 샘플도 수집했다.

우리는 호수 바닥에서 코어를 조심스럽게 들어 올린 후 퇴적물을 뒤섞지 않은 채 실험실로 샘플을 운반한다. 코어 층들 사이의 뒤섞임을 방지하기 위해 특별히 부드러운 최상층 퇴적물을 1센티미터 조각으로 조심스럽게 '절단한' 다음, 각각의 조각을 표시가 된 플라스틱 가방에 집어넣어 보관한다.

5-3

현장에서 코어를 분류한 후에, 우리는 시애틀에 있는 워싱턴대학교의 실험실로 되돌아가는 여행에 나선다. 이 여행에서 우리는 퇴적물과 물로 채운 얼음 상자와 코어의 퇴적물로 채운, 굳이 포장할 필요가 없는 긴 판지 상자 더미를 운반했다. 연속적으로 더 깊어지는 퇴적물 층에 보관된 조류(藻類)의 지질에 존재하는 안정된 두 개의 수소 동위원소를 측정하고, 시간을 되돌려 샘플의 생성 연도를 알아냄으로써, 우리는 식물들이 살았던 때에 발생한 강우의 양을 추정할 수 있다.

습한 지역이 건조해지다

이어지는 몇 해 동안 우리는 ITCZ의 역사적 위치들을 알려주는 많은 자료를 지도에 더함으로써 더욱 정확한 지도를 만들기 위해 노력했고, 계속해서 최신 결과를 반영하며 지도를 업데이트했다. 미크로네시아의 코스라에를 향한 가장 최근의 탐험에서 얻은 성과를 분석하려면 몇 개월이 더 필요하겠지만, 많은 여행에서 얻은 결과와 동료들의 자료를 합쳐 종합적으로 판단할 때, 대기열에서 일어난 작은 변화가 소빙하기 동안 열대 지방 강우에 커다란 변화를 가져다주었음은 비교적 분명해 보인다. 예를 들면 팔라우처럼 이전에는 습했던 지역은 건조해지고, 갈라파고스 제도처럼 이전에 건조했던 지역은 다우 지역이 되었다. 대기 상층에 도달하는 태양 에너지가 100년 동안 0.2퍼센트 감소하면, ITCZ는 적도를 향해 남쪽으로 500킬로미터 이동했다.

그런 민감도를 미래의 길조로는 볼 수 없다. '기후 변화에 관한 정부 간

패널(IPCC)'은 주로 자동차 배기관과 공장 굴뚝에서 배출되는 것으로 인해 대기의 이산화탄소 농도가 이번 세기 중반까지 산업화 이전 시기의 두 배, 2100년까지는 세 배로 늘어날 것으로 내다본다. 그렇게 증가한 이산화탄소 농도는 소빙하기 말에 오로지 늘어난 태양빛으로 발생했던 변화보다 두세 배 많은 대기열의 증가를 가져온다.

소빙하기 동안 강우대의 중간선은 북위 5도의 남쪽에 남아 있었지만 지금은 북위 3도에서 10도 사이를 떠돈다. 최근의 온실가스 증가로 강우대 중간선은 2100년까지 북쪽으로 5도, 즉 550킬로미터 더 이동할 것으로 예상된다. 이 새로운 위치(8~15도)는 많은 지역에서 강우의 강도에 상당한 변화를 가져와 위협으로 작용할 것이다.

어떤 변화를 겪게 될지 말해주는 증거를 우리가 섬에서 발견한 것에서 찾을 수 있다. 북위 5도에 위치한 워싱턴 섬은 현재 연간 3미터의 강수량을 나타내지만 400년 전에는 1미터에 불과했고, 훨씬 더 강력한 증발에 노출되어 있었다. 역으로, 사막 같은 갈라파고스 제도에 있는 남위 1도의 산크리스토발 섬의 고원은 소빙하기 동안 상당히 습한 지역이었다.

마찬가지로 고고학자들에게서 나온 증거도 도움을 준다. 그들은 인도네시아와 남태평양을 가로지르는 섬들에서 요새 구축의 뚜렷한 증가가 나타나는데 이는 ITCZ 위치의 마지막 남쪽 대이동과 겹친다고 결론 내렸다. 대부분의 요새, 즉 인접 사회의 침입을 막기 위한 돌 구조물 구축은 소빙하기가 시작될 때부터 끝날 때까지 이어졌다. 강우대가 남쪽으로 움직이자 강우대 북쪽에 남게 된 섬들은 말라버렸고, 아마도 거주민들은 할 수 없이 더 남쪽에 있는 섬으로 피난을 갈 수밖에 없었을 것이다. 그로 인해 남쪽 지역 주민들에게는 침공의 두려움이 더 커졌을 것이다.

오늘날 탈염 기술과 항해술은 강한 강우 의존성을 완화해주지만, 북쪽을 향해 강우대가 5도 이동하면 적도 근처에 살면서 농업에 의존해 생존하던 열대 지방 사람들 몇천만 명을 위험에 처하게 했을 것이다. 또한 열대 지방의 생명 다양성을 위협했음은 굳이 언급할 필요조차 없을 것이다. 현재 열대 지방 범주에 있는 대부분의 국가들은 개발도상국이다. 이들 나라는 이번 세기 동안 엄청난 인구 증가를 경험했고, 성공적 적응을 위한 자원을 가질 가능성이 높지 않다. 몇십 년 또는 최근 몇 년 사이의 강우 감소와 홍수는 곡물 생산량을 감소시키면서 지역적 차원의 식량 부족과 정치적 불안정, 궁극적으로 지리적 이주 등을 초래할 수 있다.

엘살바도르와 필리핀 마닐라처럼 처음으로 ITCZ에 속하게 된 지역(북위 10~15도)은 연간 더 많은 비가 내려 더욱 습해질 것이다. 더는 강우대의 직접적 영향력 아래 있을 수 없게 된 지역(북위 3~8도)은 적은 비 때문에 더 건조해질 것이다. 아시아와 인도의 몬순의 힘에 의해 이런 건조 효과가 상쇄되는 지역이 나타날지 여부는 아직 미지수다.

줄어드는 커피와 바나나

전체적으로 북부 인도네시아, 말레이시아, 필리핀, 미크로네시아, 타이, 캄보디아 등의 습한 지역은 현재 받고 있는 ITCZ 비의 많은 부분을 잃게 될 것이다. 오늘날의 재배 환경에 최적화된 곡물 품종들도 더는 번창할 수 없으리라. 예를 들면 커피나무에는 포도밭처럼 성장기에 많은 양의 물이 필요한데, 적절한 콩을 발육시키려면 통틀어 1.8미터 이상의 비가 필요하다.

중앙 아메리카에서 에콰도르와 컬럼비아는 ITCZ 후면에 남게 되고, 더 건조해질 것이다. 증가하는 도시화는 이제 컬럼비아 경제를 농업에 크게 의존하지 않게 함으로써 강우대 이동에 대응하는 데 도움을 줄 수 있다. 그런데 컬럼비아는 세계 3위 커피 생산국이고, 인도네시아에서 그랬듯이 줄어든 강수량은 장기적으로 커피 생산량에 영향을 줄 것이다. 대부분의 콩 재배 지역은 북위 8도 이하 지역에 있으며 21세기 중반에서 후반에 이르면 고통받을 가능성이 크다. 남쪽에 해안선을 따라 서 있는 생산 지역들은 더욱 위험하다. 강우대에서 가장 멀어지기 때문이다.

에콰도르 바나나 산업의 미래도 냉혹할 것이다. 좋은 바나나를 키우려면 온화한 온도와 연간 강수량 2~2.5미터가 필요하지만 에콰도르는 이미 현재 ITCZ에서 꽤나 밑에 위치하고, 최소 강수량의 문턱에도 닿지 못한다. 2100년에 이르면 강우대 이동으로 연간 1미터에도 채 못 미칠 정도로 강우가 감소할 가능성이 크기 때문에 에콰도르의 바나나 산업은 문을 닫을 수도 있다. 바나나 생산의 큰 감소는 꽤나 빨리 일어날 수 있다. 필리핀에서는 2010년 초반 플랜테이션의 절반 정도가 상업적으로 쓸모가 없는 작고 무게가 덜 나가는 바나나를 생산한 바 있다. 이유는 이상 건기 때문이다.

앞서 언급한 모든 지역에서 생계 농업도 영향을 받을 수 있다. 사람들이 도시로 이주하는 경우조차, 지역적 식량 자원의 부족은 재난의 원인이 될 수 있다.

만약 강우대가 지난 400년 동안 해왔던 것처럼 평균 속도로 계속 북쪽으로 이동한다면, 미국 중부도 상당한 강수량 변화를 겪을 가능성이 있다. 일부 변화는 이미 시작되었다. 온실가스 농도가 계속해서 증가할 수밖에 없다면 21세기 들어 미국 남서부에서는 심각하게 지속되는 다년간의 가뭄이 새로운 정상 패턴으로 자리 잡게 될 것이다. 높아진 온도와 강우대 북쪽을 향한 계속되는 이동은 강우대 북쪽에 놓인 아열대 건조 지대의 이동이라는 위협을 안겨준다. 이 지대는 현재 멕시코 북부 지방을 가로질러 펼쳐져 있으며, 향후 미국 일부 지역이 포함될 수 있다.

과학자들은 강우대 북쪽을 향한 이동이 허리케인이나 몬순의 발생 횟수와 크기에 영향을 미칠지 알지 못한다. 우리도 엘니뇨와 라니냐가 어떤 영향을 미칠지 아직 다 판단하지 못하고 있다.

더 나은 모델을 위한 노력

경보기 소리가 믿음직스럽게 들리게 하려면 더 많은 작업이 요구된다. 컴퓨터 기반 기후 모델은 열대 지방의 과거와 현재의 강우 패턴을 정확하게 재구성하지 못했다. 만약 모델 작업자들이 알려진 것과 훨씬 더 유사한 패턴을 생산하기 위해 퇴적물 코어와 그 밖의 원천에서 제공되는 자료를 이용할 수 있다면, 세계는 미래 강우에 대한 과학자들의 예측을 훨씬 더 신뢰하게 될 것이다. 워싱턴대학교와 다른 곳에 있는 우리의 동료들은 이런 형태의 실험을 추구한다.

우리는 ITCZ 내부, 그 북쪽과 남쪽에 있는 열대 지방의 섬들에서 퇴적물 연구를 계속해나갈 것이다. 그리고 지난 1,000년을 통틀어 강우대 위치를 정확하게 파악하고, 다가오는 세대에는 그것이 어디에 있을지 예측하는 데 온갖 노력을 기울일 것이다.

출처

1 Feats of Engineering

1-1 R. G. Skerrett, "Grand Coulee Progresses", *Scientific American* 159(6), 296~299. (December 1938)

1-2 R. G. Skerrett, "Finishing the All-American Canal", *Scientific American* 157(3), 144~146. (September 1937)

1-3 Walker R. Young, "Building the Hoover Dam"(Part 1), *Scientific American* 264(2), 70~75. (February 1991)

1-4 Walker R. Young, "Building the Hoover Dam"(Part 1), *Scientific American* 147(4), 222~22. (October 1932)

1-5 W. Wayt Gibbs, "The Power of Gravity: The Hoover Dam in 2002", *Scientific American* 287(1), 88~90. (July 2002)

2 Grand Plans

2-1 A. N. Sayre, "Ground Water", *Scientific American* 183(5), 14~19. (November 1950)

2-2 Roger Revelle, "Exploiting Water to the Fullest", *Scientific American* 209(3), 92~108. (September 1963)

2-3 Gilbert F. White, "The Mekong River Plan", *Scientific American* 208(4), 49~59 (April 1963)

2-4 José P. Peixoto and M. Ali Kettani, "The Control of the Water Cycle", *Scientific American* 228(4), 46~61. (April 1973)

2-5 Arthur F. Pillsbury, "The Salinity of Rivers", *Scientific American* 245(1), 54~65. (July 1981)

3 Changing Course

3-1 Robert P. Ambroggi, "Water", *Scientific American* 243(3), 101~116. (September 1980)

3-2 Jane Braxton Little, "Saving the Ogallala Aquifier", *Scientific American* 19, 32~29. (March 2009)

3-3 Michael P. Collier, Robert H. Webb and Edmund D. Andrews, "Experimental Flooding in the Grand Canyon", *Scientific American* 274(1), 82~89. (January 1997)

3-4 Jane C. Marks, "Down Go the Dams", *Scientific American* 296(3), 66~71. (March 2007)

3-5 John A. Carey, "After the Deluge", *Scientific American* 305(6), 72~75. (December 2011)

3-6 Peter Rogers, "Facing the Freshwater Crisis", *Scientific American* 299(2), 46~53. (August 2008)

3-7 Carol Ezzell, "The Himba and the Dam", *Scientific American* 284(6), 80~89. (June 2001)

4 New Ways of Doing

4-1 Rodger Doyle, "In a Dry Land", *Scientific American* 285(1), 30. July 2001.

4-2 Tim Beardsley, "Parched Policy: Rain Won't Help Shortages in California", *Scientific American* 264(5), 36~37. (May 1991)

4-3 Peter H. Gleick, "Making Every Drop Count", *Scientific American* 284(2), 40~45. (February 2001)

4-4 Jane Braxton Little, "Clean Energy from Filthy Water", *Scientific American* 303(1), 64~69. (July 2010)

4-5 Krista West, "Restoring the Rio Grande", *Scientific American* 287(5), 27~28. (November 2003)

4-6 Philip Micklin and Nikolay V. Aladin, "Reclaiming the Aral Sea", *Scientific American* 298(4), 64~71. (April 2008)

5 Facing the Future

5-1 Peter H. Gleick and Matthew Heberger, "The Coming Mega Drought", *Scientific American* 306(1), 14. (January 2012)

5-2 Melaine Lenart, "A River Rams through It: Argentina's Rio Nuevo", Scientific American online. (April 10, 2012)

5-3 Julian P. Sachs and Conor L. Myhrvold, "A Shifting Band of Rain", *Scientific American* 304(3) 60~65. (March 2011)

저자 소개

길버트 화이트 Gilbert F. White, 지리학자, 미국국가과학상 수상

니콜라이 알라딘 Nikolay V. Aladin, 사해환경위원장(UNDP)

로버트 웹 Robert H. Webb, 애리조나대학교 교수

로버트 앰브로기 Robert P. Ambroggi, 모로코 왕립아카데미

로저 도일 Rodger Doyle, 과학 전문 기자

로저 르벨 Roger Revelle, 환경학자, 미국국가과학상 수상

마이클 콜리어 Michael P. Collier, 과학 저술가

매튜 허버거 Matthew Heberger, 태평양재단(PI) 상임연구원

멜라니 레나르트 Melaine Lenart, 환경 전문 저술가

세이어 A. N. Sayre, 미국 지질조사국 연구원

스커렛 R. G. Skerrett, 《사이언티픽 아메리칸》 기자

아서 필스버리 Arthur F. Pillsbury, 캘리포니아대학 교수

알리 케타니 M. Ali Kettani, 모로코 이슬람과학원 교수

에드먼드 앤드루스 Edmund D. Andrews, 미국 지질조사국 연구원

워커 영 Walker R. Young, 후버댐 엔지니어

웨이트 깁스 W. Wayt Gibbs, 과학 저술가

제인 마크스 Jane C. Marks, 노던애리조나대학교 교수

제인 브랙스턴 리틀 Jane Braxton Little, 환경 전문 저술가

존 캐리 John A. Carey, 환경 전문 저술가

줄리언 삭스 Julian P. Sachs, 워싱턴대학교 교수

캐롤 에젤 Carol Ezzell, 《사이언티픽 아메리칸》 기자

코너 멀볼드 Conor L. Myhrvold, 지구과학 연구자

크리스터 웨스트 Krista West, 과학 전문 저술가

팀 비어즐리 Tim Beardsley, 과학 전문 저술가

피터 글릭 Peter H. Gleick, 태평양재단(PI) 수석연구원

피터 로저스 Peter Rogers, 하버드대학교 교수

필립 미클린 Philip Micklin, 웨스턴미시간대학교 교수

호세 페이소토 José P. Peixoto, 리스본대학교 교수

옮긴이_강윤재

서울대학교 화학과를 졸업하고, 고려대학교 대학원 과학기술학협동과정에서 과학사회학 박사학위를 받았다. 현재 동국대학교 다르마칼리지 교수로 있다. 지은 책으로는 《세상을 바꾼 과학논쟁》이 있고, 옮긴 책으로 《H_2O : 지구를 색칠하는 투명한 액체》, 《하늘과 땅 : 우주시대의 정치사》, 《과학적 실천과 일상적 행위》 등이 있다.

한림SA **10**

지구의 물 부족을 어떻게 해결해야 할까?

과학과 물 관리

2017년 1월 20일 1판 1쇄

엮은이 사이언티픽 아메리칸 편집부
옮긴이 강윤재

펴낸이 임상백
기획 류형식
편집 박선미
독자감동 이호철, 김보경, 김수진, 한솔미
경영지원 남재연

ISBN 978-89-7094-890-4 (03450)
ISBN 978-89-7094-894-2 (세트)

* 값은 뒤표지에 있습니다.
* 잘못 만든 책은 구입하신 곳에서 바꾸어 드립니다.

펴낸곳 한림출판사
주소 (03190) 서울시 종로구 종로 12길 15
등록 1963년 1월 18일 제 300-1963-1호
전화 02-735-7551~4
전송 02-730-5149
전자우편 info@hollym.co.kr
홈페이지 www.hollym.co.kr
페이스북 www.facebook.com/hollymbook

표지 제목은 아모레퍼시픽의 아리따글꼴을 사용하여 디자인되었습니다.